中文版

AutoCAD 2018
入门教程

邱雅莉 编著

人民邮电出版社

北　京

图书在版编目（CIP）数据

中文版AutoCAD 2018入门教程 / 邱雅莉编著. -- 北京 : 人民邮电出版社，2020.5（2024.7重印）
ISBN 978-7-115-53004-2

Ⅰ. ①中… Ⅱ. ①邱… Ⅲ. ①AutoCAD软件－教材
Ⅳ. ①TP391.72

中国版本图书馆CIP数据核字（2020）第042616号

内 容 提 要

AutoCAD 是一款专业的辅助设计软件，在建筑、机械等领域深受绘图与设计工作者的青睐。本书合理安排知识点，运用简洁流畅的语言，结合丰富的实例，由浅入深地讲解 AutoCAD 在辅助制图领域中的应用。

本书共 13 课，第 1~12 课介绍 AutoCAD 2018 的重点知识，包括基本操作、环境设置、绘图控制、图层设置、二维绘图、图形编辑、图块应用、图案填充、尺寸标注、文字标注、绘制与编辑三维实体、打印文件等；第 13 课主要讲解 AutoCAD 在建筑制图和机械制图中的具体应用案例。

本书附带学习资源，内容包括操作练习、综合练习、课后习题和综合实例的素材文件、实例文件，以及教学 PPT 课件和在线教学视频。读者可以通过在线方式获取这些资源，具体方法请参看本书前言。

本书适合 AutoCAD 2018 初、中级读者学习使用，也适合作为相关院校的培训教材。

◆ 编　著　邱雅莉
  责任编辑　张丹丹
  责任印制　马振武

◆ 人民邮电出版社出版发行　北京市丰台区成寿寺路 11 号
  邮编 100164　电子邮件 315@ptpress.com.cn
  网址 http://www.ptpress.com.cn
  固安县铭成印刷有限公司印刷

◆ 开本：700×1000　1/16
  印张：16.25　　　　　　　　　　2020 年 5 月第 1 版
  字数：403 千字　　　　　　　　2024 年 7 月河北第 10 次印刷

定价：49.80 元

读者服务热线：**(010)81055410**　印装质量热线：**(010)81055316**
反盗版热线：**(010)81055315**
广告经营许可证：京东市监广登字 20170147 号

前言

AutoCAD 2018 是一款功能强大、使用方便的辅助设计软件，在建筑与机械设计领域应用广泛。

为了让读者更快、更有效地掌握 AutoCAD 2018 主要工具和命令的使用方法，本书合理安排知识点，运用简洁流畅的语言，结合丰富实用的实例，由浅入深地讲解 AutoCAD 2018 在辅助设计领域中的应用。

下面就本书的一些具体情况做详细介绍。

内容特色

本书的内容特色有以下 3 个方面。

入门轻松：本书从 AutoCAD 的基础知识入手，逐一讲解了辅助设计中常用的工具，力求让零基础的读者能轻松入门。

由浅入深：根据读者学习新技能的思维习惯，本书注重设计案例的难易顺序安排，尽可能把简单的案例放在前面，把复杂的案例放在后面，以便让读者学习起来更加轻松。

随学随练：本书每一课都安排了操作练习案例，第 2~12 课还安排了课后习题，读者学完案例之后，还可以继续做课后习题，以便加深对相关设计知识的理解和掌握。

版面结构

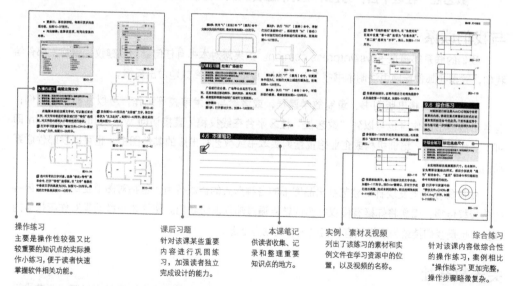

操作练习
主要是操作性较强又比较重要的知识点的实际操作小练习，便于读者快速掌握软件相关功能。

课后习题
针对该课某些重要内容进行巩固练习，加强读者独立完成设计的能力。

本课笔记
供读者收集、记录和整理重要知识点的地方。

实例、素材及视频
列出了该练习的素材和实例文件在学习资源中的位置，以及视频的名称。

综合练习
针对该课内容做综合性的操作练习，案例相比"操作练习"更加完整，操作步骤略微复杂。

其他说明

本书附带学习资源，内容包括操作练习、综合练习、课后习题和综合实例的素材文件、实例文件，以及教学 PPT 课件和在线教学视频。扫描"资源获取"二维码，关注"数艺社"的微信公众号，即可得到资源文件获取方式。如需资源获取技术支持，请致函 szys@ptpress.com.cn。在学习的过程中，如果遇到问题，欢迎您与我们交流，客服邮箱：press@iread360.com。

资源获取

编者
2019 年 12 月

资 源 与 支 持

本书由数艺社出品，"数艺社"社区平台（www.shuyishe.com）为您提供后续服务。

配套资源

操作练习、综合练习、课后习题和综合实例的素材文件、实例文件

操作练习、综合练习、课后习题和综合实例的在线教学视频

教学PPT课件

资源获取请扫码

"数艺社"社区平台，为艺术设计从业者提供专业的教育产品。

与我们联系

我们的联系邮箱是 szys@ptpress.com.cn。如果您对本书有任何疑问或建议，请您发邮件给我们，并请在邮件标题中注明本书书名及ISBN，以便我们更高效地做出反馈。

如果您有兴趣出版图书、录制教学课程，或者参与技术审校等工作，可以发邮件给我们；有意出版图书的作者也可以到"数艺社"社区平台在线投稿（直接访问 www.shuyishe.com 即可）。如果学校、培训机构或企业想批量购买本书或数艺社出版的其他图书，也可以发邮件联系我们。

如果您在网上发现针对数艺社出品图书的各种形式的盗版行为，包括对图书全部或部分内容的非授权传播，请您将怀疑有侵权行为的链接通过邮件发给我们。您的这一举动是对作者权益的保护，也是我们持续为您提供有价值的内容的动力之源。

关于数艺社

人民邮电出版社有限公司旗下品牌"数艺社"，专注于专业艺术设计类图书出版，为艺术设计从业者提供专业的图书、U书、课程等教育产品。出版领域涉及平面、三维、影视、摄影与后期等数字艺术门类，字体设计、品牌设计、色彩设计等设计理论与应用门类，UI设计、电商设计、新媒体设计、游戏设计、交互设计、原型设计等互联网设计门类，环艺设计手绘、插画设计手绘、工业设计手绘等设计手绘门类。更多服务请访问"数艺社"社区平台www.shuyishe.com。我们将提供及时、准确、专业的学习服务。

目 录

第1课
AutoCAD基础知识 11

1.1 初识AutoCAD 12
  1.1.1 AutoCAD可以做什么 12
  1.1.2 启动AutoCAD 12
  1.1.3 退出AutoCAD 12
  1.1.4 AutoCAD的工作空间 13

1.2 AutoCAD工作界面 13
  1.2.1 标题栏 13
  1.2.2 菜单栏 14
  1.2.3 功能区 14
  1.2.4 绘图区 15
  1.2.5 命令行 15
  1.2.6 状态栏 15
  操作练习 设置AutoCAD工作界面 15

1.3 文件的基本操作 17
  1.3.1 新建文件 17
  1.3.2 保存文件 17
  1.3.3 打开文件 18
  1.3.4 关闭文件 18

1.4 执行AutoCAD命令 18
  1.4.1 执行命令的方式 18
  1.4.2 终止命令 19
  1.4.3 重复命令 19
  1.4.4 放弃操作 19
  1.4.5 重做操作 19

1.5 AutoCAD图形定位 19
  1.5.1 认识AutoCAD坐标系 19
  1.5.2 坐标输入方法 20
  操作练习 绘制指定大小的正方形 21

1.6 设置工作环境 21
  1.6.1 设置AutoCAD环境颜色 21
  1.6.2 设置图形的显示精度 22
  1.6.3 设置文件自动保存时间间隔 23
  1.6.4 设置鼠标右键功能模式 23

  1.6.5 设置光标样式 24
  操作练习 定制一个舒适的工作环境 26

1.7 初学者的常见问题 27
  1.7.1 找不到菜单栏怎么办 27
  1.7.2 执行AutoCAD命令时需要注意些什么 ... 27
  1.7.3 样板文件的作用是什么 27

1.8 本课笔记 28

第2课
绘图辅助工具 29

2.1 视图显示控制 30
  2.1.1 缩放视图 30
  2.1.2 平移视图 30
  2.1.3 全屏显示视图 31
  2.1.4 重画图形 31
  2.1.5 重生成图形 31
  操作练习 查看零件图细节 32

2.2 绘图辅助功能设置 32
  2.2.1 设置图形界限 33
  2.2.2 设置图形单位 33
  2.2.3 正交模式 33
  2.2.4 捕捉和栅格模式 34
  2.2.5 极轴追踪 35
  2.2.6 对象捕捉 36
  2.2.7 对象捕捉追踪 37
  操作练习 绘制台灯 38

2.3 图形特性设置 39
  2.3.1 修改图形属性 39
  2.3.2 复制图形属性 40

2.4 图形显示设置 40
  2.4.1 控制线宽的显示与隐藏 40
  2.4.2 设置线型比例 41

2.5 图层管理 42
  2.5.1 创建图层 42

2.5.2 修改图层特性 ·············43
2.5.3 设置当前图层 ·············45
2.5.4 删除图层 ················45
2.5.5 转换图层 ················45
2.5.6 打开/关闭图层 ··········45
2.5.7 冻结/解冻图层 ··········46
2.5.8 锁定/解锁图层 ··········47
操作练习 创建建筑图层 ········47

2.6 综合练习 ················50
综合练习 绘制保险丝 ··········50
综合练习 绘制螺栓 ···········51

2.7 课后习题 ················54
课后习题 创建机械图层 ········54
课后习题 绘制方头平键 ········55

2.8 本课笔记 ················56

第3课
简单二维图形的绘制 ·······57
3.1 点的绘制与设置 ···········58
3.1.1 设置点样式 ··············58
3.1.2 绘制点 ··················58
3.1.3 绘制定数等分点 ··········59
3.1.4 绘制定距等分点 ··········59
操作练习 绘制五角星图形 ······59

3.2 直线类图形的绘制 ·········60
3.2.1 绘制线段 ················60
3.2.2 绘制构造线 ··············61
3.2.3 绘制射线 ················62
操作练习 绘制射灯 ···········63

3.3 绘制多边形 ··············63
3.3.1 绘制矩形 ················63
3.3.2 绘制正多边形 ············64
操作练习 绘制餐桌椅 ··········65

3.4 圆类图形的绘制 ···········65
3.4.1 绘制圆形 ················66
3.4.2 绘制圆弧 ················67
3.4.3 绘制椭圆与椭圆弧 ········68
3.4.4 绘制圆环 ················69

操作练习 绘制花朵 ···········69

3.5 综合练习 ················71
综合练习 绘制六角螺母 ········71
综合练习 绘制燃气灶 ··········72

3.6 课后习题 ················73
课后习题 绘制浴霸 ···········73
课后习题 绘制棘轮 ···········74

3.7 本课笔记 ················74

第4课
二维图形的基本编辑 ·······75
4.1 如何选择对象 ············76
4.1.1 单击选择 ················76
4.1.2 窗口选择 ················76
4.1.3 窗交选择 ················76
4.1.4 栏选 ···················77
4.1.5 快速选择 ················77
4.1.6 加选和减选对象 ··········78

4.2 图形的常见编辑操作 ·······78
4.2.1 移动对象 ················78
4.2.2 旋转对象 ················79
4.2.3 缩放对象 ················79
4.2.4 分解对象 ················80
4.2.5 删除对象 ················80
操作练习 调整沙发图形 ········81

4.3 图形的基本编辑命令 ·······82
4.3.1 修剪 ···················82
4.3.2 延伸 ···················83
4.3.3 圆角 ···················84
4.3.4 倒角 ···················85
4.3.5 拉长 ···················86
4.3.6 拉伸 ···················87
4.3.7 打断 ···················88
4.3.8 合并 ···················88
操作练习 绘制洗菜盆 ··········89

4.4 综合练习 ················91
综合练习 绘制组合沙发 ········91
综合练习 绘制底座 ···········93

4.5 课后习题 95
    课后习题 绘制多人沙发 95
    课后习题 绘制广场射灯 96

4.6 本课笔记 96

第5课
图形编辑的高级应用 97

5.1 复制图形 98
    5.1.1 直接复制对象 98
    5.1.2 按指定距离复制对象 98
    5.1.3 阵列复制对象 99
    操作练习 复制标高 99

5.2 偏移图形 101
    5.2.1 按指定距离偏移对象 101
    5.2.2 按指定点偏移对象 101
    5.2.3 按指定图层偏移对象 102
    操作练习 创建平面窗户图形 ... 102

5.3 镜像图形 103
    5.3.1 镜像对象 104
    5.3.2 镜像复制对象 104

5.4 阵列图形 104
    5.4.1 矩形阵列对象 105
    5.4.2 路径阵列对象 105
    5.4.3 极轴阵列对象 106
    操作练习 绘制立面门造型 106

5.5 使用夹点编辑图形 107
    5.5.1 使用夹点修改线段 107
    5.5.2 使用夹点修改弧线 107
    5.5.3 使用夹点修改圆 108
    5.5.4 使用夹点修改多边形 108

5.6 综合练习 108
    综合练习 绘制球轴承 108
    综合练习 绘制暗装筒灯 109

5.7 课后习题 109
    课后习题 绘制端盖 109
    课后习题 创建建筑窗户 110

5.8 本课笔记 110

第6课
复杂平面图形的绘制与编辑 ... 111

6.1 多线 112
    6.1.1 设置多线样式 112
    6.1.2 绘制多线 113
    6.1.3 编辑多线 113
    操作练习 绘制墙线 114

6.2 多段线 115
    6.2.1 绘制多段线 115
    6.2.2 编辑多段线 116
    操作练习 绘制箭头 116

6.3 样条曲线 117
    6.3.1 绘制样条曲线 117
    6.3.2 编辑样条曲线 118

6.4 面域 119
    6.4.1 创建面域 119
    6.4.2 编辑面域 119
    6.4.3 查询面域特性 120

6.5 修订云线 121
    6.5.1 直接绘制修订云线 121
    6.5.2 将对象转换为修订云线 121
    操作练习 创建矩形修订云线 122

6.6 综合练习 123
    综合练习 绘制洗手池 123
    综合练习 绘制楼梯间 124

6.7 课后习题 125
    课后习题 绘制箭头指示图标 125
    课后习题 绘制支架轮廓 126

6.8 本课笔记 126

第7课
块的创建与插入 127

7.1 创建块 128
    7.1.1 认识块 128
    7.1.2 定义内部块 128
    7.1.3 定义外部块 129
    操作练习 创建台灯图块 130

7.2 插入块 131

　7.2.1 直接插入块 131

　7.2.2 阵列插入块 132

　7.2.3 定数等分插入块 133

　7.2.4 定距等分插入块 133

　操作练习 创建拉线灯 133

7.3 属性定义及编辑 134

　7.3.1 定义块属性 135

　7.3.2 显示块属性 135

　7.3.3 编辑块属性 136

　操作练习 创建带属性的沙发块 136

7.4 使用设计中心添加图形 138

　7.4.1 AutoCAD设计中心简介 138

　7.4.2 使用设计中心搜索图形 139

　7.4.3 使用设计中心添加素材 140

　操作练习 加载洗手池 140

7.5 综合练习 141

　综合练习 绘制建筑标高 141

　综合练习 加载控制器螺母 143

7.6 课后习题 145

　课后习题 创建并插入台灯图块 145

　课后习题 绘制立面标高 145

7.7 本课笔记 146

第8课

图形填充 147

8.1 图案填充 148

　8.1.1 认识"图案填充创建"功能区 148

　8.1.2 图案填充和渐变色 149

　8.1.3 填充图案 152

　操作练习 填充茶几纹理图案 152

8.2 渐变色填充 153

　8.2.1 渐变色填充常用参数 153

　8.2.2 填充渐变色 154

　操作练习 填充茶几渐变色 154

8.3 编辑填充图案 155

　8.3.1 控制填充图案的可见性 155

　8.3.2 关联图案填充编辑 155

　8.3.3 分解填充图案 156

8.4 综合练习 156

　综合练习 填充室内地面材质 156

　综合练习 填充浴霸渐变色 158

8.5 课后习题 159

　课后习题 填充盘盖剖视图 159

　课后习题 填充灯具渐变色 160

8.6 本课笔记 160

第9课

尺寸标注 161

9.1 尺寸标注样式 162

　9.1.1 尺寸标注的组成元素 162

　9.1.2 创建标注样式 162

　9.1.3 设置标注样式 164

　操作练习 创建建筑尺寸标注样式 169

9.2 标注图形 171

　9.2.1 线性标注 171

　9.2.2 对齐标注 172

　9.2.3 半径标注 172

　9.2.4 直径标注 173

　9.2.5 角度标注 173

　9.2.6 弧长标注 174

　9.2.7 坐标标注 175

　操作练习 标注室内设计图 175

9.3 应用标注技巧 177

　9.3.1 连续标注 177

　9.3.2 基线标注 177

　9.3.3 快速标注 177

　9.3.4 折弯线性标注 178

　操作练习 标注装饰柜 179

9.4 编辑标注样式和标注的尺寸 180

　9.4.1 修改标注样式 180

　9.4.2 更新标注样式 180

　9.4.3 编辑标注尺寸 181

　9.4.4 编辑标注文字 181

　操作练习 编辑标注的尺寸 181

9.5 应用引线 182

9.5.1　使用多重引线 182
9.5.2　使用快速引线 185
操作练习　标注螺栓倒角尺寸 186

9.6　综合练习 187
综合练习　标注底座尺寸 187
综合练习　标注法兰套剖视图 188

9.7　课后习题 190
课后习题　标注阀盖 191
课后习题　标注建筑平面图 191

9.8　本课笔记 192

第10课
文字注释与表格绘制 193
10.1　文字样式 194
10.1.1　新建文字样式 194
10.1.2　设置文字字体和大小 194
10.1.3　设置文字效果 195
10.1.4　重命名文字样式 195
10.1.5　删除文字样式 195

10.2　创建文字 196
10.2.1　单行文字 196
10.2.2　多行文字 197
10.2.3　特殊字符 200
操作练习　创建常用特殊字符 200

10.3　编辑文字 200
10.3.1　修改文字内容 200
10.3.2　修改文字特性 201
10.3.3　查找和替换文字 201
操作练习　编辑注释文字 202

10.4　制作表格 203
10.4.1　表格样式 203
10.4.2　创建表格 205
操作练习　创建灯具规格表 207

10.5　综合练习 209
综合练习　创建施工说明 209
综合练习　绘制装配明细表 211

10.6　课后习题 213

课后习题　标注室内房间功能 213
课后习题　绘制装修材料表 213

10.7　本课笔记 214

第11课
三维图形的绘制与编辑 215
11.1　三维绘图基础知识 216
11.1.1　三维坐标 216
11.1.2　三维模型的观察方式 216
11.1.3　选择视图 217
11.1.4　设置三维视图 217
11.1.5　三维动态观察器 218
11.1.6　选择视觉样式 219

11.2　创建三维模型 220
11.2.1　创建网格对象 220
11.2.2　创建三维基本体 222
操作练习　绘制哑铃模型 224

11.3　二维图形生成三维实体 225
11.3.1　绘制拉伸实体 225
11.3.2　绘制旋转实体 225
11.3.3　绘制放样实体 226
11.3.4　绘制扫掠实体 226
操作练习　绘制锁模型 226

11.4　编辑三维实体 227
11.4.1　阵列三维对象 227
11.4.2　镜像三维对象 228
11.4.3　旋转三维对象 228
11.4.4　对齐三维对象 228
11.4.5　对实体进行布尔运算 228
操作练习　绘制珠环模型 229

11.5　渲染三维模型 230
11.5.1　添加模型灯光 230
11.5.2　编辑模型材质 230
11.5.3　进行模型渲染 231

11.6　综合练习 231
综合练习　绘制支座模型 231
综合练习　绘制底座模型 233

11.7　课后习题 235

　　课后习题　绘制阀盖模型.......................235
　　课后习题　绘制支架模型.......................236

11.8 本课笔记.......................236

第12课
页面设置与打印.....................237

12.1 页面设置.......................238
　　12.1.1 新建页面设置.......................238
　　12.1.2 修改页面设置.......................238
　　12.1.3 导入页面设置.......................238
　　操作练习　创建机械页面设置.......................239

12.2 打印图形文件.......................240
　　12.2.1 设置打印样式.......................240
　　12.2.2 选择打印设备.......................240
　　12.2.3 设置打印尺寸.......................241
　　12.2.4 设置打印比例.......................241
　　12.2.5 设置打印范围.......................241
　　操作练习　打印装修平面图.......................241

12.3 创建电子文件.......................242
　　操作练习　创建电子文件.......................242

12.4 课后习题.......................243
　　课后习题　创建建筑页面设置.......................243
　　课后习题　打印室内天花图.......................243

12.5 本课笔记.......................244

第13课
综合实例.............................245

13.1 建筑制图.......................246
　　13.1.1 绘制建筑轴线.......................246
　　13.1.2 绘制建筑墙线.......................247
　　13.1.3 修改建筑墙线.......................248
　　13.1.4 绘制建筑门窗.......................249
　　13.1.5 绘制建筑楼梯.......................253
　　13.1.6 标注建筑图形.......................255

13.2 机械制图.......................258
　　13.2.1 绘制零件主视图.......................258
　　13.2.2 绘制零件右视图.......................259
　　13.2.3 标注零件图.......................259

13.3 本课笔记.......................260

第 1 课

01

AutoCAD基础知识

AutoCAD是由Autodesk公司开发的一种绘图软件，是目前使用较为广泛的计算机辅助绘图和设计软件，受到机械设计与建筑绘图人员的青睐。本课将讲解AutoCAD的基础知识，希望读者认真学习，为后期的学习打下良好的基础。

学习要点

» 初识AutoCAD
» 认识AutoCAD的工作界面
» 文件的基本操作
» 执行AutoCAD命令
» AutoCAD图形定位
» 设置AutoCAD的工作环境
» 初学者的常见问题

1.1 初识AutoCAD

AutoCAD于1982年11月首次推出，是计算机辅助绘图领域中非常受欢迎的绘图软件。AutoCAD 2018具有便捷的多文档设计功能，还能向用户提供实时的信息和数据，便于设计。

1.1.1 AutoCAD可以做什么

随着计算机技术的不断发展，AutoCAD在建筑、工业、电子、军事、医学和交通等领域被广泛使用。在建筑与室内设计领域，AutoCAD的应用极为普遍，利用AutoCAD可以创建出尺寸精确的建筑结构图与施工图，为以后的施工提供参照依据。在工业设计领域，AutoCAD作为产品开发设计的有效软件，为设计师在构思和创作等方面提供了极大的帮助。另外，在新产品的设计开发过程中，可以利用AutoCAD进行辅助设计，模拟产品实际的工作情况，监测其造型与机械在实际使用中的缺陷，以便在产品批量生产之前，做出相应改进，以避免设计失误造成的巨大损失。

1.1.2 启动AutoCAD

安装好AutoCAD以后，可以通过以下3种常用方法启动AutoCAD应用程序。

第1种：单击"开始"按钮，然后在"程序"列表中选择相应的命令启动AutoCAD 2018应用程序。

第2种：双击桌面上的AutoCAD 2018快捷方式图标，快速启动AutoCAD应用程序，如图1-1所示。

第3种：双击AutoCAD文件即可启动AutoCAD应用程序。

图1-1

使用前面介绍的方法启动AutoCAD 2018后，将出现如图1-2所示的开始界面。用户可以在此界面中新建或打开图形文件。

图1-2

■ 提示

首次启动AutoCAD 2018时，窗口元素和绘图区颜色为深灰色。这里为了更好地显示界面效果，将窗口元素和绘图区都改为了较亮的浅色。

1.1.3 退出AutoCAD

在使用完AutoCAD应用程序后，用户可以使用如下两种常用方法退出AutoCAD应用程序。

第1种：单击AutoCAD应用程序窗口右上角的"关闭"按钮退出AutoCAD应用程序，如图1-3所示。

图1-3

第2种：单击"菜单浏览器"按钮，在弹出的菜单中选择"退出Autodesk AutoCAD 2018"命令，即可退出AutoCAD 2018应用程序，如图1-4所示。

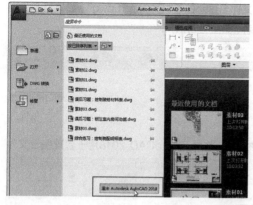

图1-4

1.1.4 AutoCAD的工作空间

为满足不同用户的需要，AutoCAD 2018提供了"草图与注释""三维基础"和"三维建模"3种工作空间模式，用户可以根据自己的需要选择不同的工作空间模式。

1. 草图与注释空间

默认状态下启动的工作空间就是"草图与注释"空间，如图1-5所示。在该空间中，可以方便地使用"绘图""修改""注释""图层"及"块"等面板进行图形的绘制。

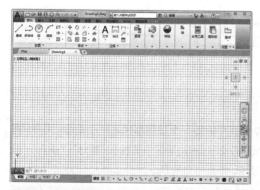

图1-5

2. 三维基础空间

在"三维基础"空间能够方便地绘制基础

的三维图形，如图1-6所示，还可以通过其中的"修改"面板快速地对图形进行修改。

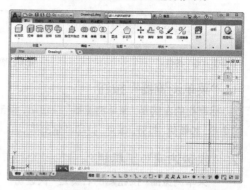

图1-6

3. 三维建模空间

在"三维建模"空间中，可以方便地绘制出更复杂的三维图形，在该工作空间中也可以对三维图形进行修改、编辑等操作，如图1-7所示。

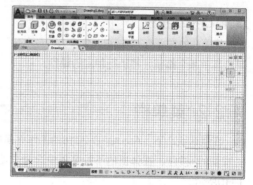

图1-7

1.2 AutoCAD工作界面

"草图与注释"工作空间是AutoCAD默认的工作空间，也是常用的工作空间。这里将以"草图与注释"工作空间为例，介绍AutoCAD 2018的工作界面，主要包括标题栏、菜单栏、功能区、绘图区、命令行、状态栏6个部分。

1.2.1 标题栏

标题栏位于AutoCAD 2018工作界面的顶端，

用于显示程序名称和文件名等信息。在默认情况下，文件名显示的是"Drawing1.dwg"，如果打开的是一个保存过的图形文件，显示的则是打开的文件的名称，如图1-8所示。

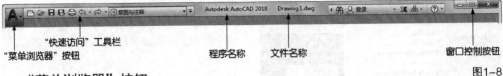

"菜单浏览器"按钮　　"快速访问"工具栏　　　　　　程序名称　　文件名称　　　　　　　　窗口控制按钮

图1-8

1. "菜单浏览器"按钮

标题栏的左端是"菜单浏览器"按钮A，单击该按钮，将展开AutoCAD 2018用于管理图形文件的命令，如新建、打开、保存、打印和输出等。

2. "快速访问"工具栏

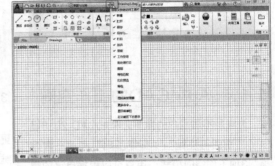

"菜单浏览器"按钮A的右侧是"快速访问"工具栏，用于存储经常访问的命令。单击"快速访问"工具栏右侧的按钮，将弹出工具选项菜单供用户选择，如图1-9所示。可以在工具选项菜单中选择"显示菜单栏"命令，从而将菜单栏显示出来。

图1-9

3. 窗口控制按钮

标题栏的右端有3个按钮，依次为"最小化"按钮、"最大化"按钮、"关闭"按钮，单击其中某个按钮，将执行相应的操作。

1.2.2 菜单栏

在默认状态下，AutoCAD 2018的工作界面中都没有菜单栏，可以通过单击"快速访问"工具栏右侧的按钮，在弹出的下拉菜单中选择"显示菜单栏"命令，将菜单栏显示出来，效果如图1-10所示。

图1-10

1.2.3 功能区

AutoCAD 2018的功能区位于标题栏的下方，功能区中的每一个按钮都代表一个命令。用户只需单击按钮，即可执行相应的命令。默认情况下，AutoCAD 2018的功能区主要包括"默认""插入""注释""参数化""视图""管理"和"输出"等几个选项卡，如图1-11所示。

图1-11

1.2.4 绘图区

AutoCAD的绘图区是绘制和编辑图形以及创建文字和表格的区域。绘图区包括控制视图按钮、坐标系图标和十字光标等元素，如图1-12所示，默认状态下该区域为深灰色。

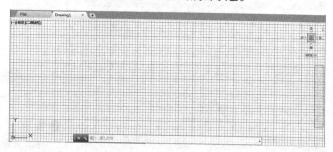

图1-12

1.2.5 命令行

命令行位于工作界面下方，主要用于输入命令以及显示正在执行的命令和相关信息，如图1-13所示。执行命令时，在命令行中输入相应操作的命令，按Enter键或空格键后系统将执行该命令；在命令的执行过程中，按Esc键可取消命令的执行；按Enter键确认参数的输入。

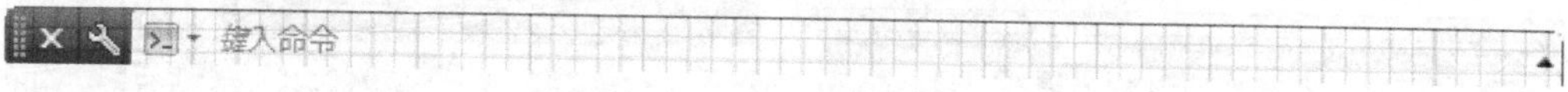

图1-13

1.2.6 状态栏

状态栏位于AutoCAD 2018工作界面下方，如图1-14所示。状态栏左边是"模型"和"布局"选项卡；右边是多个经常使用的控制按钮，如捕捉、栅格和正交等，这些按钮均属于开/关型按钮，即单击该按钮，则启用该功能，再次单击则关闭该功能。

图1-14

操作练习 设置AutoCAD工作界面

» 实例位置：无
» 素材位置：无
» 视频名称：设置AutoCAD工作界面.mp4
» 技术掌握：调整工作界面

本例将调整AutoCAD工作界面中的功能区、功能面板和命令行等的显示与隐藏状态。

01 在"快速访问"工具栏中单击"自定义快速访问工具栏"下拉按钮，在弹出的菜单中选择"显示菜单栏"命令，如图1-15所示，即可显示菜单栏。

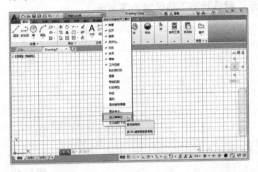

图1-15

02 在功能区标签栏中单击鼠标右键，在弹出的快捷菜单中选择"显示选项卡"命令，在子菜单中取消勾选"三维工具""可视化""A360"和"精选应用"等不常用的命令，如图1-16所示，即可将对应的功能选项卡隐藏。

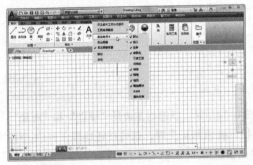

图1-16

■ 提示

　　在子命令的前方，如果有√标记，则表示对应的功能选项卡处于显示状态，单击该命令，则将对应的功能选项卡隐藏；如果无√标记，则表示相对应的功能选项卡处于隐藏状态，单击该命令，则显示对应的功能选项卡。

03 在"默认"功能区中单击鼠标右键，在弹出的快捷菜单中选择"显示面板"命令，在子菜单中取消勾选"组""实用工具""剪贴板"和"视图"命令，如图1-17所示，即可隐藏对应的功能面板。

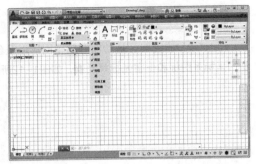

图1-17

■ 提示

　　在任意打开的功能面板上单击鼠标右键，在弹出的快捷菜单中可以选择显示或隐藏功能面板。在快捷菜单中，前方有√标记的命令对应的功能面板处于显示状态，选择该命令，则可以将该功能面板隐藏。

04 将光标放在命令行左端的■图标上，按住鼠标左键拖曳，使命令行扩展至与窗口同宽，如图1-18所示。

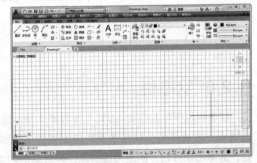

图1-18

05 单击功能区标签栏右侧的最小化按钮 ⬚，可以将功能区分别最小化为选项卡、面板按钮和面板标题等，从而增加绘图区的面积，如图1-19所示。

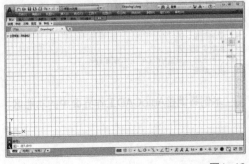

图1-19

06 单击状态栏中的"自定义"按钮▤，在弹出的菜单中勾选"线宽"和"动态输入"选项，将对应的工具按钮显示在状态栏中，如图1-20所示。

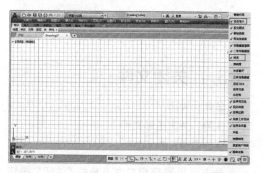

图1-20

1.3 文件的基本操作

AutoCAD文件的基本操作是使用AutoCAD进行绘图前要掌握的重要内容。下面将学习使用AutoCAD新建文件、保存文件和打开文件等操作的方法。

1.3.1 新建文件

命令： 新建

作用： 新建图形文件

快捷命令： NEW

启用新建文件的命令通常有如下5种方法。

第1种： 单击"快速访问"工具栏中的"新建"按钮▢。

第2种： 在绘图区的图形名称选项卡右侧单击"新图形"按钮▣。

第3种： 显示菜单栏，然后选择"文件>新建"命令。

第4种： 按Ctrl+N组合键。

第5种： 输入"NEW"命令并确认。

执行新建文件命令，打开"选择样板"对话框。在其中可以选择"acad"选项并单击"打开"按钮，创建一个空白文档，如图1-21

所示，还可以选择其他样板文件作为新图形文件的基础。

图1-21

1.3.2 保存文件

命令： 保存

作用： 保存图形文件

快捷命令： SAVE

启用保存文件的命令通常有如下4种方法。

第1种： 单击"快速访问"工具栏中的"保存"按钮▤。

第2种： 执行"文件>保存"命令。

第3种： 按Ctrl+S组合键。

第4种： 输入"SAVE"命令并确认。

执行保存文件命令，打开"图形另存为"对话框。在该对话框中指定相应的保存路径和文件名称，然后单击"保存"按钮，即可保存图形文件，如图1-22所示。

图1-22

■ **提示**

　　使用"保存"命令保存已经保存过的文档时，系统会直接以原路径和原文件名对文档进行保存。如果需要对修改后的文档进行重新命名，或更改文档的保存位置或保存类型，则需要选择"文件>另存为"命令。在打开的"图形另存为"对话框中重新设置文件的名称、保存位置或保存类型，单击"保存"按钮即可。

1.3.3　打开文件

命令： 打开

作用： 打开图形文件

快捷命令： OPEN

　　启用打开文件的命令通常有如下4种方法。

第1种： 单击"快速访问"工具栏中的"打开"按钮 。

第2种： 执行"文件>打开"命令。

第3种： 按Ctrl+O组合键。

第4种： 输入"OPEN"命令并确认。

　　执行打开文件命令，打开"选择文件"对话框，在该对话框中可以选择文件的位置并打开指定文件，如图1-23所示。单击"打开"按钮右侧的三角形按钮，可以选择打开文件的4种方式，即"打开""以只读方式打开""局部打开"和"以只读方式局部打开"，如图1-24所示。

图1-23

图1-24

1.3.4　关闭文件

命令： 关闭

作用： 关闭图形文件

快捷命令： CLOSE

　　单击应用程序窗口右上角的"关闭"按钮 ，可以退出应用程序。同时，系统会自动关闭当前已经保存过的文件。如果要在不退出应用程序的情况下关闭当前编辑好的文件，可以执行"文件>关闭"命令，或者单击图形文件窗口右上角的"关闭"按钮 来快速关闭文件。

1.4　执行AutoCAD命令

　　执行AutoCAD命令是绘制图形的关键步骤。下面介绍AutoCAD命令的执行方法、终止命令和重复命令等操作。AutoCAD命令的执行方式主要包括鼠标操作和键盘操作。

1.4.1　执行命令的方式

　　在AutoCAD中有多种执行命令的方式，主要包括选择命令、单击工具按钮和在命令行中输入命令等。

● **选择命令：** 通过选择命令的方式来执行命令。例如，要执行"多边形"命令，其方法是显示菜单栏，然后选择"绘图>多边形"命令。

● **单击工具按钮：** 在"草图与注释"工作空间中单击相应功能面板上的按钮来执行命令。例如，在"绘图"面板中单击"矩形"按钮 ，即可执行"矩形"命令。

- **在命令行中输入命令**：在命令行中输入命令的方法比较快捷、简便。只需在命令行中输入英文命令或缩写后的简化命令，按Enter键即可执行该命令。例如，要执行"矩形"命令，只需在命令行中输入"RECTANG"或"REC"，然后按Enter键即可。

1.4.2 终止命令

在执行AutoCAD操作命令的过程中，按Esc键，可以随时终止执行该命令。注意，在操作中退出某些命令时，需要连续按两次Esc键。

1.4.3 重复命令

在完成一个命令的操作后，如果要重复执行上一次使用的命令，可以通过以下几种方法快速实现。

- **按Enter键或空格键**：在一个命令执行完成后，按Enter键或空格键，即可再次执行上一次的命令。
- **单击鼠标右键**：若用户设置了禁用快捷菜单，可在前一个命令执行完成后单击鼠标右键，再次执行前一个操作命令。
- **按方向键↑**：按键盘上的↑方向键，可依次向前翻阅在命令行中输入的数值或命令。当出现用户要执行的命令后，按Enter键即可执行命令。

1.4.4 放弃操作

在AutoCAD中，系统提供了图形的恢复功能。使用图形恢复功能，可以取消绘图过程中的操作。

- **选择"放弃"命令**：执行"编辑>放弃"命令。
- **单击"放弃"按钮**：单击"快速访问"工具栏中的"放弃"按钮，可以取消前一次

执行的操作。连续单击该按钮，可以取消前面执行的多次操作。

- **执行U或UNDO命令**：执行U命令或UNDO命令可以取消前一次的操作，根据提示输入要放弃的操作数目，可以取消前面执行的对应数目的操作。
- **按Ctrl+Z组合键**。

1.4.5 重做操作

在AutoCAD中，系统提供了图形的重做功能。使用图形重做功能，可以重新执行放弃的操作。

- **选择"重做"命令**：执行"编辑>重做"命令。
- **单击"重做"按钮**：单击"快速访问"工具栏中的"重做"按钮，可以恢复已放弃的上一步操作。
- **执行REDO命令**：在执行放弃命令后，紧接着执行REDO命令即可恢复已放弃的上一步操作。

1.5 AutoCAD图形定位

AutoCAD的图形定位主要是由坐标系确定的。要使用AutoCAD的坐标系，首先要了解AutoCAD坐标系的概念和坐标输入方法。

1.5.1 认识AutoCAD坐标系

坐标系由x轴、y轴、z轴和原点构成。AutoCAD中有3种坐标系，分别是笛卡尔坐标系统、世界坐标系统和用户坐标系统。

- **笛卡尔坐标系**：AutoCAD采用笛卡尔坐标系确定位置，该坐标系也称绝对坐标系。在进入AutoCAD绘图区时，系统自动进入笛卡尔坐标系第一象限，其原点在绘图区内的左下角，如图1-25所示。

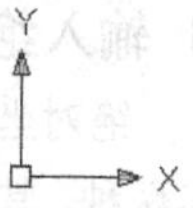

图1-25

- **世界坐标系统**：世界坐标系统（World Coordinate System, WCS）是AutoCAD的基础坐

标系统, 它由3个相互垂直相交的坐标轴——x轴、y轴和z轴组成。在绘制和编辑图形的过程中, WCS是预设的坐标系统, 其坐标原点和坐标轴都不会改变。在默认情况下, x轴以水平向右为正方向, y轴以竖直向上为正方向, z轴以垂直屏幕向外为正方向, 坐标原点在绘图区左下角, 如图1-26所示。

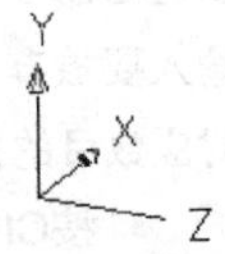

图1-26

● **用户坐标系统:** 为了方便用户绘制图形, AutoCAD提供了可变的用户坐标系统 (User Coordinate System, UCS)。在通常情况下, 用户坐标系统与世界坐标系统相重合, 但在进行一些复杂的实体造型时, 用户可根据具体需要, 通过UCS命令设置适合当前图形应用的坐标系统。

■ **提示**

在二维平面绘图中绘制和编辑工程图形时, 只需输入x轴和y轴坐标, 而z轴的坐标可以省略, 由AutoCAD自动赋予值0。

1.5.2 坐标输入方法

在AutoCAD中使用各种命令时, 通常需要提供该命令相应的指示与参数, 以便指引该命令完成工作或动作的执行方式、位置等。直接使用鼠标虽然制图很方便, 但不能进行精确定位, 而精确地定位需要采用用键盘输入坐标值的方式来实现。常用的坐标输入方式包括: 绝对坐标、相对坐标、极坐标和相对极坐标。其中相对坐标与相对极轴坐标的原理一样, 只是格式不同。

1. 输入绝对坐标

绝对坐标分为绝对直角坐标和绝对极轴坐标两种。其中绝对直角坐标以笛卡尔坐标系的原点 (0,0,0) 为基点定位, 用户可以通过输入 (x,y,z) 坐标的方式来定义一个点的位置。

例如, 在图1-27所示的图形中, O点绝对坐标为 (0,0,0), A点绝对坐标为 (1000,1000,0), B点绝对坐标为 (3000,1000,0), C点绝对坐标为 (3000,3000,0), D点绝对坐标为 (1000,3000,0)。如果z方向坐标为0, 则可省略, 故输入时A点绝对坐标可为 (1000,1000), B点绝对坐标可为 (3000,1000), C点绝对坐标可为 (3000,3000), D点绝对坐标可为 (1000,3000)。

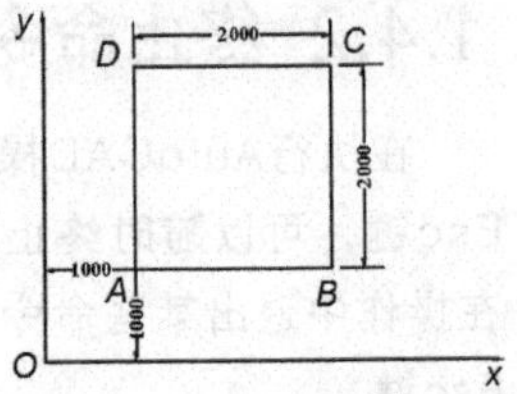

图1-27

2. 输入相对坐标

相对坐标是以上一个点为坐标原点来确定下一个点的位置。输入相对于上一个点坐标 (x,y,z) 增量为 (Δx,Δy,Δz) 的坐标时, 格式为 (@Δx,Δy,Δz)。其中 "@" 字符是指定相对于上一个点的偏移量。

例如, 在图1-28所示的图形中, 对于O点而言, A点的相对坐标为 (@20,20), 如果以A点为基点, 那么B点的相对坐标为 (@100,0), C点的相对坐标为 (@100,100), D点的相对坐标为 (@0,100)。

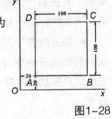

图1-28

■ **提示**

在AutoCAD 2018中, 用户在输入绝对坐标时, 系统将自动将其转换成相对坐标, 因此在输入相对坐标时, 可以省略 "@" 符号, 如果要使用绝对坐标, 则需要在坐标前添加 "#"。

3. 输入相对极坐标

相对极坐标是以上一个点为参考极点, 通过输入极距增量和角度值来定义下一个点的位置，输入的格式为"@距离<角度"。

在运用AutoCAD进行绘图的过程中，使用多种坐标输入方式，可以使绘图操作更随意、更灵活，配合目标捕捉、夹点编辑等方式，能提高绘图的效率。

操作练习 | 绘制指定大小的正方形

» 实例位置：实例文件>CH01>操作练习：绘制指定大小的正方形.dwg
» 素材位置：无
» 视频名称：绘制指定大小的正方形.mp4
» 技术掌握：运用输入坐标的方式绘制指定大小的图形

本例运用输入坐标的方法，通过指定矩形两个角点的坐标，绘制一个指定大小的正方形。

01 在命令行中输入矩形的简化命令"REC"，如图1-29所示，按Enter键或空格键确认。

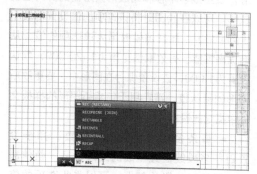

图1-29

02 在系统提示下输入矩形的第一个角点坐标"50，50"，按Enter键或空格键确认，如图1-30所示。

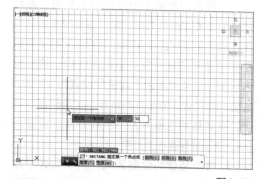

图1-30

03 输入矩形另一个角点的相对坐标"@100，100"，如图1-31所示。

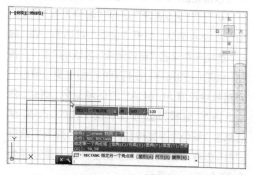

图1-31

04 按Enter键或空格键确认，即可绘制出指定大小的正方形，如图1-32所示。

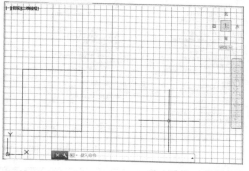

图1-32

1.6 设置工作环境

为了提高工作效率，在使用AutoCAD进行绘图之前，可以先对AutoCAD的绘图环境进行设置，以定制适合用户习惯的操作环境。

1.6.1 设置AutoCAD环境颜色

命令：选项
作用：打开"选项"对话框
快捷命令：OP

在AutoCAD中，用户可以根据个人习惯设置环境颜色，使工作环境更舒服。例如，首次启动

AutoCAD 2018时，绘图区的颜色为深灰色，用户可以根据自己的喜好设置绘图区的颜色。

执行"工具>选项"命令或者输入"OP"（选项）命令并确认，打开"选项"对话框，在"显示"选项卡中单击"窗口元素"区域的"颜色"按钮，如图1-33所示。在打开的"图形窗口颜色"对话框中设置AutoCAD的环境颜色，例如，依次选择"二维模型空间"和"统一背景"选项，然后单击"颜色"下拉按钮，在弹出的列表中选择"白"选项，可以将二维模型空间的背景设置为白色，如图1-34所示。

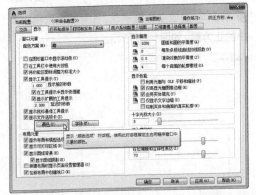

图1-33

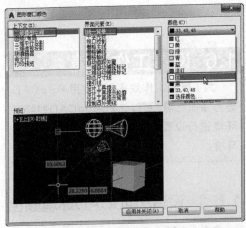

图1-34

■ 提示

在日常工作中，为了保护用户的视力，建议将绘图区的颜色设置为黑色或深蓝色。本书为了更好地显示图形的效果，将绘图区的颜色设置为白色。

1.6.2 设置图形的显示精度

系统为了加快图形的显示速度，圆与圆弧都是用多边形表示的。在"选项"对话框的"显示"选项卡中，调整"显示精度"区域内的相应参数的值，可以改变图形的显示精度，如图1-35所示。

图1-35

显示精度区域中各选项介绍

● **圆弧和圆的平滑度**：用于控制圆、圆弧和椭圆的平滑度。值越大，生成的对象越平滑，重生成、平移和缩放对象所需的时间也就越长。可以在绘图时将该选项的值设置得较小（如100），而在渲染时增大该选项的值，从而提高性能。有效取值范围为1~20 000，默认设置为1 000，该设置保存在图形中。要更改新图形的默认值，请在用于创建新图形的样板文件中指定此设置。

● **每条多段线曲线的线段数**：用于设置每条多段线曲线生成的线段数目。数值越大，对性能的影响越大，可以将此选项的值设置得较小（如4）以优化绘图性能。取值范围为−32 767~32 767，默认设置为8，该设置保存在图形中。

● **渲染对象的平滑度**：用于控制着色和渲染曲面实体的平滑度。用"渲染对象的平滑度"的值乘以"圆弧和圆的平滑度"的值来确定如何显示实体对象。要提高性能，请在绘图时将"渲染对象的平滑度"设置为1或更小的值。值越大，显示性能越差，渲染时间也越长。有效值的范围为0.01到10，默认设置为0.5，该设置保存在图形中。

● **每个曲面的轮廓素线**：用于设置对象上每个曲面的轮廓线数目。数目越多，显示性能越差，渲染时间也越长。有效取值范围为0~2047，默认设置为4，该设置保存在图形中。

例如，将"圆弧和圆的平滑度"设置为50时，图形中的圆将呈现为多边形，如图1-36所示；将"圆弧和圆的平滑度"设置为500时，图形中的圆将呈现为平滑的圆形，如图1-37所示。

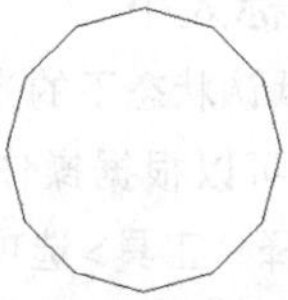

图1-36　　　　　图1-37

1.6.3　设置文件自动保存时间间隔

在绘制图形的过程中，通过开启自动保存文件的功能，可以防止在绘图时因意外造成的文件丢失，将损失降低到最小。

选择"工具>选项"命令，打开"选项"对话框，选择"打开和保存"选项卡，如图1-38所示。选中"文件安全措施"区域的"自动保存"复选框，在"保存间隔分钟数"文本框中设置自动保存的时间间隔，确认即可。

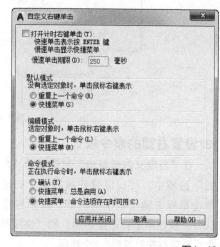

图1-38

1.6.4　设置鼠标右键功能模式

AutoCAD的鼠标右键功能模式包括默认模式、编辑模式和命令模式3种，用户可以根据自己的习惯设置鼠标右键的功能模式。

1. 设置默认功能

执行"工具>选项"命令，打开"选项"对话框，然后选择"用户系统配置"选项卡，在"Windows标准操作"区域中单击"自定义右键单击"按钮，如图1-39所示，打开"自定义右键单击"对话框，在该对话框的"默认模式"区域中，可以设置默认状态下单击鼠标右键所表示的功能，如图1-40所示。

图1-39

图1-40

2. 设置右键的编辑模式

在"自定义右键单击"对话框的"编辑模式"区域中，可以设置在编辑操作的过程中单击鼠标右键所表示的功能。在"编辑模式"区域中同样包括"重复上一个命令"和"快捷菜单"两个选项，其中各选项的含义与默认模式相同。但

是，编辑状态下的快捷菜单中的选项与默认状态下的快捷菜单是不同的。图1-41和图1-42所示分别是默认状态下的快捷菜单和编辑状态下的快捷菜单。

图1-41

图1-42

3. 设置右键的命令模式

在"自定义右键单击"对话框的"命令模式"区域中，可以设置在执行命令的过程中单击鼠标右键所表示的功能。其中包括"确认""快捷菜单：总是启用"和"快捷菜单：命令选项存在时可用"3个选项。

■ 提示

如果所执行的命令不存在命令选项，选择"快捷菜单：总是启用"选项所弹出的菜单将是可进行确认、取消等操作的快捷菜单，而选择"快捷菜单：命令选项存在时可用"选项后，单击鼠标右键将直接进行确认，不会弹出快捷菜单。

1.6.5 设置光标样式

在AutoCAD中，用户可以根据自己的习惯和爱好设置光标的样式，包括控制十字光标的大小与颜色、改变自动捕捉标记的大小与颜色、改变拾取框的大小和夹点的大小等。

1. 设置十字光标大小

十字光标是默认状态下的光标样式，在绘制图形时，用户可以根据操作习惯调整十字光标的大小。选择"工具>选项"命令，打开"选项"对话框，选择"显示"选项卡，在"十字光标大小"区域拖曳滑块或者在文本框中直接输入数值，如图1-43所示，然后单击"确定"按钮，即可调整十字光标的大小，如图1-44所示。

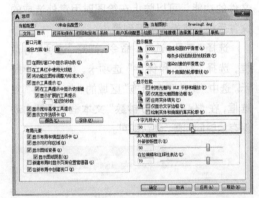

图1-43

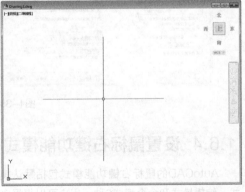

图1-44

■ 提示

　　十字光标大小的取值范围为1~100，数值越大，十字光标越大。数值为100时，将会全屏幕显示。

图1-47

2. 设置自动捕捉标记大小

　　自动捕捉标记是启用自动捕捉功能后，在捕捉特殊点（如端点、圆心和中点等）时光标所表现出的对应样式。在"选项"对话框中选择"绘图"选项卡，在"自动捕捉标记大小"区域拖曳滑块，如图1-45所示，然后单击"确定"按钮，即可调整自动捕捉标记的大小，如图1-46所示。

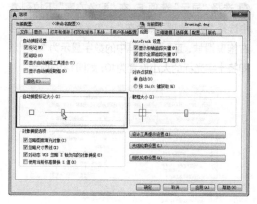

图1-45

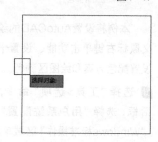

图1-48

4. 设置夹点大小

　　夹点是选择图形后在图形的节点上显示的图标，如图1-49所示。为了准确地选择夹点对象，用户可以根据需要设置夹点的大小。在"选项"对话框中选择"选择集"选项卡，然后在"夹点尺寸"区域拖曳滑块，即可调整夹点的大小。

图1-49

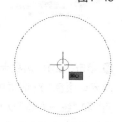

图1-46

3. 设置拾取框大小

　　拾取框是指在执行编辑命令时，光标变成的一个小正方形框。在"选项"对话框中选择"选择集"选项卡，在"拾取框大小"区域拖曳滑块，如图1-47所示，然后单击"确定"按钮，即可调整拾取框的大小，如图1-48所示。

5. 设置靶框大小

　　靶框是捕捉对象时出现在十字光标内部的方框，如图1-50所示。在"选项"对话框中选择"绘图"选项卡，在"靶框大小"区域拖曳滑块，可以调整靶框的大小。

图1-50

6. 设置光标颜色

在"选项"对话框中选择"显示"选项卡，在其中单击"颜色"按钮，在打开的"图形窗口颜色"对话框中可以修改十字光标和自动捕捉标记的颜色。

操作练习 定制一个舒适的工作环境

» 实例位置：无
» 素材位置：无
» 视频名称：定制一个舒适的工作环境.mp4
» 技术掌握：定义鼠标右键功能、设置十字光标、设置配色方案和绘图区颜色

本例将设置AutoCAD的绘图环境，包括定义鼠标右键单击功能、设置十字光标的大小、设置配色方案和绘图区颜色。

01 选择"工具>选项"命令，打开"选项"对话框，选择"用户系统配置"选项卡，然后在"Windows标准操作"区域单击"自定义右键单击"按钮，如图1-51所示。

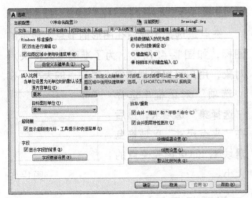

图1-51

02 打开"自定义右键单击"对话框，在"命令模式"区域选择"快捷菜单：命令选项存在时可用"选项，如图1-52所示。单击"应用并关闭"按钮，返回"选项"对话框。

图1-52

03 选择"显示"选项卡，在"配色方案"下拉列表中选择"明"选项，然后在"十字光标大小"区域向右拖曳滑块，直到文本框中的数字显示为"10"，即将十字光标的大小设置为10，如图1-53所示。

图1-53

04 单击"显示"选项卡中的"颜色"按钮，在"图形窗口颜色"对话框中依次选择"二维模型空间"和"统一背景"选项，在"颜色"下拉列表中选择"选择颜色"选项，如图1-54所示。

图1-54

05 在"选择颜色"对话框中选择一种深蓝色，单击"确定"按钮，如图1-55所示。

06 返回"图形窗口颜色"对话框，单击"应用并关闭"按钮，返回"选项"对话框，单击"确定"按钮，完成本例的操作，最终界面如图1-56所示。

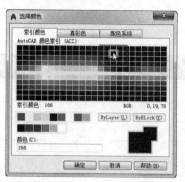

图1-55

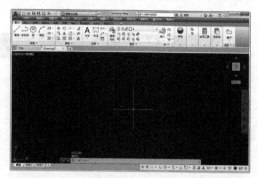

图1-56

1.7 初学者的常见问题

通过前面的学习，读者应该已经掌握了AutoCAD 2018的基本操作，下面就初学者在学习过程中遇到的几个常见问题进行解答。

1.7.1 找不到菜单栏怎么办

对于初学者而言，AutoCAD命令众多，命令的记忆需要时间，在记住命令前，可以使用菜单命令进行相应的操作，那么，如果找不到AutoCAD 2018的菜单栏该怎么办呢？由于AutoCAD 2018只提供了"草图与注释""三维基础"和"三维建模"3种工作空间模式，在默认情况下，这些工作空间都没有菜单栏，要使用菜单命令，就需要在"快速访问"工具栏中的下拉菜单中选择"显示菜单栏"命令，将菜单栏显示出来。

1.7.2 执行AutoCAD命令时需要注意些什么

在使用AutoCAD命令进行绘图操作的时候，许多初学者都会感觉很吃力，或常出现错误的操作。那么在执行AutoCAD命令时需要注意些什么呢？首先要确定在执行命令之前，系统是否处于等待命令状态，如果当前处于执行上个命令或其他操作命令的状态，那么就无法正确执行所需要的命令。其次，在执行命令的过程中，一定要注意系统的命令提示，只有根据系统的提示进行操作，才能正确地进行绘图操作。AutoCAD软件有别于其他常用的绘图软件，使用AutoCAD进行绘图操作时，一定要适应AutoCAD的特点。

1.7.3 样板文件的作用是什么

样板文件存储图形的所有设置，还可能包含预定义的图层、标注样式和视图。样板文件通过文件扩展名".dwt"区别于其他图形文件，通常保存在"Template"文件夹中。如果根据现有的样板文件创建新图形文件，则新图形文件中的修改不会影响样板文件。用户可以使用程序提供的样板文件，也可以创建自定义样板文件。

1.8 本课笔记

第 2 课

02

绘图辅助工具

前面学习了AutoCAD的基础知识，本课将学习绘图辅助工具的应用。在使用AutoCAD进行绘图的过程中，结合绘图辅助工具，可以提高绘图的工作效率。例如，用户可以通过对象捕捉功能快速捕捉到需要的特殊点，或对局部图形进行放大，以便对图形细节进行修改、编辑等。

学习要点

» 视图显示控制
» 绘图辅助功能设置
» 图形特性设置
» 图形显示设置
» 图层管理

2.1 视图显示控制

在AutoCAD中，用户可以对视图进行缩放和平移操作，还可以进行全屏显示视图、重画与重生成图形等操作。

2.1.1 缩放视图

命令：缩放

作用：对视图进行缩放控制

快捷命令：Z

执行"视图>缩放"菜单命令下的子命令或者输入"ZOOM"命令并确认，可以对视图进行放大或缩小，以改变图形的显示大小，方便用户对图形进行观察。例如，对图2-1所示的视图进行放大，得到的效果如图2-2所示。

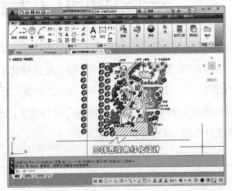

图2-1

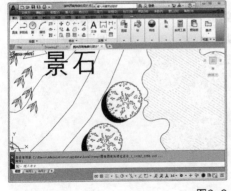

图2-2

输入"ZOOM"（Z）命令后按空格键执行缩放视图命令，系统将提示"[全部(A)/中心(C)/动态(D)/范围(E)/上一个(P)/比例(S)/窗口(W)/对象(O)]<实时>:"的信息，只需在该提示后输入相应的字母并按空格键，即可进行相应的操作。

在视图缩放的操作过程中，AutoCAD中提供了以下几种视图缩放方式。

● **全部（A）**：输入"A"后按空格键，将在视图中显示整个文件中的所有图形。

● **中心（C）**：输入"C"后按空格键，然后在图形中单击鼠标指定一个基点，再输入一个缩放比例或高度值来显示一个新视图，基点将作为缩放的中心点。

● **动态（D）**：就是用一个可以调整大小的矩形框去框选要放大的图形。

● **范围（E）**：以最大化的方式显示整个文件中的所有图形，与"全部（A）"的功能相同。

● **上一个（P）**：执行该命令后可以直接返回到上一次缩放的状态。

● **比例（S）**：输入一定的比例来缩放视图。输入的数值大于1即可放大视图，小于1并大于0时将缩小视图。

● **窗口（W）**：通过在屏幕上拾取两个角点来确定一个矩形窗口，然后，将该矩形框内的全部图形放大至充满整个屏幕。

● **对象（O）**：输入"O"后按空格键，然后选择要显示的对象并确认，将在视图中最大化显示该对象。

● **实时**：执行该命令后，光标将变为放大镜形状，按住鼠标的左键，推拉鼠标即可放大或缩小视图。

2.1.2 平移视图

命令：平移

作用：对视图进行平移控制

快捷命令：P

平移视图是指对视图中显示的图形进行相应移动，移动后只是改变图形在视图中的位置，而不会发生大小的变化，图2-3所示是平移图形前的显示效果，图2-4所示是平移图形后的显示效果。

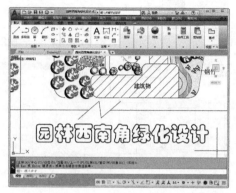

图2-3

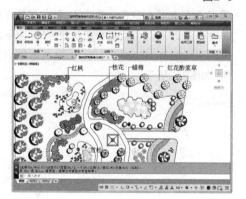

图2-4

平移视图的常用方法有如下两种。

第1种：选择"视图>平移"菜单命令下的子命令。

第2种：输入"PAN"（P）后按空格键执行"平移视图"命令，光标将变为 状态，按住鼠标左键在屏幕上拖曳，即可对视图进行平移。

2.1.3 全屏显示视图

执行"视图>全屏显示"菜单命令或输入"CLEANSCREENON"（全屏显示）命令，

屏幕上将隐藏功能区和可固定窗口（命令行除外），仅显示标题栏、菜单栏、绘图区、状态栏和命令行，如图2-5所示。

全屏显示视图可以最大化显示绘图区中的图形。因此，在将图形输出为BMP位图时，全屏显示视图可以提高位图中图形的清晰度。

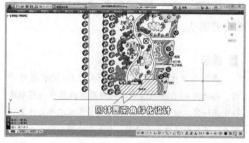

图2-5

■ 提示

在全屏显示视图时，可以使用CLEANSCREENOFF命令恢复为非全屏显示视图。另外，也可以通过Ctrl+0组合键在全屏显示和非全屏显示之间切换。

2.1.4 重画图形

图形中某一图层被打开或关闭或者栅格被关闭后，系统会自动对图形进行刷新并重新显示，栅格的密度会影响刷新的速度。使用REDRAW（重画）命令可以重新显示当前视窗中的图形，消除残留的标记点痕迹，使图形变得清晰，而REDRAWALL命令可对所有视窗中的图形进行重新显示。

执行重画图形的命令有如下两种方法。

第1种：执行"视图>重画"菜单命令。

第2种：输入"REDRAW"或"REDRAWALL"命令并确认。

2.1.5 重生成图形

使用REGEN（重生成）命令能将当前活动视图中所有对象的有关几何数据及几何特性重

新计算一次（即重生成）。此外，用OPEN命令打开图形时，系统会自动重生成图形，ZOOM命令的"全部"和"范围"选项也可自动重生成图形。

执行重生成图形的命令有如下两种方法。

第1种：执行"视图>重生成/全部重生成"命令。

第2种：输入"REGEN"或"REGENALL"命令并确认。

■ 提示

在图形重生成过程中，用户可用Esc键将操作中断，而使用REGENALL命令可对所有视图中的图形进行重新计算。由于被冻结的图层上的实体不参与计算，因此，为了缩短重生成时间，在复杂的图形中可以将一些图层冻结，再使用REGENALL命令对视图中的图形进行重新计算。

🖐 **操作练习** | **查看零件图细节**

» 实例位置：实例文件>CH02>操作练习：查看零件图细节.dwg
» 素材位置：素材文件>CH02>素材01.dwg
» 视频名称：查看零件图细节.mp4
» 技术掌握：缩放视图、平移视图

本例是通过平移和缩放操作对零件图中的细节部分进行查看。

01 打开学习资源中的"素材文件>CH02>素材01.dwg"文件，如图2-6所示。

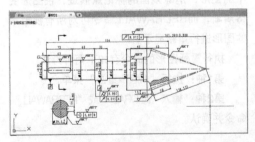

图2-6

02 输入"ZOOM"（Z）命令并确认，单击确定一个角点，移动鼠标框选需要放大显示的图形细节，如图2-7所示。单击确定另一个角点，得到的效果如图2-8所示。

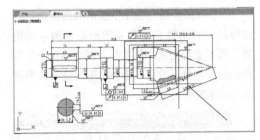

图2-7

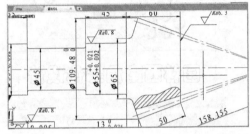

图2-8

03 输入"PAN"（P）命令并确认，按住鼠标左键并向右拖曳鼠标，可以将视图向右拖曳，显示左方的图形细节，按空格键确认，完成本例的操作，如图2-9所示。

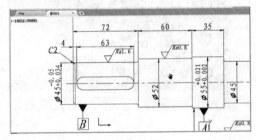

图2-9

2.2 绘图辅助功能设置

本节将讲解绘图辅助功能的设置，通过合理设置绘图辅助功能，可以快速完成所需图形的绘制。常见的辅助绘图功能包括正交模式、极轴追踪、栅格模式、对象捕捉和对象捕捉追踪等。

2.2.1 设置图形界限

在AutoCAD中与图纸的大小相关的设置就是图形界限，图形界限的大小应设置为与选定的图纸相等。选择"格式>图形界限"菜单命令或者输入"LIMITS"（图形界限）命令并确认，根据命令行的提示，即可对图形界限进行设置。

例如，设置图形界限为420 mm×297 mm的具体操作如下。

命令：LIMITS✓
//在命令行中输入图形界限命令
重新设置模型空间界限：指定左下角点或[开（ON）/关（OFF）]<0.0000, 0.0000>：0,0✓
//设置绘图区域左下角坐标
指定右上角点<420.0000,297.0000>：420,297✓
//输入图纸尺寸并按Enter键

2.2.2 设置图形单位

在使用AutoCAD绘图前应该对图形单位进行设置，用户可以根据具体工作需要设置单位类型和数据精度。AutoCAD默认使用的图形单位是十进制单位，包括毫米、厘米、米和英寸等二十多种单位，可满足不同行业的绘图需要。

执行"格式>单位"菜单命令或输入"UNITS"（UN）并确认，打开"图形单位"对话框，在该对话框中可以为图形设置长度单位的类型和精度、角度单位的类型和精度等，如图2-10所示。

图2-10

"图形单位"对话框选项介绍

● **长度**：用于设置长度单位的类型和精度。在"类型"下拉列表中，可以选择当前长度单位的格式；在"精度"下拉列表中，可以选择当前长度单位的精确度。

● **角度**：用于控制角度单位的类型和精度。在"类型"下拉列表中，可以选择当前角度单位的格式；在"精度"下拉列表中，可以选择当前角度单位的精确度；"顺时针"复选框用于控制角度增量的正负方向。

● **光源**：用于指定光源强度的单位。

● **"方向"按钮**：用于确定基准角度及方向。单击该按钮，将打开"方向控制"对话框，如图2-11所示。在对话框中可以设置基准角度和方向，当选择"其他"选项后，下方的"角度"按钮才可用。

图2-11

2.2.3 正交模式

单击状态栏上的"正交限制光标"按钮，如图 2-12 所示。或者直接按F8 键激活正交模式，状态栏 5644h 上的"正交限制光标"按钮处于加亮状态。再次按 F8 键将关闭正交模式，此时"正交限制光标"按钮处于灰色状态。

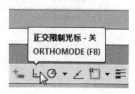

图2-12

使用正交模式可以将光标限制在水平或竖直方向上，同时也限制在当前的栅格旋转角度内。使用正交模式就如同使用了直尺，使绘制的线条自动处于水平和竖直方向，在绘制水平和竖直方向的线段时十分有用，如图2-13所示。

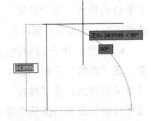

图2-13

> ■ **提示**
>
> 在用AutoCAD绘制水平或竖直线条时，利用正交模式可以有效地提高绘图速度，如果要绘制非水平、竖直的线条，可以按F8键，关闭正交模式。

2.2.4 捕捉和栅格模式

命令： 绘图设置

作用： 打开"草图设置"对话框

快捷命令： SE

执行"工具>绘图设置"命令，在打开的"草图设置"对话框中选择"捕捉和栅格"选项卡，可以进行捕捉和栅格的设置。其中包括"捕捉间距""极轴间距""捕捉类型""栅格样式""栅格间距"和"栅格行为"几个区域，如图2-14所示。

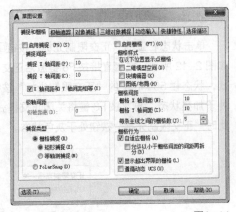

图2-14

"捕捉和栅格"选项卡选项介绍

- **启用捕捉：** 该选项用于打开或关闭捕捉模式，也可以单击状态栏上的"捕捉模式"/"捕捉到图形栅格"按钮或按F9键来打开或关闭捕捉模式。

- **启用栅格：** 该选项用于显示或隐藏栅格，也可以单击状态栏上的"显示图形栅格"按钮或按F7键来显示或隐藏栅格。

- **捕捉间距：** 在"捕捉间距"区域可以控制捕捉位置的不可见矩形栅格，以限制光标仅在指定的x轴和y轴间距内移动，其中各选项的含义如下。

  捕捉X轴间距：该选项用于指定x轴方向的捕捉间距，输入的间距值必须为正实数。

  捕捉Y轴间距：该选项用于指定y轴方向的捕捉间距，输入的间距值必须为正实数。

  X轴间距和Y轴间距相等：选中该复选框后，将强制捕捉间距和栅格间距使用同样的x轴间距值和y轴间距值。

- **极轴间距：** 在"极轴间距"区域可以控制"PolarSnap"（极轴捕捉）的距离增量。在选定"捕捉类型"区域的"PolarSnap"选项的状态下，可以设置捕捉的距离增量。如果在"极轴距离"文本框中设置值为0，则极轴捕捉距离采用"捕捉x轴间距"的值，"极轴距离"将与极轴追踪或对象捕捉追踪结合使用。

- **捕捉类型：** 在"捕捉类型"区域可以设置捕捉样式和捕捉类型，其中各选项的含义如下。

  栅格捕捉：该选项用于设置为栅格捕捉类型。

  矩形捕捉：选择该选项，可以将捕捉样式设置为标准的"矩形捕捉"样式。当将捕捉类型设置为"栅格捕捉"并且选择"矩形捕捉"样式时，如果要指定点，光标将沿竖直或水平方向对栅格点进行捕捉。

等轴测捕捉：选择该选项，可以将捕捉样式设置为"等轴测捕捉"样式。

PolarSnap：选择该选项，可以将捕捉类型设置为极轴捕捉。

● **栅格间距**：在"栅格间距"区域可以控制栅格的显示，这样有助于形象化显示距离，其中各选项的含义如下。

栅格X轴间距：该选项用于指定 x 轴方向上的栅格间距，如果设置该值为0，则栅格采用"捕捉X轴间距"的值。

栅格Y轴间距：该选项用于指定 y 轴方向上的栅格间距。如果设置该值为0，则栅格采用"捕捉Y轴间距"的值。

每条主线之间的栅格数：该选项用于指定主栅格线相对于次栅格线的密度。

● **栅格行为**：在"栅格行为"区域可以控制当使用VSCURRENT命令设置为除二维线框之外的任何视觉样式时，所显示栅格线的外观，其中各选项的含义如下。

自适应栅格：选中该复选框后，在缩小时，将限制栅格密度。

允许以小于栅格间距的间距再拆分：选中该复选框后，在放大时，将生成更多间距更小的栅格线。主栅格线的密度将确定这些栅格线的密度。

显示超出界限的栅格：选中该复选框后，将显示超出LIMITS命令指定的区域的栅格。

遵循动态UCS：选中该复选框后，将更改栅格平面以跟随动态UCS的 xy 平面。

2.2.5 极轴追踪

使用极轴追踪时需要按照一定的角度增量和极轴距离进行追踪。在"草图设置"对话框中选择"极轴追踪"选项卡，在该选项卡中可以启用和设置极轴追踪，如图2-15所示。

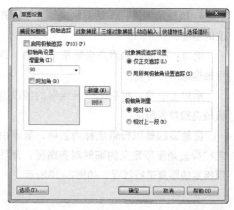

图2-15

"极轴追踪"选项卡各选项介绍

● **启用极轴追踪**：打开或关闭极轴追踪，也可以通过按F10键来打开或关闭极轴追踪。

● **极轴角设置**：设置极轴追踪的对齐角度。

增量角：设置用来显示极轴追踪对齐路径的极轴角增量。可以输入任何角度，也可以从列表中选择90°、45°、30°、22.5°、18°、15°、10° 或5° 这些常用角度。

附加角：对极轴追踪使用列表中的任何一种附加角度，注意附加角度是绝对的，而非增量。

角度列表：如果选中"附加角"复选框，将列出可用的附加角度。

新建：最多可以添加10个附加极轴追踪对齐角度。

删除：删除选定的附加角度。

● **对象捕捉追踪设置**：设置对象捕捉追踪选项。

仅正交追踪：当对象捕捉追踪打开时，仅显示已获得的对象捕捉点的正交（水平/竖直）对象捕捉追踪路径。

用所有极轴角设置追踪：将极轴追踪设置应用于对象捕捉追踪。使用对象捕捉追踪时，光标将从获取的对象捕捉点起沿极轴对齐路径进行追踪。

● **极轴角测量**：设置测量极轴追踪对齐角度的基准。

绝对：根据当前用户坐标系（UCS）确定极轴追踪对齐角度。

相对上一段：根据上一条绘制的线段确定极轴追踪对齐角度。

极轴追踪是以极轴坐标为基础，显示由指定的极轴角度所定义的临时对齐路径，然后按照指定的距离进行捕捉，如图2-16所示。

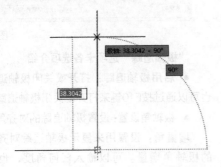

图2-16

■ **提示**

添加分数角度之前，必须将系统变量AUPREC设置为合适的十进制精度，防止不需要的舍入。例如，如果AUPREC的值为0（默认值），则输入的所有分数角度值将舍入为最接近的整数。

2.2.6 对象捕捉

AutoCAD提供了精确的对象捕捉功能，运用该功能可以精确绘制出所需要的图形。可以在"对象捕捉"工具中或在"草图设置"对话框中的"对象捕捉"选项卡中进行精确捕捉设置。

1. "对象捕捉"工具

在状态栏上的"对象捕捉"按钮■上单击鼠标右键，将弹出对象捕捉的各个选项，如图2-17所示。

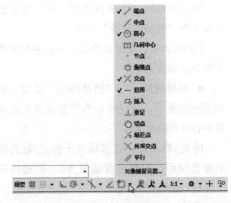

图2-17

"对象捕捉"工具各选项介绍

● **端点**：用于捕捉圆弧、线段、多段线、网格、椭圆弧、射线和多段线各段线的端点，还可以捕捉到延伸边有3D面的端点、迹线的端点和实体填充线的角点等。

● **中点**：用于捕捉圆弧、椭圆弧、线段、多线、多段线线段、面域、实体、样条曲线和参照线的中点。

● **圆心**：用于捕捉圆弧、圆、椭圆、椭圆弧和实体填充线的圆（中）心点。

● **几何中心**：用于捕捉多段线、二维多段线和二维样条曲线的几何中心点。

● **节点**：用于捕捉对象的节点。

● **象限点**：用于捕捉各类圆弧、填充线、圆或椭圆的0°、90°、180°和270°方向上的点。

● **交点**：用于捕捉直线、多段线、圆弧、圆、椭圆弧、椭圆、样条曲线、结构线、射线和多线等任何AutoCAD图形对象之间的平面交点。

● **范围**：以用户已选定的图形对象为基准，显示其延伸线，用户可捕捉此延伸线上的任一个点。

● **插入**：在插入对象时，用于确定插入对象的位置。

● **垂足**：用于捕捉选取的点到选取的对象的垂线与选取的对象的交点，垂足并不一定在选取的对象上。

● **切点**：用于捕捉选取的点到所选圆、圆弧、椭圆或样条曲线的切线与所选圆、圆弧、椭圆或样条曲线相切的点。

● **最近点**：用于捕捉最靠近十字光标的点，此点位于直线、圆、多段线、圆弧、线段、样条曲线、射线、结构线、实体填充线、迹线或3D面对应的边上。

● **外观交点**：用于捕捉两个在三维空间中实际并未相交，但是投影在二维视图中相交的对象的视觉交点，这些对象包括圆、圆弧、椭圆、椭圆弧、直线、多线、多段线、射线、样条曲线和参照线等。

● **平行**：以用户选定的AutoCAD图形对象为基准，当光标与所绘制的前一个点的连线平行于基准时，系统将显示出一条临时的平行线，用户可捕捉到此线上的任意一个点。

● **对象捕捉设置**：选择该命令，可以打开"草图设置"对话框。

2."对象捕捉"选项卡

除了可以在"对象捕捉"工具中对捕捉进行设置，还可以在"草图设置"对话框中进行对象捕捉设置。

选择"工具>绘图设置"命令，或者在状态栏上的"对象捕捉"按钮上单击鼠标右键，在弹出的快捷菜单中选择"对象捕捉设置"命令，打开"草图设置"对话框，在该对话框中可以根据实际需要选择相应的选项，进行对象捕捉设置，如图2-18所示。

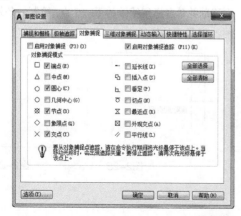

图2-18

"对象捕捉"选项卡选项介绍

● **启用对象捕捉**：打开或关闭对象捕捉。当对象捕捉打开时，在"对象捕捉模式"下选定的对象捕捉模式处于活动状态。

● **启用对象捕捉追踪**：打开或关闭对象捕捉追踪。使用对象捕捉追踪，在命令中指定点时，光标可以沿基于其他对象捕捉点的对齐路径进行追踪。要使用对象捕捉追踪，必须打开一个或多个对象捕捉模式。

● **对象捕捉模式**：列出可以在执行对象捕捉时打开的对象捕捉模式。

全部选择：打开所有对象捕捉模式。

全部清除：关闭所有对象捕捉模式。

延长线：当光标经过对象的端点时，显示临时延长线，以便用户在延长线上指定点。注意在透视视图中进行操作时，不能沿圆弧或椭圆弧的尺寸界线进行追踪。

启用对象捕捉后，当光标靠近这些被启用的捕捉特殊点时，将自动对其进行捕捉，图2-19所示为启用了圆心捕捉功能的效果。

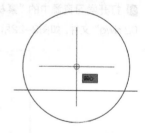

图2-19

> ■ **提示**
>
> 设置好对象捕捉功能后，在以后的绘图过程中，直接按F3键，即可进行对象捕捉功能开和关的切换。

2.2.7 对象捕捉追踪

在绘图过程中，使用对象捕捉追踪也可以提高绘图的效率。启用对象捕捉追踪功能后，在命令中指定点时，光标可以沿基于其他对象捕捉点的对齐路径进行追踪。

打开"草图设置"对话框，选择"对象捕捉"选项卡，然后选中"启用对象捕捉追踪"复选框，即可启用对象捕捉追踪功能。图2-20所示为圆心捕捉追踪效果，图2-21所示为中点捕捉追踪效果。

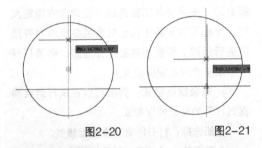

图2-20   图2-21

操作练习 绘制台灯

» 实例位置：实例文件>CH02>操作练习：绘制台灯.dwg
» 素材位置：素材文件>CH02>素材02.dwg
» 视频名称：绘制台灯.mp4
» 技术掌握：应用正交模式、对象捕捉和对象捕捉追踪功能

本例是应用正交模式、对象捕捉和对象捕捉追踪功能，绘制沙发旁边的台灯图形。

01 打开学习资源中的"素材文件>CH02>素材02.dwg"文件，如图2-22所示。

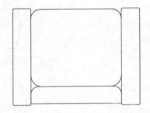

图2-22

02 执行"SE"（绘图设置）命令，打开"草图设置"对话框，选择"对象捕捉"选项卡，然后选中"启用对象捕捉""启用对象捕捉追踪""中点"和"交点"复选框并确认，如图2-23所示。

03 执行"REC"（矩形）命令，在沙发左方绘制一个长度为500、宽度为500的矩形，如图2-24所示。

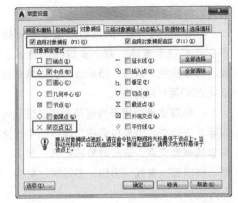

图2-23

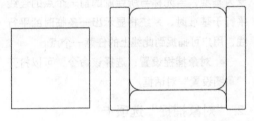

图2-24

■ 提示

绘制矩形的操作将在第3课中详细讲解。

04 按F8键开启正交模式。

05 执行"L"（直线）命令，当系统提示"指定第一个点："时，移动光标，捕捉矩形左侧的边的中点，再将光标向右移动到如图2-25所示的位置，然后单击指定线段的第一个点。继续将光标向右移动并单击指定线段的下一个点，绘制一条如图2-26所示的线段。

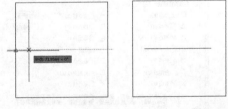

图2-25   图2-26

■ 提示

　　绘制线段的操作将在第3课中详细讲解。

06 再次执行"直线"命令，通过对象捕捉追踪矩形上方的边的中点，确定线段的第一个点，如图2-27所示，然后向下移动光标，指定线段的下一个点，绘制如图2-28所示的线段。

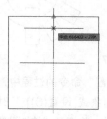 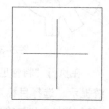

图2-27　　　　　　图2-28

07 执行"C"（圆）命令，捕捉两条线段的交点作为圆心，如图2-29所示，然后指定圆半径为160，绘制的圆形如图2-30所示。

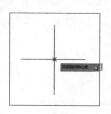 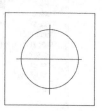

图2-29　　　　　　图2-30

■ 提示

　　绘制圆的操作将在第3课中详细讲解。

08 再次执行"C"（圆）命令，以两条线段的交点为圆心，绘制一个半径为100的圆形，完成本例的操作，效果如图2-31所示。

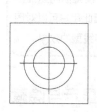 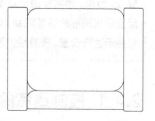

图2-31

2.3 图形特性设置

　　在使用AutoCAD绘图的过程中，用户可以为实体对象赋予需要的特性，图形特性通常包括对象的线型、线宽和颜色等。

2.3.1 修改图形属性

　　绘制的每个对象都具有特性。某些特性是基本特性，大多数对象都有，如图层、颜色、线型和打印样式。有些特性是某些对象特有的，例如圆的半径和面积、线段的长度和角度。

1. 应用"特性"面板

　　图形的基本特性可以在"特性"面板中进行设置，在"默认"功能区的"特性"面板中，包括了对象颜色、线宽、线型、打印样式等下拉列表，选择要修改的对象后，单击"特性"面板中相应的下拉按钮，然后在弹出的列表中选择需要的特性选项，即可修改对象的特性，如图2-32、图2-33和图2-34所示。

图2-32

图2-33

图2-34

■ 提示

　　如果将特性值设置为ByLayer，则将为对象指定与其所在图层相同的值。例如，如果把在图层0上绘制的直线的颜色指定为ByLayer，并将图层0的颜色指定为"红"，则该直线的颜色将为红色。如果将特性设置为一个特定值，则该值将替代图层设置的值。例如，如果将在图层0上绘制的直线的颜色指定为"蓝"，并将图层0的颜色指定为"红"，则该直线的颜色将为蓝色。

2. 应用"特性"选项板

　　单击"特性"面板右下方的"特性"按钮 或者选择"修改>特性"命令，将打开"特性"选项板，在该选项板中可以修改选定的对象的完整特性，如图2-35所示。如果在绘图区中选择了多个对象，"特性"选项板中将显示这些对象的共同特性，如图2-36所示。

图2-35

图2-36

2.3.2　复制图形属性

命令： 特性匹配

作用： 复制图形特性给其他对象

快捷命令： MA

　　执行"修改>特性匹配"命令或者执行 MATCHPROP（MA）命令，可以将一个对象所具有的特性复制给其他对象，可以复制的特性包括颜色、图层、线型、线型比例、厚度、打印样式和图案填充等。

　　启动"特性匹配"命令后，系统将提示"选择源对象:"，此时需要用户选择已具有所需要特性的对象，如图2-37所示。选择源对象后，系统将提示"选择目标对象或［设置（S）］:"，此时选择要应用源对象特性的目标对象即可，如图2-38所示。

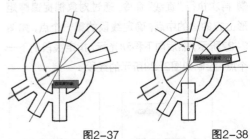

图2-37　　　　　　　　图2-38

　　在执行"特性匹配"命令的过程中，当系统提示"选择目标对象或[设置(S)]:"时输入"S"并按空格键确认，将打开"特性设置"对话框，用户可以在该对话框中设置所需复制的特性，如图2-39所示。

图2-39

2.4　图形显示设置

　　虽然使用图形特性功能可以更改图形的属性，但是，通常会由于显示设置的问题而不能显示出图形的线条效果，因此用户可以对图形显示进行设置，查看线宽和线型的效果。

2.4.1　控制线宽的显示与隐藏

　　在AutoCAD中，可以在图形中显示或隐藏线宽，并在模型空间中以不同于图纸空间的方式显示。图2-40所示为显示线宽的效果,图2-41所示为隐藏线宽的效果。

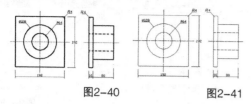

图2-40   图2-41

选择"格式>线宽"菜单命令或者在"特性"面板中单击"线宽"下拉按钮,在弹出的列表中选择"线宽设置"选项,如图2-42所示,在打开的"线宽设置"对话框中可以通过选中和取消选中"显示线宽"复选框对线宽的显示和隐藏进行控制,如图2-43所示。

图2-42

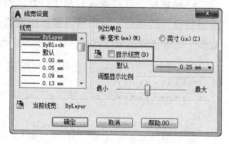

图2-43

■ 提示

显示或隐藏线宽不会影响线宽的打印。在模型空间中,值为0mm的线宽显示为一个像素的宽度,其他线宽使用与其真实值成比例的多个像素的宽度。在图纸空间中,线宽以实际打印宽度显示。以多于一个像素的宽度显示线宽时,重生成时间会加长。隐藏线宽可优化程序的性能。

2.4.2 设置线型比例

线型是由实线、虚线、点和空格组成的重复图案,显示为直线或曲线。可以通过图层将

线型指定给对象,也可以不依赖图层而单独指定线型。除选择线型外,还可以设置线型比例来控制虚线和空格的大小,也可以创建自定义线型。

对于某些特殊的线型,更改线型的比例,将产生不同的线型效果。例如,在绘制建筑轴线时,通常使用虚线表示轴线,但是,在图形显示时,则往往会将虚线显示为实线,这时就可以更改线型的比例,达到修改线型效果的目的。

选择"格式>线型"菜单命令或者在"特性"面板中单击"线型"下拉按钮,在弹出的列表中选择"其他"选项,如图2-44所示,将打开"线型管理器"对话框,单击该对话框中的"显示细节"按钮,如图2-45所示,可以设置全局比例因子和当前对象缩放比例,如图2-46所示。

图2-44

图2-45

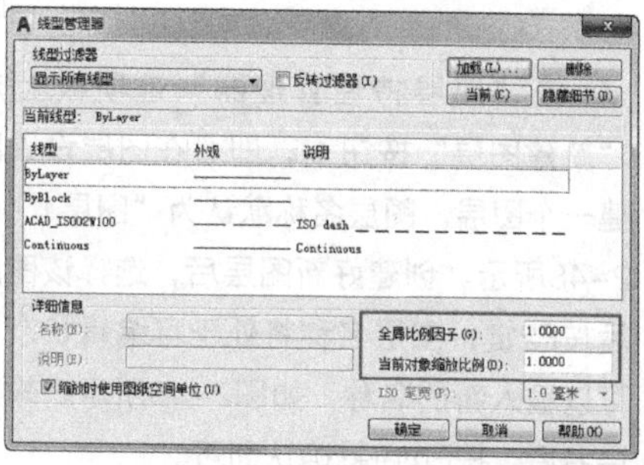

图2-46

2.5 图层管理

AutoCAD的图层是用来管理和控制复杂图形的,对图层进行有效管理能使图形的编辑和修改简单化和系统化。绘制图形时,将不同属性的对象建立在不同的图层上可以方便管理图形;在对实体的属性进行修改时,通过修改所在图层的属性,可快速、准确地完成实体属性的修改。

2.5.1 创建图层

命令:图层

作用:打开"图层特性管理器"选项板

快捷命令:LA

要对图形进行有效的管理,首先应创建相应的图层。创建图层的操作需要在"图层特性管理器"选项板中进行。

打开"图层特性管理器"选项板的常用方法有如下3种。

第1种:执行"格式>图层"菜单命令。

第2种:单击"图层"面板中的"图层特性"按钮,如图2-47所示。

第3种:输入"LAYER"(LA)命令并确认。

图2-47

在"图层特性管理器"选项板上方单击"新建图层"按钮,即可在图层设置区中新建一个图层,图层名称默认为"图层1",如图2-48所示。创建好新图层后,选择该图层,然后按F2键,图层名称将处于可编辑状态,这时可以输入新的名称,如图2-49所示。输入新图层名后,按Enter键确认即可。

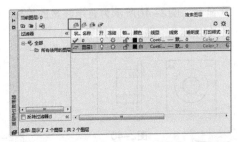

图2-48

图2-49

"图层特性管理器"选项板主要选项介绍

- **新建特性过滤器**:用于打开"图层过滤器特性"选项板,从中可以根据图层的一个或多个特性创建图层过滤器,如图2-50所示。

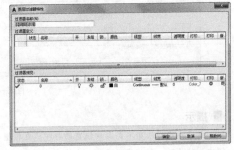

图2-50

- **新建组过滤器**:创建图层过滤器,其中包含选择并添加到该过滤器的图层。

- **图层状态管理器**:用于打开图层状态管理器,从中可以将图层的当前特性设置保存下来,以后可以根据需要使用这些设置,如图2-51所示。

图2-51

- **新建图层** ：用于创建新图层。
- **在所有视口中都被冻结的新图层视口** ：创建新图层，然后在所有现有布局视口中将其冻结。可以在"模型"选项卡或布局选项卡上访问此按钮。
- **删除图层** ：将选定的图层删除。
- **置为当前** ：将选定的图层设置为当前图层，将在当前图层上绘制创建的对象。
- **开/关**：用于显示或隐藏对应图层上的图形。
- **冻结/解冻**：用于冻结/解冻图层上的图形，使其不可被/可被编辑、修改。同时，该图层上的图形对象在冻结时不能被打印。
- **锁定/解锁**：为了防止图层上的对象被误编辑，可以将绘制好图形的图层锁定，操作完成后可解锁。
- **颜色**：为了区分不同图层上的图形对象，可以为图层设置不同颜色。默认状态下，新绘制的图形将继承该图层的颜色属性。
- **线型**：可以在此根据需要为每个图层分配不同的线型。
- **线宽**：可以在此为线条设置不同的宽度，宽度值为0~2.11 mm。
- **打印样式**：可以在此为不同的图层设置不同的打印样式。
- **打印**：用于控制相应图层是否能被打印输出。

■ **提示**

在AutoCAD中创建新图层时，新图层将自动继承选择的图层的所有特性。

2.5.2 修改图层特性

由于新建的图层自动继承了选择的图层的所有特性，因此接下就需要根据实际的需要重新设置图层的特性。

1. 设置图层颜色

更改图层颜色可以更改当前图层上的对象的颜色。如果将对象的颜色设置为ByLayer，则该对象将采用其所在图层的颜色。如果更改了指定给图层的颜色，则该图层上被指定了ByLayer颜色的所有对象都将自动更新。

在"图层特性管理器"选项板中单击"颜色"项，如图2-52所示，打开"选择颜色"对话框，即可重新选择指定给图层的颜色，如重新选择红色并确认，如图2-53所示。

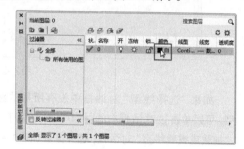

图2-52

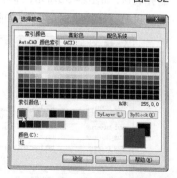

图2-53

2.设置图层线型

线型是由实线、虚线、点和空格组成的重复图案，显示为直线或曲线。可以通过图层将线型指定给对象，也可以不依赖图层而单独指定线型。

在"图层特性管理器"选项板中单击"线型"项，如图2-54所示。打开"选择线型"对话框，选择需要的线型并确认，即可修改图层的线型，如图2-55所示。

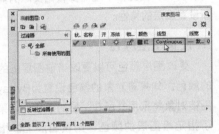

图2-54

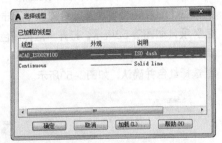

图2-55

如果"选择线型"对话框中没有所需的线型，可以单击该对话框中的 加载(L)... 按钮，打开"加载或重载线型"对话框，选择需要加载的线型并确认，如图2-56所示，即可将选择的线型加载到"选择线型"对话框中，如图2-57所示。

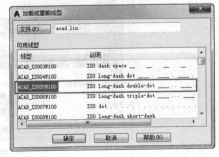

图2-56

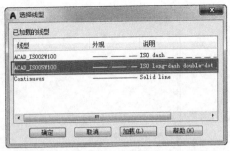

图2-57

3.设置图层线宽

线宽是指定给图形对象以及某些类型的文字的线条的宽度。使用线宽，可以用粗线和细线清楚地表现出截面的剖切方式、标高的高度、尺寸线和刻度线，以及细节上的不同。

在"图层特性管理器"选项板中单击"线宽"项，如图2-58所示，打开"线宽"对话框，选择需要的线宽值并确认，即可完成线宽的设置，如图2-59所示。

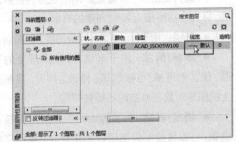

图2-58

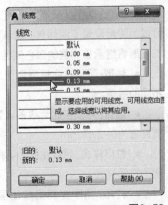

图2-59

2.5.3 设置当前图层

当前图层是指正在使用的图层, 用户绘制的图形将自动生成于当前图层上。默认情况下, 在"特性"面板中显示了当前图层的状态信息。

将图层设置为当前图层有如下3种方法。

第1种: 在"图层特性管理器"选项板中选择需设置为当前图层的图层, 然后单击"置为当前"按钮 , 被设置为当前图层的图层前面有 标记, 如图2-60所示。

第2种: 在"图层"面板的"图层"下拉列表中选择需要设置为当前图层的图层即可, 如图2-61所示。

第3种: 单击"图层"面板中的"置为当前"按钮 , 如图2-62所示, 然后在绘图区中选择相应的图形, 则该图形所在图层即可被设置为当前图层。

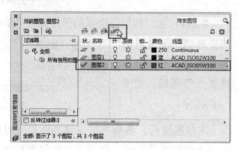

图2-60

图2-61

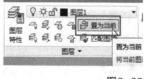

图2-62

2.5.4 删除图层

删除不需要的图层有利于进行图层管理。删除图层的方法很简单, 打开"图层特性管理器"选项板, 选定要删除的图层, 单击"删除图层"按钮 即可。

■ **提示**

在删除图层的操作中, 0图层、默认图层、当前图层、含有图形实体的图层和外部引用依赖图层是不能被删除的。在对这些图层执行删除操作时, 会弹出相应的提示。

2.5.5 转换图层

在AutoCAD中, 图形所在的图层是可以转换的。用户可以将一个图层中的图形转换到另一个图层中。图形经过图层转换后, 其颜色、线型、线宽等属性将变得与新图层的属性相同。转换图层时, 先在绘图区中选择需要转换图层的图形, 然后单击"图层"面板上的下拉列表, 在其中选择要转换到的图层即可, 如图2-63所示。

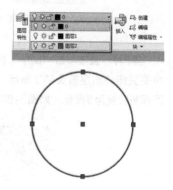

图2-63

2.5.6 打开/关闭图层

在AutoCAD中, 可以通过关闭图层将图层中的对象暂时隐藏起来, 或通过打开图层将隐藏的对象显示出来。被隐藏的图形将不能被选择、编辑、修改、打印。

默认情况下, 所有的图层都处于打开状态, 可以通过以下两种方法将图层关闭。

第1种: 在"图层特性管理器"选项板中单击要关闭的图层前面的 图标, 此时, 图层前面的 图标将转变为 图标, 表示该图层已被关闭, 如图2-64所示。如果要关闭的是当前图层，将弹出询问对话框，如图2-65所示，在对话框中选择"关闭当前图层"选项即可。

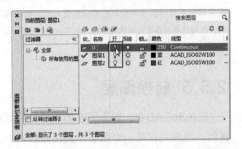

图2-64

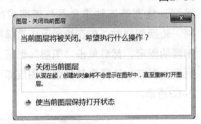

图2-65

第2种：直接单击"图层"面板的下拉列表中要关闭的图层前面的💡图标，图层前面的💡图标将转变为💡图标，如图2-66所示。

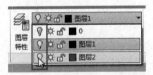

图2-66

关闭图层后，要打开被关闭的图层，可以在"图层特性管理器"选项板中单击要打开的图层前面的💡图标，或在"图层"面板的下拉列表中单击要打开的图层前面的💡图标。此时图层前面的💡图标将转变为💡图标。

2.5.7 冻结/解冻图层

在绘图的操作中，可以通过对图层中不需要进行修改的对象进行冻结处理，来避免这些图形受到错误操作的影响。另外，冻结图层可以在绘图过程中缩短系统生成图形的时间，从

而提高绘图的速度，因此在绘制复杂的图形时冻结图层非常重要。被冻结的图层中的对象将不能被选择、编辑、修改、打印。

默认情况下，所有的图层都处于解冻状态，可以通过以下两种方法将图层冻结。

第1种：在"图层特性管理器"选项板中选择要冻结的图层，单击该图层前面的☼图标，☼图标将转变为❄图标，表示该图层已经被冻结，如图2-67所示。

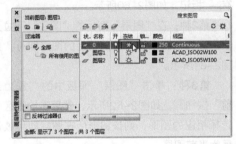

图2-67

第2种：在"图层"面板的下拉列表中单击的要冻结的图层前面的☼图标，☼图标将转变为❄图标，如图2-68所示。

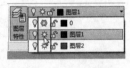

图2-68

冻结图层后，要解冻被冻结的图层，可以在"图层特性管理器"选项板中选择要解冻的图层，然后单击该图层前面的❄图标，或者在"图层"面板的下拉列表中单击要解冻的图层前面的❄图标。

■ **提示**

由于绘制图形是在当前图层中进行的，因此，不能对当前的图层进行冻结。如果对当前图层进行冻结操作，系统将提示无法冻结，如图2-69所示。

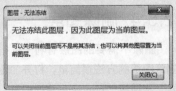

图2-69

2.5.8 锁定/解锁图层

在AutoCAD中，锁定图层可以将该图层中的对象锁定。锁定图层后，图层上的对象仍然处于显示状态，但是用户无法对其进行选择、编辑、修改等操作。

默认情况下，所有的图层都处于解锁状态，可以通过以下两种方法将图层锁定。

第1种： 选中"图层特性管理器"选项板中要锁定的图层，单击该图层前面的 🔓 图标，🔓 图标将转变为 🔒 图标，表示该图层已经被锁定，如图2-70所示。

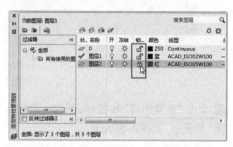

图2-70

第2种： 在"图层"面板的下拉列表中单击要锁定的图层前面的 🔓 图标，🔓 图标将转变为 🔒 图标，如图2-71所示。

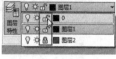

图2-71

锁定图层后，要解锁被锁定的图层，可以在"图层特性管理器"选项板中选择要解锁的图层，然后单击该图层前面的 🔒 图标，或者在"图层"面板的下拉列表中单击要解锁的图层前面的 🔒 图标。

🖑操作练习 创建建筑图层

- » 实例位置：实例文件>CH02>操作练习：创建建筑图层.dwg
- » 素材位置：无
- » 视频名称：创建建筑图层.mp4
- » 技术掌握：创建图层、设置图层特性

本例主要练习图层的创建和设置操作，在设置线型时，还需要加载所需线型。

01 单击"图层"面板中的"图层特性"按钮 📑，打开"图层特性管理器"选项板，如图2-72所示。

图2-72

02 单击"新建图层"按钮 📑，在创建的新图层的"名称"项中输入新图层的名称"轴线"，如图2-73所示。

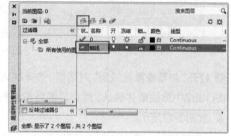

图2-73

03 单击"轴线"图层的"颜色"项，打开"选择颜色"对话框，在该对话框中设置轴线的颜色为红色，如图2-74所示。然后单击"确定"按钮，修改图层颜色，如图2-75所示。

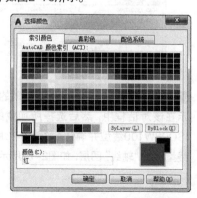

图2-74

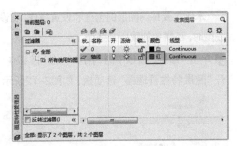

图2-75

04 单击"轴线"图层的"线型"项,打开"选择线型"对话框,单击 加载(L)... 按钮,如图2-76所示。

图2-76

05 打开"加载或重载线型"对话框,选择ACAD_ISO08W100线型并确认,对选择的线型进行加载,如图2-77所示。

图2-77

06 返回"选择线型"对话框,加载的线型便显示在该对话框中,然后选择所加载的ACAD_ISO08W100线型并确认,如图2-78所示,将此线型赋予"轴线"图层,如图2-79所示。

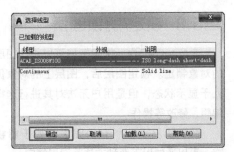

图2-78

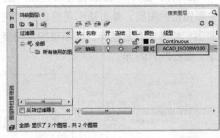

图2-79

07 单击"新建图层"按钮 ,新建一个名为"墙体"的图层,如图2-80所示。

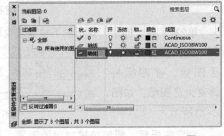

图2-80

08 单击"墙体"图层的"颜色"项,打开"选择颜色"对话框,然后选择"白"色作为此图层的颜色,如图2-81所示。

图2-81

虽然此处选择的颜色名称为"白"，其实是纯黑色，打印出来也是纯黑色。

09 单击"墙体"图层的"线型"项，打开"选择线型"对话框，选择Continuous线型并确认，如图2-82所示，修改图层线型后的效果如图2-83所示。

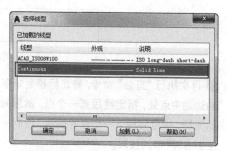

图2-82

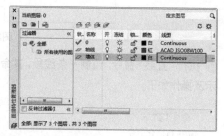

图2-83

10 单击"墙体"图层的"线宽"项，在打开的"线宽"对话框中设置该图层的线宽值为0.35 mm并确认，如图2-84所示，修改图层线宽后的效果如图2-85所示。

图2-84

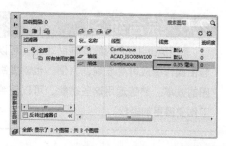

图2-85

11 使用同样的方法创建"门窗"图层，保持图层的颜色、线型和线宽为默认设置，如图2-86所示。

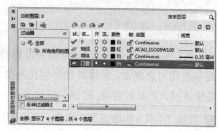

图2-86

12 创建"标注"图层，然后设置该图层的颜色为蓝色，线型和线宽为默认设置，如图2-87所示。

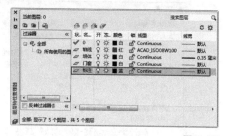

图2-87

13 选中"轴线"图层，单击"置为当前"按钮，将"轴线"图层设置为当前图层，如图2-88所示。然后关闭"图层特性管理器"选项板，完成本例的操作。

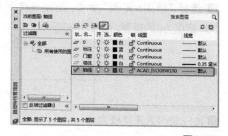

图2-88

2.6 综合练习

利用AutoCAD的绘图辅助功能，可以使绘图操作变成得更准确、方便，也能提高绘图的效率。熟练运用这些功能，可以使绘图工作变得更加轻松。

综合练习 绘制保险丝

» 实例位置：实例文件>CH02>综合练习：绘制保险丝.dwg
» 素材位置：无
» 视频名称：绘制保险丝.mp4
» 技术掌握：设置对象捕捉、应用对象捕捉

本实例将绘制保险丝图形，练习设置对象捕捉与应用对象捕捉。保险丝是易熔化的金属丝，在电流过大时及时熔断，起到保护作用。

01 选择"工具>绘图设置"命令，打开"草图设置"对话框。在"对象捕捉"选项卡中分别选中"启用对象捕捉""启用对象捕捉追踪""端点""中点"和"垂足"复选框，如图2-89所示。

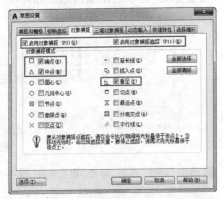

图2-89

02 选择"绘图>矩形"命令，绘制一个长度为30、宽度为8的矩形，如图2-90所示。

图2-90

03 按F8键开启正交模式。

04 选择"绘图>直线"命令，将光标移至矩形左方的边的中点处，指定线段第一个点，如图2-91所示。然后向左移动光标，指定线段下一个点并确认，绘制一条如图2-92所示的线段。

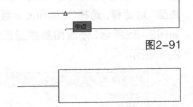

图2-91

图2-92

05 再次执行"直线"命令，将光标移到矩形右方的边的中点处，指定线段第一个点。然后向右移动光标，指定线段下一个点并确认，绘制一条如图2-93所示的线段。

图2-93

06 执行"直线"命令，绘制一条线段，其命令提示及操作如下。

```
命令:L↙
//执行简化命令
LINE
//系统自动执行"直线"命令
指定第一个点:from↙
//输入"from"并确认，使用"捕捉自"功能
基点:
//捕捉如图2-94所示的矩形角点作为绘图基点
<偏移>:@3,0↙
//输入线段第一个点的坐标"@3,0"并确认
指定下一点或[放弃(U)]:@0,-8↙
//输入线段下一个点的坐标"@0,-8"并确认
指定下一点或[放弃(U)]:↙
//按空格键结束"直线"命令，绘制的线段如图
2-95所示
```

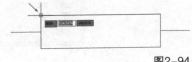

图2-94

图2-95

07 再次执行"直线"命令，使用同样的方法绘制右方的竖直线段，完成本例的操作，如图2-96所示。

图2-96

综合练习 | 绘制螺栓

- » 实例位置：实例文件>CH02>综合练习：绘制螺栓.dwg
- » 素材位置：无
- » 视频名称：绘制螺栓.mp4
- » 技术掌握：设置对象捕捉、应用对象捕捉

　　本实例将绘制螺栓图形，练习创建与设置图层、设置与应用对象捕捉等操作。螺栓是一种机械零件，是与螺母配用的圆柱形带螺纹的紧固件。

01 执行"LA"（图层）命令，打开"图层特性管理器"选项板，单击"新建图层"按钮 ，在创建的新图层的"名称"项中输入新图层名称"中心线"，如图2-97所示。

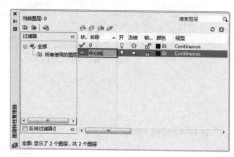

图2-97

02 单击"中心线"图层的"颜色"项，打开"选择颜色"对话框，在该对话框中设置中心线的颜色为红色，如图2-98所示。

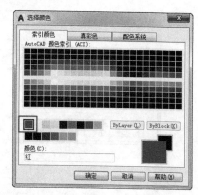

图2-98

03 单击"中心线"图层的"线型"项，打开"选择线型"对话框，单击 加载(L) 按钮，如图2-99所示。

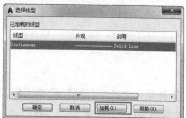

图2-99

04 打开"加载或重载线型"对话框，选择ACAD_ISO08W100线型并确认，对选择的线型进行加载，如图2-100所示。

图2-100

05 返回"选择线型"对话框，加载的线型便显示在该对话框中，然后选择所加载的ACAD_ISO08W100线型并确认，如图2-101所示，将此线型赋予"中心线"图层，如图2-102所示。

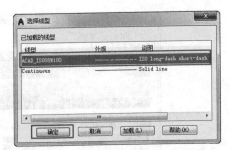

图2-101

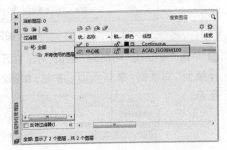

图2-102

06 新建一个名为"轮廓线"的图层,设置该图层的颜色为白色,线型为Continuous,如图2-103所示。

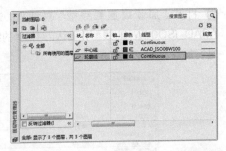

图2-103

07 单击"轮廓线"图层的"线宽"项,在打开的"线宽"对话框中设置该图层的线宽值为0.35 mm并确认,如图2-104所示,修改图层线宽后的效果如图2-105所示。

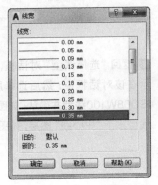

图2-104

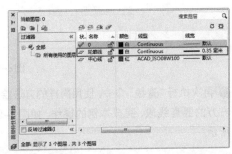

图2-105

08 新建一个"隐藏线"图层,设置该图层颜色为洋红色,线型为ACAD_ISO02W100,线宽为默认值,如图2-106所示。

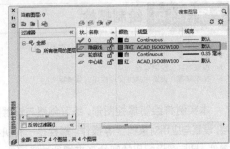

图2-106

09 选中"轮廓线"图层,单击"置为当前"按钮,将"轮廓线"图层设置为当前图层,如图2-107所示。然后关闭"图层特性管理器"选项板。

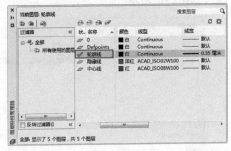

图2-107

10 选择"格式>线宽"菜单命令,打开"线宽设置"对话框,然后选中"显示线宽"复选框并确认,如图2-108所示。

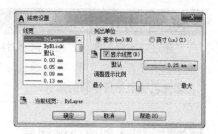

图2-108

11 选择"工具>绘图设置"命令，打开"草图设置"对话框，选择"对象捕捉"选项卡，然后选中"端点""交点"和"中点"复选框并确认，如图2-109所示。

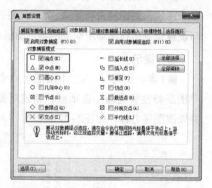

图2-109

12 执行"REC"（矩形）命令，绘制一个长度为47、宽度为12的矩形，如图2-110所示。

图2-110

13 再次执行"REC"（矩形）命令，绘制一个长度为9、宽度为24的矩形，其命令提示及操作如下。

命令:REC↙
//执行简化命令
RECTANG
//系统自动执行"矩形"命令
指定第一个角点或[倒角(C)/标高(E)/圆角(F)/厚度(T)/宽度(W)]:from↙
//输入"from"并确认，使用"捕捉自"功能

基点:
//捕捉如图2-111所示的第一个矩形的角点作为绘图基点
<偏移>:@-9,6↙
//输入矩形第一个角点的坐标"@-9,6"并确认
指定另一个角点或[面积(A)/尺寸(D)/旋转(R)]:@9,-24↙
//输入矩形另一个角点的坐标"@9,-24"并确认，绘制的矩形如图2-112所示

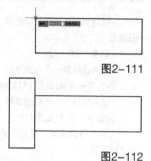

图2-111

图2-112

14 执行"L"（直线）命令，通过对象捕捉追踪功能，捕捉第二个矩形左侧的边的中点，向左进行捕捉追踪，在如图2-113所示的位置指定线段的第一个点，然后向右移动光标，指定下一个点，绘制一条线段，效果如图2-114所示。

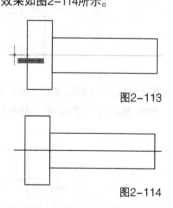

图2-113

图2-114

15 单击选中绘制的线段，然后将其转换到"中心线"图层中，效果如图2-115所示。

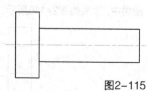

图2-115

16 执行"L"（直线）命令，绘制一条线段，其命令提示及操作如下。

```
命令:L↙
//执行简化命令
LINE
//系统自动执行"直线"命令
指定第一个点:from↙
//输入"from"并确认，使用"捕捉自"功能
基点:
//捕捉如图2-116所示的第二个矩形的角点作为绘图基点
<偏移>:@0,-7↙
//输入线段第一个点的坐标"@0,-7"并确认
指定下一点或[放弃（U）]:@9,0↙
//输入线段下一个点的坐标"@9,0"并确认
指定下一点或[放弃(U)]:↙
//按空格键结束"直线"命令，绘制的线段如图2-117所示
```

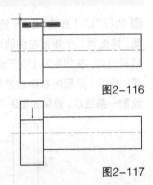

图2-116

图2-117

17 使用相同的方法，参照如图2-118所示的效果和尺寸，使用"L"（直线）命令绘制其他3条线段。

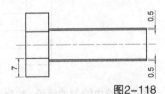

图2-118

18 选择右方的两条线段，将其转换到"隐藏线"图层中，效果如图2-119所示，完成本例的操作。

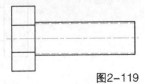

图2-119

2.7 课后习题

通过对本课的学习，相信读者对绘图辅助工具有了深入的了解。下面通过几个课后习题来巩固前面所学到的知识。

课后习题 创建机械图层

» 实例位置：实例文件>CH02>课后习题：创建机械图层.dwg
» 素材位置：无
» 视频名称：创建机械图层.mp4
» 技术掌握：创建图层、设置图层特性

在绘制较为复杂的图形时，通常都需要创建多个图层来对图形进行管理，本习题将练习创建与设置绘制机械图形所需的常见图层。

制作提示

第1步：执行"LA"（图层）命令，打开"图层特性管理器"选项板，新建所需图层，并修改图层名称，如图2-120所示。

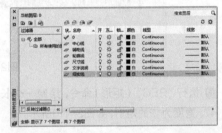

图2-120

第2步：单击"中心线"图层的"线型"项，打开"选择线型"对话框，单击 加载(L) 按钮，打开"加载或重载线型"对话框，选择ACAD_ISO08W100线型并确认，对选择的线型进行加载，如图2-121所示。

图2-121

第3步：选择ACAD_ISO08W100线型作为"中心线"图层的线型，如图2-122所示。

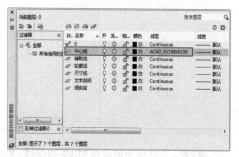

图2-122

第4步：参照如图2-123所示的效果，修改各个图层的颜色和线宽。

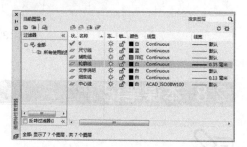

图2-123

课后习题 绘制方头平键

- » 实例位置：实例文件>CH02>课后习题：绘制方头平键.dwg
- » 素材位置：无
- » 视频名称：绘制方头平键.mp4
- » 技术掌握：对象捕捉、绘制倒角矩形

本习题将练习绘制方头平键的操作。绘制该图形时，需要运用"端点"和"交点"对象捕捉功能。在绘制过程中，还需要掌握倒角矩形的绘制方法。

制作提示

第1步：选择"工具>绘图设置"命令，打开"草图设置"对话框。在"对象捕捉"选项卡中分别选中"启用对象捕捉""端点"和"交点"复选框，如图2-124所示。

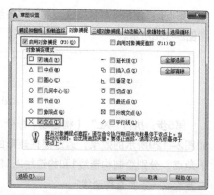

图2-124

第2步：执行"REC"（矩形）命令，绘制一个长度为80、宽度为12的矩形，如图2-125所示。

图2-125

第3步：执行"直线"命令，绘制一条线段，其命令提示及操作如下。

```
命令:L↙
//执行简化命令
LINE
//系统自动执行"直线"命令
指定第一个点:from↙
//输入"from"并确认，使用"捕捉自"功能
基点:
//捕捉如图2-126所示的矩形角点作为绘图基点
<偏移>:@0,-2↙
//输入线段第一个点的坐标"@0,-2"并确认
指定下一点或[放弃（U）]:@80,0↙
//输入线段下一个点的坐标"@80,0"并确认
指定下一点或[放弃（U）]:↙
//按空格键结束"直线"命令，绘制的线段如图
2-127所示
```

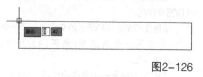

图2-126

图2-127

第4步：使用同样的方法绘制另一条线段，如图2-128所示。

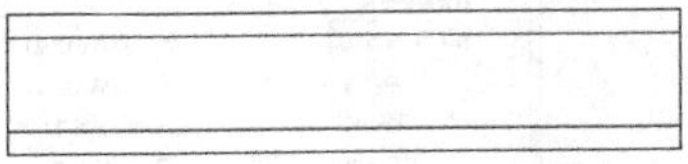

图2-128

第5步：执行"XL"（构造线）命令，参照如图2-129所示的效果，通过捕捉矩形的上、下角点，分别绘制构造线1和构造线2，然后在右方绘制一条竖直构造线3。

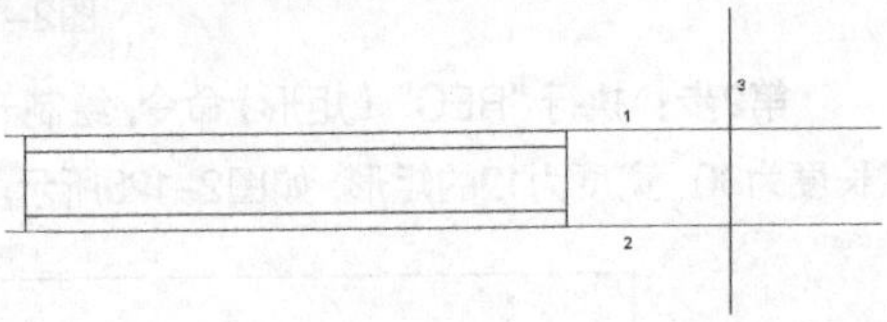

图2-129

■ **提示**

绘制构造线的操作将在第3课中详细讲解。

第6步：执行"REC"（矩形）命令，绘制一个长度为18、宽度为12、两个倒角距离为2的矩形，其命令提示及操作如下。

```
命令:REC↙
//执行简化命令
RECTANG
//系统自动执行"矩形"命令
指定第一个角点或[倒角(C)/标高(E)/圆角(F)/厚度
(T)/宽度(W)]:C↙
//输入"C"并确认，选择"倒角(C)"选项
指定矩形的第一个倒角距离<0.0000>:2↙
//指定矩形的第一个倒角距离为2
指定矩形的第二个倒角距离<2.0000>:↙
//指定矩形的第二个倒角距离也为2
指定第一个角点或[倒角(C)/标高(E)/圆角(F)/厚度
(T)/宽度(W)]:
//捕捉如图2-130所示的交点作为第一个角点
指定另一个角点或[面积(A)/尺寸(D)/旋转
(R)]:@18,-12↙
//输入矩形另一个角点的坐标"@18,-12"并确
认，绘制的倒角矩形如图2-131所示
```

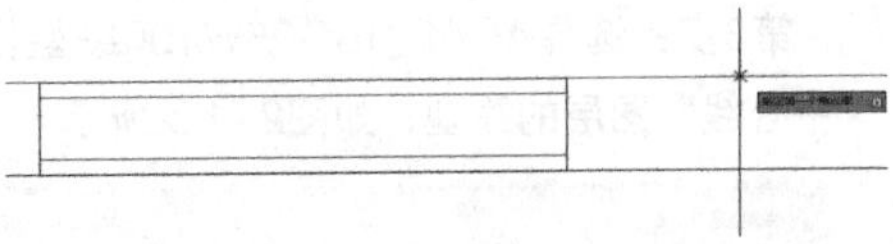

图2-130

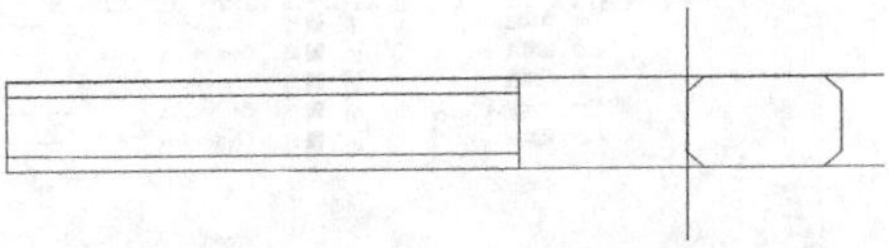

图2-131

第7步：选择作为辅助线的3条构造线，然后按Delete键将其删除，效果如图2-132所示。

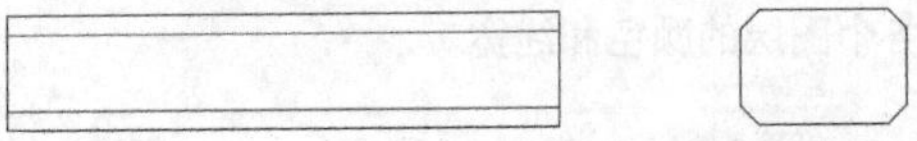

图2-132

2.8 本课笔记

第3课

03

简单二维图形的绘制

前面学习了AutoCAD的绘图辅助工具，本课将学习简单二维图形的绘制方法。在AutoCAD中，所有图形都是由点、线等最基本的元素构成的。AutoCAD提供了一系列绘图命令，利用这些命令可以绘制常见的图形。

学习要点

» 点的绘制与设置
» 直线类图形的绘制

» 绘制多边形
» 圆类图形的绘制

3.1 点的绘制与设置

在AutoCAD中,可以使用"POINT"(点)"DIVIDE"(定数等分)和"MEASURE"(定距等分)命令绘制点对象。在绘制点的操作中,通常还需要设置点样式。

3.1.1 设置点样式

命令:点样式
作用:设置点的大小和形状

执行"格式>点样式"命令或者执行DDPTYPE命令并确认,打开"点样式"对话框,如图3-1所示。

在该对话框中可以设置多种不同的点样式,包括点的大小和形状,以满足用户绘图的不同需要,若对点样式进行更改,绘图区中的点对象也会发生相应变化。

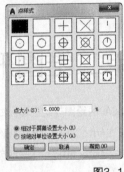

图3-1

"点样式"对话框主要选项介绍

● **点大小**:设置点的显示大小,可以相对于屏幕设置点的大小,也可以设置点的绝对大小。

● **相对于屏幕设置大小**:按屏幕尺寸的百分比设置点的显示大小。当进行视图的缩放时,点的显示大小并不改变。

● **按绝对单位设置大小**:使用实际单位设置点的大小。当进行视图的缩放时,显示的点的大小随之改变。

> **■ 提示**
>
> 除了可以在"点样式"对话框中设置点样式外,也可以使用PDSIZE(点尺寸)命令来设置点大小。执行PDSIZE命令,当设置PDSIZE为正值时,表示点的实际大小;当设置PDSIZE为负值时,则表示点相对于视图大小的百分比;当设置PDSIZE为0时,则生成的点的大小为绘图区高度的5%。

3.1.2 绘制点

在AutoCAD中,绘制点对象的操作包括绘制单点和绘制多点,绘制单点和绘制多点的操作方法如下。

1.绘制单点

命令:单点
作用:绘制单个点
快捷命令:PO

在AutoCAD 2018中,执行"单点"命令通常有如下两种方法。

第1种:执行"绘图>点>单点"命令。

第2种:输入并执行"POINT"(PO)命令。

执行"单点"命令后,系统将提示"指定点:",如图3-2所示。用户可在绘图区中单击指定点的位置,即可创建一个点。

图3-2

2.绘制多点

在AutoCAD 2018中,执行"多点"命令通常有如下两种方法。

第1种:选择"绘图>点>多点"命令。

第2种:展开"绘图"面板,单击其中的"多点"按钮,如图3-3所示。

执行"多点"命令后,系统将提示"指定点:",用户在绘图区中单击即可创建点对象。

图3-3

■ 提示

执行"多点"命令后，可以在绘图区中连续绘制多个点，直到按Esc键终止操作。

3.1.3 绘制定数等分点

命令：定数等分

作用：以等分数创建点或图块

快捷命令：DIV

使用DIVIDE命令能够在某一图形上以等分数目创建点或插入图块，被等分的对象可以是线段、圆、圆弧、多段线等。在绘制定数等分点的过程中，用户可以指定等分数目。

启用"定数等分"命令通常有如下两种方法。

第1种：执行"绘图>点>定数等分"命令。

第2种：输入"DIVIDE"（DIV）命令并确认。

执行DIVIDE命令创建定数等分点时，当系统提示"选择要定数等分的对象："时，用户需要选择要等分的对象，选择后系统将提示"输入线段数目或[块(B)]："，此时输入等分的数目，按空格键确认操作。

3.1.4 绘制定距等分点

命令：定距等分

作用：等距创建点或图块

快捷命令：ME

在AutoCAD中，除了可以将图形定数等分外，还可以将图形定距等分，即以一定的长度对一个对象进行划分。使用MEASURE命令，便可以在选择的对象上创建相隔指定距离的点或图块，将图形以指定的长度分段。

执行"定距等分"命令有如下两种方法。

第1种：执行"绘图>点>定距等分"命令。

第2种：输入"MEASURE"（ME）命令并确认。

🖑 操作练习 **绘制五角星图形**

» 实例位置：实例文件>CH03>操作练习：绘制五角星图形.dwg
» 素材位置：无
» 视频名称：绘制五角星图形.mp4
» 技术掌握：设置点样式、创建定数等分点

绘制本例的五角星图形时，需要使用"定数等分"命令对圆进行五等分，作为辅助参考图形，然后使用"直线"命令捕捉等分节点来绘制五角星。

01 在"绘图"面板中单击"圆心、半径"按钮⊘，启动"圆"命令，如图3-4所示。根据系统提示在绘图区中单击指定圆的圆心，绘制一个半径为100的圆形，如图3-5所示。

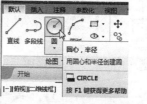

图3-4 图3-5

02 选择"格式>点样式"命令，打开"点样式"对话框，在该对话框中设置点样式，如图3-6所示。

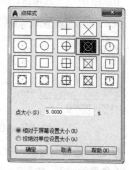

图3-6

03 执行"DIV"（定数等分）命令，选择圆形作为需要定数等分的对象，当系统提示"输入线段数目或[块(B)]："时，设置等分数为5，如图3-7所示。这样即可将圆分成五等份，如图3-8所示。

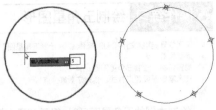

图3-7   图3-8

3.2 直线类图形的绘制

在AutoCAD制图操作中，可以绘制的直线类图形包括段线、构造线和射线等。下面介绍绘制这些对象的具体操作方法。

04 选择"工具>绘图设置"命令，打开"草图设置"对话框，选择"对象捕捉"选项卡，设置"对象捕捉模式"为"节点"并确认，如图3-9所示。

图3-9

05 在"绘图"面板中单击"直线"按钮/，启动"直线"命令，如图3-10所示。通过捕捉圆上的节点绘制一个五角星，如图3-11所示。

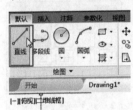

图3-10

图3-11

06 选择圆和点对象，按Delete键将其删除，完成五角星的绘制，如图3-12所示。

图3-12

3.2.1 绘制线段

命令：直线

作用：绘制线段

快捷命令：L

LINE（简化命令为L）命令是最基本、最简单的直线类图形绘制命令。使用LINE命令可以在两点之间进行线段的绘制。用户可以通过鼠标单击或者键盘输入两种方式来指定线段的起点和终点。

执行"直线"命令的常用方法有如下3种。

第1种：执行"绘图>直线"命令。

第2种：单击"绘图"面板中的"直线"按钮/，如图3-13所示。

第3种：输入"LINE"（L）命令并确认。

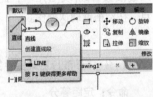

图3-13

使用LINE命令连续绘制线段时，上一条线段的终点将直接作为下一条线段的起点，如此循环直到按空格键确认或按Esc键撤销命令为止。使用LINE命令绘制了多条线段后，系统将提示"指定下一点或[闭合(C)/放弃(U)]:"。

命令主要选项介绍

● **指定下一点**：要求用户指定线段的下一个端点。

● **闭合（C）**：在绘制多条线段后，如果输入"C"并按空格键确认，则最后一个端点将与第一条线段的起点重合，从而形成一个封闭图形，如图3-14所示。

图3-14

● **放弃（U）**：输入"U"并按空格键确认，则最后绘制的线段将被撤除。

■ **提示**

在绘图过程中，如果绘制了错误的线段，可以在命令行中输入"UNDO"（U）命令将其取消，然后重新执行上一步绘制操作。

1. 直接绘制线段

如果在绘图过程中需要绘制一条简单的线段，在不要求指定线段长度和角度的情况下，可以直接使用鼠标指定线段的起点和终点，如图3-15所示。

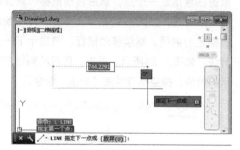

图3-15

2. 绘制定长的线段

当使用LINE命令绘制图形时，可通过输入坐标或捕捉控制点的方式确定线段端点，以快速绘制准确长度的线段；输入线段的长度也可以绘制指定长度的线段。

执行"直线"命令后，在绘图区中指定线段的第一个点，移动鼠标，指定线段的方向，然后输入线段的长度，如图3-16所示。按空格键确认，即可完成指定长度的线段的绘制。

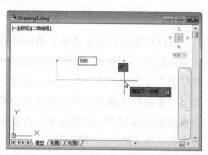

图3-16

3.2.2 绘制构造线

命令：构造线

作用：绘制无限延伸的直线

快捷命令：XL

使用"构造线"命令可以绘制无限延伸的结构线。在辅助制图中，通常使用构造线作为绘制图形过程中的辅助线或中心线。

执行"构造线"命令的常用方法有如下3种。

第1种：执行"绘图>构造线"命令。

第2种：展开"绘图"面板，单击其中的"构造线"按钮 。

第3种：输入"XLINE"（简化命令为XL）命令并确认。

1. 绘制正交构造线

执行XLINE（XL）命令，系统将提示"指定点或[水平(H)/垂直(V)/角度(A)/二等分(B)/偏移(O)]:"，输入"H"或"V"并确认，选择"水平"或"垂直"选项。然后在绘图区中单击一个点，将其作为通过点，即可绘制一条水平或竖直的构造线，如图3-17所示。

图3-17

2. 绘制指定角度的构造线

执行XLINE（XL）命令，系统将提示"指定点或[水平(H)/垂直(V)/角度(A)/二等分(B)/偏移(O)]:"，输入"A"并确认，选择"角度"选项，然后输入构造线的倾斜角度并确认。指定构造线的通过点，即可绘制一条指定倾斜角度的构造线，如图3-18所示。

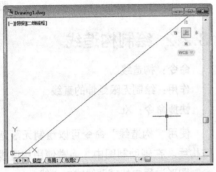

图3-18

3. 绘制角平分构造线

执行XLINE（XL）命令，根据系统提示输入"B"并确认，选择"二等分"选项，依次指定要平分的角的顶点和两条边上的任意一个点，即可绘制一条角平分构造线。例如，将图3-19所示的角平分，得到的效果如图3-20所示。

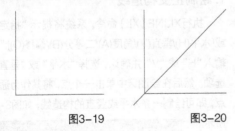

图3-19   图3-20

4. 绘制偏移构造线

执行XLINE命令，根据系统提示输入"O"并确认，选择"偏移"选项，然后根据系统提示输入相对于参考线的偏移距离并确认，再选择作为参考线的线段，指定偏移方向后，即可绘制偏移构造线。例如，以图3-21所示的三角

形的右边线为参考线绘制偏移构造线，得到的效果如图3-22所示。

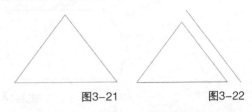

图3-21   图3-22

3.2.3 绘制射线

命令：射线

作用：绘制朝一个方向无限延伸的射线

使用"射线"命令可以绘制朝一个方向无限延伸的射线。在AutoCAD制图操作中，射线被用作辅助线。

执行"射线"命令的常用方法有如下两种。

第1种：执行"绘图>射线"命令。

第2种：输入"RAY"（射线）命令。

执行"RAY"（射线）命令，在绘图区内单击任意指定一个点，然后移动鼠标，就会出现一条射线，如图3-23所示。单击，即可绘制出指定的射线。继续移动鼠标，将显示下一条射线，如图3-24所示。单击，即可绘制当前显示的射线，按空格键结束"射线"命令。

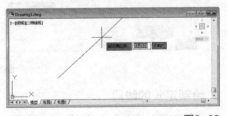

图3-23

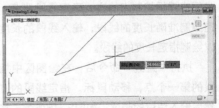

图3-24

操作练习 绘制射灯

» 实例位置：实例文件>CH03>操作练习：绘制射灯.dwg
» 素材位置：无
» 视频名称：绘制射灯.mp4
» 技术掌握：绘制线段

绘制本例的射灯图形和灯光图形时，需要使用"直线"命令。

01 执行LINE（L）命令，当系统提示"指定第一个点："时，在需要创建线段的起点位置单击，当系统提示"指定下一点或[放弃(U)]："时，向右侧移动光标并单击，指定线段的下一个点，如图3-25所示。

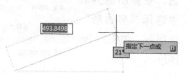

图3-25

02 应用"对象捕捉追踪"功能，捕捉线段左下方的端点，并将光标向上移动，单击捕捉追踪线上的一个点，指定它为线段的下一个点，如图3-26所示。

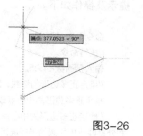

图3-26

03 当系统提示"指定下一点或[闭合(C)/放弃(U)]："时，输入"C"并确认，执行"闭合（C）"命令，绘制的闭合图形如图3-27所示。

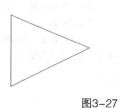

图3-27

04 重复按空格键执行"直线"命令，依次绘制表示光线的线段，如图3-28所示。

图3-28

3.3 绘制多边形

运用AutoCAD提供的"矩形"和"多边形"命令，可以绘制矩形和正多边形图形。

3.3.1 绘制矩形

命令：矩形
作用：绘制矩形
快捷命令：REC

使用"矩形"命令可以利用单击指定两个角点的方式绘制矩形，也可以输入坐标指定两个角点来绘制矩形。当两个角点形成的矩形的各边长相等时，则生成正方形。

执行"矩形"命令的常用方法有如下3种。

第1种：执行"绘图>矩形"命令。

第2种：单击"绘图"面板中的"矩形"按钮□。

第3种：输入"RECTANG"（REC）命令并确认。

执行RECTANG（REC）命令后，系统将提示"指定第一个角点或[倒角(C)/标高(E)/圆角(F)/厚度(T)/宽度(W)]："。

命令主要选项介绍

● **倒角（C）**：用于设置矩形的倒角距离。

● **标高（E）**：用于设置矩形在三维空间中的基面高度。

● **圆角（F）**：用于设置矩形的圆角半径。

● **厚度（T）**：用于设置矩形的厚度，即三维空间中z轴方向的高度。

● **宽度（W）**：用于设置矩形的线条粗细。

1. 绘制直角矩形

执行RECTANG（REC）命令，可以直接单击确定矩形的两个角点，绘制一个任意大小的直角矩形。也可以先确定矩形的第一个角点，然后选择"尺寸（D）"选项，绘制指定大小的矩形，或指定矩形另一个角点的坐标，绘制指定大小的矩形，如图3-29所示。

图3-29

2. 绘制圆角矩形

在绘制矩形时，可以选择"圆角（F）"选项，绘制带圆角的矩形。选择"圆角（F）"选项后，根据提示输入圆角半径的值，如图3-30所示。然后指定矩形另一个角点的坐标，即可绘制一个指定大小和圆角半径的圆角矩形，如图3-31所示。

图3-30   图3-31

3. 绘制倒角矩形

在绘制矩形时，可以选择"倒角（C）"选项，绘制带倒角的矩形。选择"倒角（C）"选项后，根据提示输入第一个倒角距离和第二个倒角距离，如图3-32和图3-33所示。指定矩形的大小后，即可绘制一个倒角矩形，如图3-34所示。

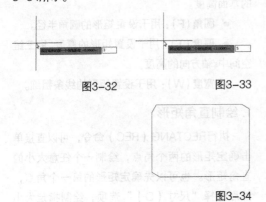

图3-32   图3-33

图3-34

3.3.2 绘制正多边形

命令：多边形
作用：绘制正多边形
快捷命令：POL

使用"多边形"命令可以绘制由3~1 024条边所组成的正多边形。执行"多边形"命令有如下3种常用方法。

第1种：执行"绘图>多边形"命令。
第2种：输入"POLYGON"（POL）命令并确认。
第3种：单击"绘图"面板中"矩形"按钮右侧的下拉按钮，在弹出的列表中选择"多边形"选项，如图3-35所示。

图3-35

执行POLYGON命令过程中，出现的命令提示及操作如下。

```
命令:POLYGON
//执行命令
输入侧面数<4>:5
//指定正多边形的边数，默认状态下为4
指定正多边形的中心点或[边(E)]:
//确定正多边形的中心点来绘制正多边形，由边数
和外接圆或内切圆的半径确定
输入选项[内接于圆(I)/外切于圆(C)]<I>:
//选择正多边形的创建方式，如图3-36所示
指定圆的半径:
//指定创建正多边形时的外接圆或内切圆的半径，
即可创建一个正多边形，如图3-37所示
```

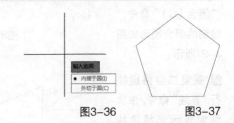

图3-36   图3-37

■ 提示

从创建的内接于圆的六边形和外切于圆的六边形可以看出,使用"多边形"命令绘制的内接于圆的六边形和外切于圆的六边形虽然具有相同的边数和半径,但是其大小却不同。内接于圆的多边形和外切于圆的多边形与指定圆之间的关系如图3-38所示。

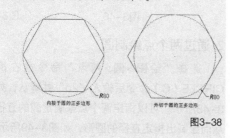

内接于圆的正多边形　　外切于圆的正多边形

图3-38

✋ 操作练习　绘制餐桌椅

» 实例位置:实例文件>CH03>操作练习:绘制餐桌椅.dwg
» 素材位置:无
» 视频名称:绘制餐桌椅.mp4
» 技术掌握:绘制矩形和线段

绘制本例中的图形时,首先使用"矩形"命令绘制餐桌图形,然后使用"直线"命令绘制椅子图形,绘图时注意指定线段的起点位置和线段的长度。

01 执行"REC"(矩形)命令,在绘图区内指定矩形的第一个角点,然后输入矩形另一个角点的坐标"@900,500",绘制一个长900、宽500的矩形,如图3-39所示。

图3-39

02 再次执行"REC"(矩形)命令,输入"F"并确认,设置圆角半径为10,绘制一个长280、宽35的圆角矩形,如图3-40所示。

03 执行"L"(直线)命令,参照如图3-41所示的效果,在两个矩形之间绘制一条线段。

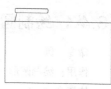

图3-40　　　　　　　　　　图3-41

04 执行"MI"(镜像)命令,选择线段作为镜像对象,捕捉圆角矩形下方线段的中点作为镜像线的第一个点,如图3-42所示。捕捉圆角矩形上方线段的中点作为镜像线的第二个点,对线段进行镜像复制,效果如图3-43所示。

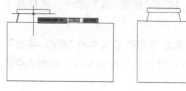

图3-42　　　　　　　　　　图3-43

05 执行"CO"(复制)命令,选择绘制完成的椅子图形,将其向右方复制一次,如图3-44所示。

06 执行"MI"(镜像)命令,将上方的两个椅子图形向下镜像复制一次,完成餐桌椅的绘制,效果如图3-45所示。

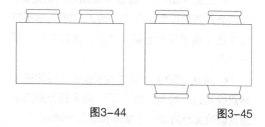

图3-44　　　　　　　　　　图3-45

3.4　圆类图形的绘制

在AutoCAD中,可以直接绘制的圆类图形包括圆形、圆弧、圆环、椭圆与椭圆弧等,本节介绍绘制这些图形的具体操作方法。

3.4.1 绘制圆形

命令： 圆

作用： 绘制圆形

快捷命令： C

在默认状态下，圆形的绘制方式是先确定圆心，然后确定半径。用户也可以用通过指定两个点确定圆的直径或通过3个点确定圆形等方式绘制圆形。

执行"圆"命令的常用方法有如下3种。

第1种： 执行"绘图>圆"命令，选择其下的子命令。

第2种： 单击"绘图"面板中的"圆心、半径"按钮⊙下方的下拉按钮，然后单击下拉列表中的选项。

第3种： 输入"CIRCLE"（C）命令并确认。

执行CIRCLE（C）命令，系统将提示"指定圆的圆心或[三点(3P)/两点(2P)/切点、切点、半径(T)]:"，用户可以指定圆的圆心或选择某种绘制圆的方式。

命令主要选项介绍

● **三点（3P）：** 通过在绘图区内确定3个点来确定圆的位置与大小。输入"3P"后系统分别提示指定圆上的第一个点、第二个点、第三个点。

● **两点（2P）：** 通过确定圆的直径的两个端点绘制圆。输入"2P"后，命令行分别提示指定圆的直径的第一个端点和第二个端点。

● **切点、切点、半径（T）：** 通过两个切点和半径绘制圆，输入"T"后，系统分别提示指定圆的第一个切点和第二个切点以及圆的半径。

1. 通过圆心和半径绘制圆

执行CIRCLE（C）命令，用户可以直接通过单击依次指定圆的圆心和半径，从而绘制出一个任意大小的圆。也可以在指定圆心后，通过输入圆的半径，绘制一个指定圆心和半径的圆，如图3-46和图3-47所示。

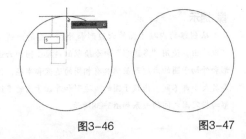

图3-46 　　　　　　　图3-47

2. 通过两个点绘制圆

选择"绘图>圆>两点"命令或在执行CIRCLE（C）命令后输入"2p"并确认，如图3-48所示。可以指定两个点来确定圆的直径，从而绘制出指定直径的圆形，如图3-49所示。

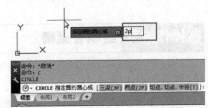

图3-48

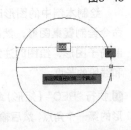

图3-49

3. 通过3个点绘制圆

指定3个点可以确定一个圆形，选择"绘图>圆>三点"命令或在执行CIRCLE（C）命令后输入"3p"并确认，如图3-50所示。指定3个点，即可得到一个经过指定的3个点的圆，如图3-51所示。

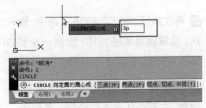

图3-50

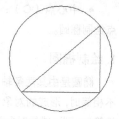

图3-51

4.通过切点和半径绘制圆

选择"绘图>圆>相切、相切、半径"命令或执行CIRCLE(C)命令,输入"T"并确认,指定圆通过的第一个切点和第二个切点,如图3-52和图3-53所示。然后指定圆的半径,也可以绘制相应的圆,如图3-54所示。

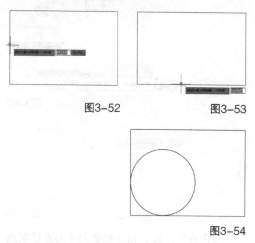

图3-52   图3-53

图3-54

3.4.2 绘制圆弧

命令: 圆弧

作用: 绘制圆弧

快捷命令: A

绘制圆弧的方法很多,可以通过指定圆弧的3个点或指定圆弧的圆心等方法来绘制需要的圆弧,下面介绍绘制圆弧的各种方法。

执行"圆弧"命令的常用方法有如下3种。

第1种: 执行"绘图>圆弧"命令,再选择其下的子命令。

第2种: 单击"绘图"面板中的"三点"按钮下方的下拉按钮,然后单击下拉列表中的选项。

第3种: 输入"ARC"命令(或输入简化命令"A")并确认。

执行"圆弧"命令后,系统将提示"指定圆弧的起点或[圆心(C)]:"。指定起点或圆心后,系统提示"指定圆弧的第二个点或[圆心(C)/端点(E)]:"。

命令主要选项介绍

- **圆心(C):** 用于确定圆弧的中心点。
- **端点(E):** 用于确定圆弧的终点。
- **弦长(L):** 用于确定圆弧的弦长。
- **方向(D):** 用于定义圆弧起始点处的切线方向。

1.通过指定点绘制圆弧

选择"绘图>圆弧>三点"命令或者执行ARC(A)命令,系统提示"指定圆弧的起点或[圆心(C)]:"时,依次指定圆弧的起点、第二个点和终点,如图3-55所示,即可绘制指定的圆弧,如图3-56示。

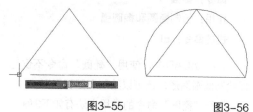

图3-55   图3-56

2.通过圆心绘制圆弧

在绘制圆弧的过程中,用户可以输入"C"(圆心)并确认,根据提示先确定圆弧的圆心,如图3-57所示。然后确定圆弧的两个端点,绘制一个圆心在指定点处的圆弧,如图3-58所示。

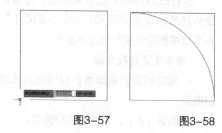

图3-57   图3-58

3. 绘制指定角度的圆弧

执行ARC（A）命令，输入"C"（圆心）并确认，指定圆心的位置，如图3-59所示。然后根据提示指定圆弧的起点，系统将提示"指定圆弧的端点（按住Ctrl键以切换方向）或[角度(A)/弦长(L)]:"，用户可以输入圆弧的角度或弦长来绘制圆弧线。例如，输入"A"并确认，选择"角度"选项，然后指定圆弧的角度，如图3-60所示，即可绘制指定角度的圆弧，如图3-61所示。

图3-59

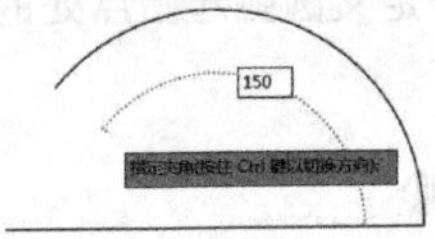

图3-60 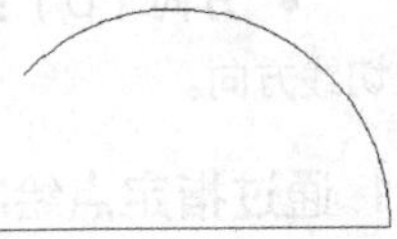   图3-61

3.4.3 绘制椭圆与椭圆弧

命令：椭圆

作用：绘制椭圆和椭圆弧

快捷命令：EL

在AutoCAD中，使用"椭圆"命令不仅可以绘制椭圆图形，还可以绘制椭圆弧图形。

执行"椭圆"命令的常用方法有如下3种。

第1种：执行"绘图>椭圆"命令，然后选择其下的子命令。

第2种：单击"绘图"面板中的"圆心"按钮右侧的下拉按钮，然后单击下拉列表中的选项。

第3种：输入"ELLIPSE"（EL）命令并确认。

执行ELLIPSE（EL）命令后，将提示"指定椭圆的轴端点或[圆弧(A)/中心点(C)]:"，用户可以根据提示进行相应的操作。

命令主要选项介绍

● **指定椭圆的轴端点**：以椭圆的轴端点绘制椭圆。

● **圆弧（A）**：用于创建椭圆弧。

● **中心点（C）**：以椭圆中心点和两轴端点绘制椭圆。

1. 绘制椭圆

椭圆是由其两条轴决定的，当两条轴的长度不相等时，形成的对象为椭圆；当两条轴的长度相等时，则形成的对象为圆。

执行ELLIPSE（EL）命令，根据系统提示指定椭圆一条轴的第一个端点，然后向右移动光标，指定椭圆该轴的另一个端点，如图3-62所示。再向上移动光标，指定椭圆另一条轴的半轴长度，如图3-63所示，即可绘制指定轴长的椭圆，如图3-64所示。

图3-62

图3-63   图3-64

用户也可以通过指定椭圆的中心点绘制椭圆。指定中心点绘制椭圆的方式是先指定椭圆的中心点来确定椭圆的位置，然后指定椭圆一条轴的端点和另一条轴的半轴长度。执行ELLIPSE（EL）命令，根据系统提示输入"c"并确认，选择"中心点(C)"选项，如图3-65所示。在绘图区中单击指定椭圆的中心点，然后依次指定椭圆一条轴的端点和另一条轴的半轴长度，即可绘制指定的椭圆，如图3-66和图3-67所示。

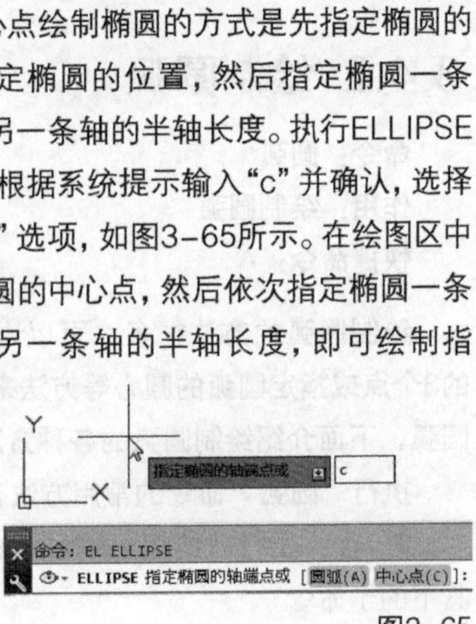

图3-65

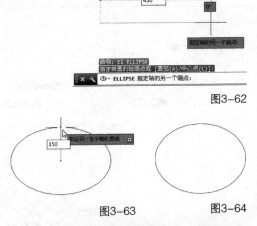

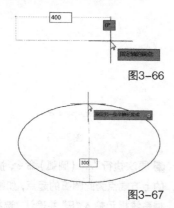

图3-66

图3-67

2. 绘制椭圆弧

执行ELLIPSE（EL）命令，输入"A"并确认，选择"圆弧（A）"选项或单击"绘图"面板中的"圆心"按钮右侧的下拉按钮，在弹出的下拉列表中选择"椭圆弧"选项，然后依次指定椭圆弧一条轴的第一个端点、另一个端点和另一条轴的半轴长度，输入椭圆弧的起点角度和终点角度，如图3-68和图3-69所示，即可得到指定的椭圆弧线条，如图3-70所示。

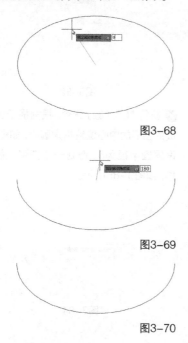

图3-68

图3-69

图3-70

3.4.4 绘制圆环

命令： 圆环

作用： 绘制圆环

快捷命令： DO

使用"圆环"命令可以绘制一定宽度的空心圆环或实心圆环，绘制圆环时，需要设置圆环的内径和外径，然后通过单击指定圆环的中心点。使用"圆环"命令绘制的圆环实际上是多段线，可以使用"编辑多段线"（PEDIT）命令中的"宽度（W）"选项修改圆环的宽度。

执行"圆环"命令的常用方法有如下两种。

第1种： 执行"绘图>圆环"命令。

第2种： 输入"DONUT"命令（简化命令为DO）并确认。

执行DONUT（DO）命令，根据系统提示指定圆环的内径和外径，然后单击指定圆环的中心点，如图3-71所示，即可得到一个指定大小的圆环，如图3-72所示。

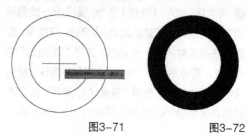

图3-71 　　　　　　　图3-72

操作练习 **绘制花朵**

» 实例位置：实例文件>CH03>操作练习：绘制花朵.dwg
» 素材位置：无
» 视频名称：绘制花朵.mp4
» 技术掌握：绘制圆形和圆弧

本例绘制的梅花图形由圆形和圆弧组成，可以先绘制圆弧，再绘制圆形。

01 执行"A"（圆弧）命令，指定圆弧的起点后，根据系统提示输入"C"并确认，选择"圆心(C)"选项，然后向左移动光标，指定圆弧的圆心，并指定圆心与起点的距离为10,如图3-73所示。
继续向左移动光标,指定圆弧的终点,完成圆弧
的绘制,如图3-74所示。

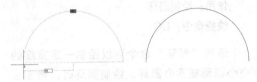

图3-73   图3-74

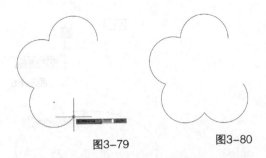

图3-79   图3-80

02 再次执行"A"(圆弧)命令,捕捉上一段圆弧
的左方端点为此圆弧的起点,如图3-75所示。根
据系统提示输入"E"并确认,选择"端点(E)"选
项,输入端点的坐标"@20<252"并确认。然后
输入"A"并确认,选择"角度(A)"选项,指定圆
弧的角度为180度,得到的圆弧如图3-76所示。

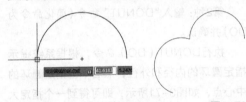

图3-75   图3-76

03 再次执行"A"(圆弧)命令,捕捉上一段圆弧
的下方端点为此圆弧的起点,如图3-77所示。根
据系统提示输入"E"并确认,选择"端点(E)"选
项,输入端点的坐标"@20<324"并确认。然后
输入"A"并确认,选择"角度(A)"选项,指定圆
弧的角度为180度,得到的圆弧如图3-78所示。

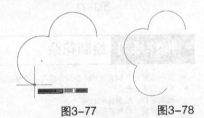

图3-77   图3-78

04 再次执行"A"(圆弧)命令,捕捉上一段圆弧
的右方端点为此圆弧的起点,如图3-79所示。根
据系统提示输入"E"并确认,选择"端点(E)"选
项,输入端点的坐标"@20<36"并确认。然后输
入"A"并确认,选择"角度(A)"选项,指定圆弧
的角度为180度,得到的圆弧如图3-80所示。

05 再次执行"A"(圆弧)命令,捕捉上一段圆弧
的上方端点为此圆弧的起点,如图3-81所示。根
据系统提示输入"E"并确认,选择"端点(E)"选
项,捕捉第一段圆弧的
右方端点为此圆弧的终
点,如图3-82所示。然
后输入"R"并确认,选
择"半径(R)"选项,设置
半径为10,得到的圆弧
如图3-83所示。

图3-81

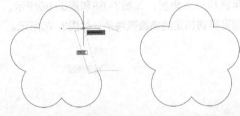

图3-82   图3-83

06 执行"C"(圆)命令,根据提示在多个圆弧组
成的图形的中心位置指定圆心,如图3-84所示。
设置圆半径为5,得到一个圆形,完成本例的操
作,如图3-85所示。

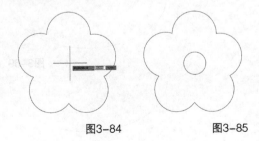

图3-84   图3-85

3.5 综合练习

　　绘制二维简单图形的命令是AutoCAD制图中的常用绘图命令，初学者必须牢固掌握这些绘图命令，才能使用AutoCAD完成绝大部分图形的绘制。

综合练习　绘制六角螺母

- » 实例位置：实例文件>CH03>综合练习：绘制六角螺母.dwg
- » 素材位置：素材文件>CH03>素材01.dwg
- » 视频名称：绘制六角螺母.mp4
- » 技术掌握：圆和多边形命令的操作

　　本实例中的六角螺母由圆形和六边形组成，可以先绘制圆对象，然后绘制外切于圆的六边形。

01 打开学习资源中的"素材文件>CH03>素材01.dwg"文件，这里面有中心线图形，如图4-86所示。

图3-86

02 执行"SE"（设置）命令，打开"草图设置"对话框，在"对象捕捉"选项卡中选中"交点"和"圆心"复选框，如图3-87所示。

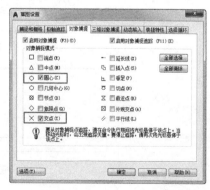

图3-87

03 执行"C"（圆）命令，将圆心指定在中心线的交点处，然后根据系统提示设置圆半径为9，如图3-88所示，创建的圆形如图3-89所示。

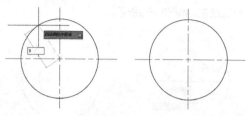

图3-88　　　　　　　　图3-89

04 再次执行"C"（圆）命令，将圆心指定在中心线的交点处，然后根据系统提示设置圆半径为5，如图3-90所示，创建的圆形如图3-91所示。

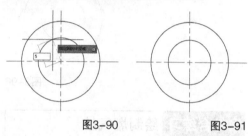

图3-90　　　　　　　　图3-91

05 执行"POL"（多边形）命令，根据系统提示设置多边形的边数为6，如图3-92所示。将六边形的中心点指定在中心线的交点处，如图3-93所示。

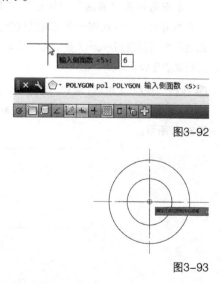

图3-92

图3-93

06 在弹出的菜单中选择"外切于圆（C）"选项，如图3-94所示。指定内切圆半径为9，如图3-95所示。创建一个外切于圆的六边形，完成六角螺母的绘制，如图3-96所示。

02 执行"L"（直线）命令，然后使用"From（捕捉自）"功能，在矩形下方绘制一条线段，其命令提示及操作如下。

```
命令:L↵
//执行简化命令
LINE
//系统自动执行"直线"命令
指定第一个点:from↵
//输入"from"并确认，使用"捕捉自"功能
基点:
//捕捉如图3-98所示的矩形角点作为绘图基点
<偏移>:@0,80↵
//输入线段第一个点的坐标"@0,80"并确认
指定下一点或[放弃(U)]:
//向右移动光标，捕捉到矩形右侧的边的垂足，作
为线段的下一个点，如图3-99所示
指定下一点或[放弃(U)]:↵
//按空格键结束"直线"命令，绘制的线段如图
3-100所示
```

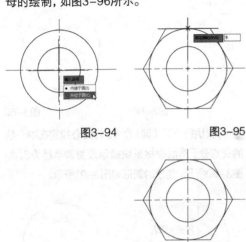

图3-94　　　　　　　图3-95

图3-96

综合练习　**绘制燃气灶**

» 实例位置：实例文件>CH03>综合练习：绘制燃气灶.dwg
» 素材位置：无
» 视频名称：绘制燃气灶.mp4
» 技术掌握：直线、矩形、圆、定数等分命令的操作

　　本例将使用"直线""矩形""圆"和"定数等分"命令绘制一个三眼燃气灶，在绘图过程中可以使用From（捕捉自）功能对图形进行准确定位。

01 执行"REC"（矩形）命令，绘制一个长度为600、宽度为400的矩形，作为燃气灶的轮廓，如图3-97所示。

图3-97

图3-98

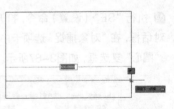

图3-99

图3-100

■ 提示

　　"From"(捕捉自)是用于从基点偏移的命令,通过"From(捕捉自)"功能可以指定绘制图形的起点坐标位置,在绘制图形时,可以使用"From(捕捉自)"功能来指定对象的起点从某个特定点偏移的坐标。

03 执行"C"(圆)命令,在矩形左方位置绘制一个半径为95的圆作为燃气灶的炉盘,效果如图3-101所示。

04 再次执行"C"(圆)命令,绘制半径分别为85和20的两个同心圆,如图3-102所示。

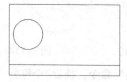 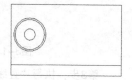

图3-101　　　　　　　　图3-102

05 使用"REC"(矩形)命令绘制燃气灶上的支架,矩形的长度为50、宽度为5,效果如图3-103所示。

06 参照前面的参数值,使用"圆"和"矩形"命令完成炉盘和支架的绘制,如图3-104所示。

 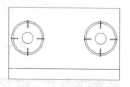

图3-103　　　　　　　　图3-104

07 使用"矩形"和"圆"命令在已有的两个炉盘上方绘制一个小炉盘,其参数值为大炉盘的1/2,效果如图3-105所示。

08 使用"直线"命令在图形下方的两条水平线之间绘制一条线段,如图3-106所示。

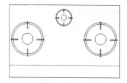 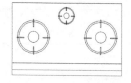

图3-105　　　　　　　　图3-106

09 选择"格式>点样式"命令,打开"点样式"对话框,选择 ⊙ 点样式,在"点大小"文本框中输入"45",选中"按绝对单位设置大小"单选项并单击"确定"按钮,如图3-107所示。

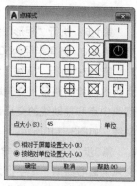

图3-107

10 执行"DIV"(定数等分)命令,选择刚绘制的线段作为等分对象,然后设置等分数目为4并按空格键确认,绘制的定数等分点如图3-108所示。

11 单击选中被定数等分的线段,然后按Delete键将其删除,完成本例的燃气灶的绘制,如图3-109所示。

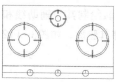 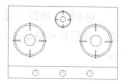

图3-108　　　　　　　　图3-109

3.6 课后习题

　　通过对本课的学习,相信读者对二维简单图形的绘制有了一定的了解,下面通过几个课后习题来巩固前面所学到的知识。

📋课后习题 绘制浴霸

» 实例位置:实例文件>CH03>课后习题:绘制浴霸.dwg
» 素材位置:无
» 视频名称:绘制浴霸.mp4
» 技术掌握:绘制线段、绘制矩形、绘制圆

浴霸是通过特制的防水红外线灯和换气扇的巧妙组合将浴室的取暖、换气、日常照明、装饰等多种功能集于一体的浴用小家电产品，本例将练习绘制浴霸图形的操作。

制作提示

第1步： 执行"矩形"命令，绘制一个长、宽均为400，圆角半径为50的圆角矩形。

第2步： 执行"直线"命令，以矩形各边中点为端点绘制两条正交辅助线，以圆角矩形的圆弧中点和辅助线的交点为端点绘制一条辅助斜线，如图3-110所示。

第3步： 执行"圆"命令，以两条辅助线的交点为圆心绘制一个半径为35的圆，以斜线中点为圆心绘制一个半径为50的圆，如图3-111所示。

图3-110　　　　　图3-111

第4步： 按照上述步骤绘制其他辅助线和圆，然后选中辅助线并将其删除，如图3-112所示。

图3-112

📑课后习题　**绘制棘轮**

» 实例位置：实例文件>CH03>课后习题：绘制棘轮.dwg
» 素材位置：无
» 视频名称：绘制棘轮.mp4
» 技术掌握：绘制圆、创建定数等分点、绘制线段

棘轮是一种外缘或内缘上具有刚性齿形表面或摩擦表面的轮子，是组成棘轮机构的重要构件，本例将练习绘制棘轮图形的操作。

制作提示

第1步： 执行"圆"命令，绘制3个半径分别为90、60、40的同心圆，如图3-113所示。

第2步： 执行"定数等分"命令，对较大的两个圆进行12等分，如图3-114所示。

 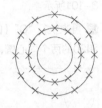

图3-113　　　　　图3-114

第3步： 执行"直线"命令，捕捉3个等分点，绘制两条线段，如图3-115所示。

第4步： 按照上述步骤绘制其他线段，选中等分点和两个大圆并将其删除，如图3-116所示。

图3-115　　　　　图3-116

3.7　本课笔记

_____

_____

_____

_____

_____

_____

第 4 课

04

二维图形的基本编辑

前面学习了简单的绘图命令，相信读者已经可以绘制出一些常用图形了。为了提高绘图的效率，还需要掌握常用的调整命令，以便对图形进行适当调整，满足制图的需要。本课将介绍AutoCAD中用于调整图形的命令，其中包括移动、旋转、复制、偏移、镜像和阵列等命令。当然，在调整图形之前，还必须掌握选择对象的常用方法。

学习要点

» 如何选择对象   » 图形的基本编辑命令
» 图形的常见编辑操作

4.1 如何选择对象

在编辑图形之前,需要选中要编辑的对象。AutoCAD提供的选择方式包括单击选择、窗口选择、窗交选择、快速选择和栏选等。

4.1.1 单击选择

在未对任何对象进行编辑时,使用鼠标单击对象,即可将其选中,如图4-1所示。单击对象这种选择方法一次只能选择一个实体,被选中的目标将显示相应的夹点,如图4-2所示。

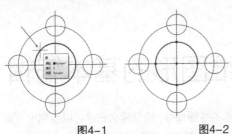

图4-1　　　　　　　　　　　图4-2

在编辑过程中,当要求用户选中要编辑的对象时,十字光标将变为一个小正方形框,这个小正方形框叫作拾取框,如图4-3所示。将拾取框移至要编辑的目标上,单击即可选中目标,在编辑过程中被选中的目标将以高亮(蓝色)状态显示,如图4-4所示。

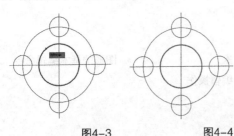

图4-3　　　　　　　　　　　图4-4

■ 提示

使用鼠标单击对象可以快速完成对象的选择,但这种选择方式的缺点是一次只能选择图中的一个实体,如果要选择多个实体,必须依次单击各个对象来逐个选取。

4.1.2 窗口选择

使用窗口选择对象的方法是使用鼠标从左向右拉出一个矩形,将要选择的对象全部都框在矩形中。在使用窗口选择方式选择目标时,拉出的矩形方框为实线,如图4-5所示。使用窗口选择对象时,只有被完全框选的对象才能被选中,若只框选对象的一部分,则无法将其选中,如图4-6所示。

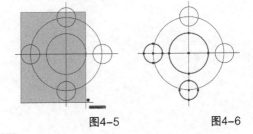

图4-5　　　　　　　　　　　图4-6

4.1.3 窗交选择

窗交选择的操作方法与窗口选择的操作方法正好相反,是在绘图区内从右到左边拉出一个矩形。在使用窗交选择方式选择目标时,拉出的矩形方框以虚线显示,如图4-7所示。通过窗交选择方式,可以将矩形框内的图形对象和与矩形边线相触的图形对象全部选中,如图4-8所示。

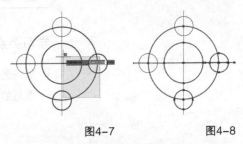

图4-7　　　　　　　　　　　图4-8

■ 提示

窗口选择方式与窗交选择方式的区别在于:窗口选择方式是使用鼠标从左边向右边拉出一个矩形,将要选择的对象全部都框在矩形内,使用窗口选择方式选择目标时,只有被完全框选的对象才能被选中;窗交选择的操作方式与窗口选择的操作方式相反，使用这种选择方式，可将矩形框内的图形对象以及与矩形边线相触的图形对象都选中。

4.1.4 栏选

栏选对象的操作是在编辑图形的过程中，当系统给出"选择对象"提示时，输入"f"命令并确认，如图4-9所示，然后单击绘制任意折线，与这些折线相交的对象都被选中，如图4-10所示。

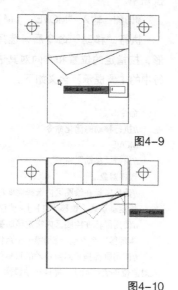

图4-9

图4-10

■ 提示

栏选对象的操作在使用"修剪"（TR）命令和"延伸"（EX）命令对图形进行修剪和延伸时非常方便。

4.1.5 快速选择

AutoCAD中提供了快速选择功能，运用该功能可以一次性选择绘图区中具有某一属性的所有图形对象。

输入"QSELECT"（快速选择）命令并确认或单击鼠标右键，在弹出的菜单中选择"快速选择"命令，如图4-11所示，打开"快速选择"对话框，用户可以根据需要选择目标的属性，一次性选择绘图区内具有该属性的所有实体，如图4-12所示。

图4-11

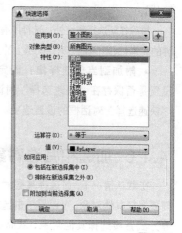

图4-12

要使用快速选择功能对图形进行选择，可以在"快速选择"对话框的"应用到"下拉列表中选择要应用到的图形或单击右侧的按钮，回到绘图区中选择需要的图形，然后单击鼠标右键返回"快速选择"对话框，在"特性"列表内选择图形特性，在"值"下拉列表内选择要指定的特性选项，单击"确定"按钮即可。

"快速选择"对话框选项介绍

● **应用到**：确定是否在整个绘图区中应用选择过滤器。

- **对象类型**：确定要过滤的实体类型（如直线、矩形、多段线等）。
- **特性**：确定要过滤的实体属性（如颜色、线型、线宽、图层和打印样式等）。
- **运算符**：控制过滤值的范围。根据选择的属性，其过滤值的范围分为"等于"和"不等于"等多种类型。
- **值**：确定过滤的属性值，可在列表中选择一项或输入新值，根据不同属性显示不同的内容。
- **如何应用**：确定选择符合过滤条件的实体还是不符合过滤条件的实体。

包括在新选择集中：选择绘图区中所有符合过滤条件的实体（关闭、锁定、冻结图层上的实体除外）。

排除在新选择集之外：选择所有不符合过滤条件的实体（关闭、锁定、冻结图层上的实体除外）。

- **附加到当前选择集**：确定当前的选择设置是否保存在"快速选择"对话框中，作为"快速选择"对话框的设置选项。

4.1.6 加选和减选对象

在默认情况下，当选择某些对象后，如果还需要选择其他对象，可以用单击选择或窗口选择等方式直接选择其他对象，从而加选需要的对象；在选择过程中，如果选择了一些多余的对象，可以在按住Shift键的同时，单击或框选不需要的对象，即可将其从选择集中减去。

4.2 图形的常见编辑操作

在使用AutoCAD绘制图形的过程中，通常需要调整对象的位置和方向，以便将其放到合适的位置。如果绘制的图形在错误的位置，可以通过移动和旋转调整对象的位置和方向。

4.2.1 移动对象

命令：移动
作用：移动对象
快捷命令：M

使用"移动"（MOVE）命令可以在指定方向上按指定距离移动对象，而不改变其方向和大小。执行"移动"命令的常用方法有如下3种。

第1种：执行"修改>移动"命令。

第2种：单击"修改"面板中的"移动"按钮✛。

第3种：输入"MOVE"（M）命令并确认。

执行"移动"命令后，选择需要移动的图形，按指定的位置和方向对其进行移动，命令行中的主要提示及含义如下。

```
命令:M↙
//执行移动的简化命令
MOVE
//执行"移动"命令
选择对象:↙
//使用鼠标在绘图区内选择需要移动的图形对象
指定基点或［位移（D）］<位移>:
//使用鼠标在绘图区内指定移动基点
指定第二个点或<使用第一个点作为位移>:
//使用鼠标指定对象移动的目标位置或使用键盘输入对象位移值并确认，完成移动操作
```

执行"移动"命令，选择两个同心圆，捕捉同心圆的圆心作为移动基点，如图4-13所示，然后在两条线段的交点处指定移动的目标点，如图4-14所示，得到的移动效果如图4-15所示。

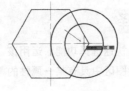
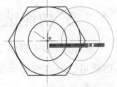

图4-13　　　　　　　　　　图4-14

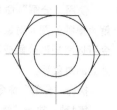

图4-15

■ **提示**

在移动对象的操作中,可以通过输入移动的距离值将对象按指定距离移动。当命令行中提示"指定基点或[位移(D)]<位移>:"时,使用鼠标在绘图区内指定移动的基点,命令行中接着提示"指定第二个点或 <使用第一个点作为位移>:",此时将光标移向需要移动到的方向,输入移动的距离,按空格键确认即可。

4.2.2 旋转对象

命令:旋转

作用:旋转对象

快捷命令:RO

旋转对象的操作是以某一个点为旋转基点,将选定的图形对象旋转一定角度。"旋转"命令主要用于转换图形对象的方向。

执行"旋转"命令的常用方法有如下3种。

第1种:执行"修改>旋转"命令。

第2种:单击"修改"面板中的"旋转"按钮圆。

第3种:输入"ROTATE"(RO)命令并确认。

执行"旋转"命令后,选中需要旋转的图形,将其按指定的角度旋转即可,命令行中的主要提示及含义如下。

命令:ROTATE↙

//执行旋转命令

选择对象:↙

//使用鼠标在绘图区内选择需要旋转的图形对象

指定基点:

//需要用户在绘图区内指定一个点,绕这个点进行旋转

指定旋转角度,或[复制(C)/参照(R)]<0>:

//拖曳鼠标旋转图形或使用键盘输入旋转角度值,或者选择"复制(C)"或"参照(R)"选项

执行"旋转"命令,选择图4-16所示的两条相交线段,捕捉线段交点作为旋转基点,设置旋转的角度为45,如图4-17所示,得到图4-18所示的旋转效果。

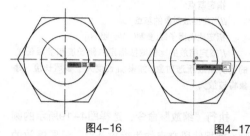

图4-16   图4-17

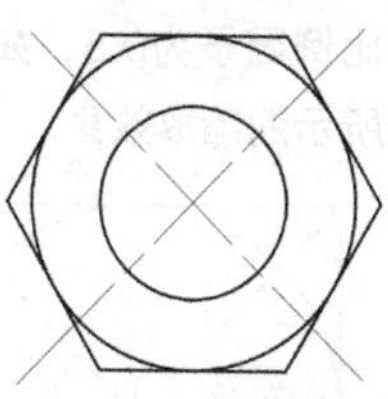

图4-18

4.2.3 缩放对象

命令:缩放

作用:缩放对象

快捷命令:SC

使用"缩放"命令可以按指定的比例因子改变实体的尺寸,从而改变对象的尺寸,但不改变其状态。在缩放图形时,可以把整个对象或者对象的一部分沿x轴、y轴和z轴方向以相同的比例放大或缩小,由于3个方向上的缩放比例相同,因此保证了对象的形状不会发生变化。

执行"缩放"命令的常用方法有如下3种。

第1种:执行"修改>缩放"命令。

第2种:单击"修改"面板中的"缩放"按钮圖。

第3种:输入"SCALE"(SC)命令并确认。

执行"缩放"命令后,选择要缩放的图形,将其按指定的大小缩放即可,命令行中的主要提示及含义如下。

```
命令:SCALE↙
//执行缩放命令
选择对象:↙
//选择进行缩放的对象
指定基点:
//指定缩放对象的基点
指定比例因子或[复制(C)/参照(R)]:
//指定缩放的比例或按指定的新长度和参照长度
的比例缩放所选对象,如果新长度大于参照长度,对
象将被放大
```

执行"缩放"命令,选择图4-19所示的圆形,捕捉线段交点作为缩放基点,设置缩放的比例因子为0.5,如图4-20所示,得到图4-21所示的缩放效果。

图4-19   图4-20

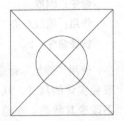

图4-21

■ 提示

"缩放"(SCALE)命令与"缩放"(ZOOM)命令的区别在于:"缩放"(SCALE)可以改变实体的尺寸,而"缩放"(ZOOM)只可以缩放显示实体,而不会改变实体的尺寸值。

4.2.4 分解对象

命令:分解

作用:分解对象

快捷命令:X

使用"分解"命令,可以将组合的实体分解为单独的图元对象。例如,使用"分解"命令可以将矩形分解成线段,将图块分解为单个独立的对象等。

执行"分解"命令,通常有如下3种方法。

第1种:执行"修改>分解"命令。

第2种:单击"修改"面板中的"分解"按钮 。

第3种:输入"EXPLODE"(X)命令并确认。

执行"分解"命令后,AutoCAD提示选择操作对象,用选择方式中的任意一种选择操作对象,按空格键即可。使用"分解"命令分解带属性的图块后,属性值将消失,并被还原为属性定义的选项,但是使用MINSERT命令插入的图块或外部参照对象不能用"分解"命令进行分解。

■ 提示

有一定宽度的多段线被分解后,AutoCAD将放弃多段线的所有宽度和切线信息,分解后的多段线的宽度、线型和颜色将变得与当前图层的属性相同。

4.2.5 删除对象

命令:删除

作用:删除对象

快捷命令:E

使用"删除"命令可以将选定的图形对象从绘图区内删除。执行"删除"命令的常用方法有如下3种。

第1种:执行"修改>删除"命令。

第2种:单击"修改"面板中的"删除"按钮 。

第3种:输入ERASE(E)命令并确定。

执行"删除"命令,选择需要删除的对象,按空格键确认,即可将其删除。如果在操作过程中要取消删除操作,可以按Esc键退出操作。

■ 提示

在选择对象后,按Delete键,也可以将选择的对象删除。

操作练习 调整沙发图形

» 实例位置:实例文件>CH04>操作练习:调整沙发图形.dwg
» 素材位置:素材文件>CH04>素材01.dwg
» 视频名称:调整沙发图形.mp4
» 技术掌握:运用移动、旋转和缩放命令调整图形位置、方向和大小

本例运用移动、旋转和缩放命令调整沙发图形的位置、方向和大小,使沙发布置得更合理。

01 打开学习资源中的"素材文件>CH04>素材01.dwg"文件,如图4-22所示。

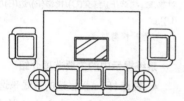

图4-22

02 输入"SCALE"(SC)命令并确认,使用窗口选择方式选择图中的桌子图形,然后在桌子中间位置指定缩放的基点,设置缩放比例因子为1.5,如图4-23所示。缩放后的桌子图形效果如图4-24所示。

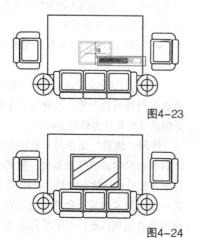

图4-23

图4-24

03 输入"MOVE"(M)命令并确认,使用窗交选择方式选择图中的桌子图形,然后在任意位置指定移动的基点,指定移动的方向为向上,输入移动的距离"50",如图4-25所示。移动后的桌子图形效果如图4-26所示。

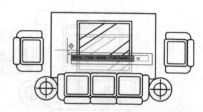

图4-25

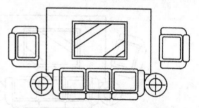

图4-26

04 输入"ROTATE"(RO)命令并确认,使用窗口选择方式选择图中左方的单人沙发图形,然后在图形中间位置指定旋转的基点,再输入旋转的角度"15",如图4-27所示。旋转后的单人沙发图形效果如图4-28所示。

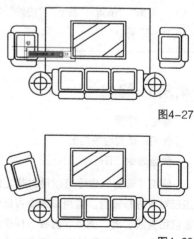

图4-27

图4-28

05 按空格键再次执行"旋转"命令,使用窗口选择方式选中图中右方的单人沙发图形,在图形的中间位置指定旋转基点,输入旋转的角度"–15",如图4-29所示。旋转后的右侧单人沙发图形效果如图4-30所示。

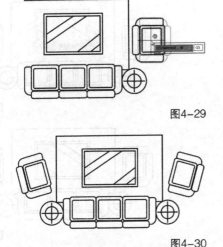

图4-29

图4-30

4.3 图形的基本编辑命令

在用AutoCAD对图形对象进行编辑的操作中,常用的编辑命令包括"修剪""延伸""圆角""倒角""拉长""拉伸""打断"和"合并"等。

4.3.1 修剪

命令:修剪

作用:修剪线条图形

快捷命令:TR

使用"修剪"命令可以通过指定的边界对图形对象进行修剪。运用该命令可以修剪的对象包括直线、圆、圆弧、射线、样条曲线、面域、尺寸、文本和非封闭的2D或3D多段线等;作为修剪边界的可以是除图块、网格、三维面、轨迹线以外的任何对象。

执行"修剪"命令通常有如下3种方法。

第1种:执行"修改>修剪"命令。

第2种:单击"修改"面板中的"修剪"按钮┼。

第3种:输入"TRIM"(TR)命令并确认。

在使用"修剪"命令进行图形修剪的过程中,系统给出的提示及含义如下。

```
命令:TRIM↙
//执行修剪命令
当前设置:投影=UCS,边=无
//显示当前设置
选择剪切边...
选择对象或<全部选择>:↙
//选择修剪边界
选择要修剪的对象,或按住Shift键选择要延伸的
对象,或[栏选(F)/窗交(C)/投影(P)/边(E)/删除(R)/放弃
(U)]:↙
//选择修剪对象
```

系统提示中的主要选项介绍

● **栏选(F)**:以栏选的方式来选择对象。

● **投影(P)**:确定命令执行的投影空间。选择该选项后,命令行中提示"输入投影选项 [无(N)/UCS(U)/视图(V)] <UCS>:",选择适当的投影选项。

● **边(E)**:该选项用来确定修剪边的方式。选择该选项后,命令行中提示"输入隐含边延伸模式 [延伸(E)/不延伸(N)] <不延伸>:",然后选择适当的延伸模式。

● **放弃(U)**:用于取消最近由TRIM命令完成的操作。

当AutoCAD提示选择要修剪的对象时,即可选择待修剪的对象。在修剪对象时将以最靠近的候选对象作为修剪边界。

使用"修剪"命令对与直线相交的圆进行修剪和选取的点的位置有关,使用该命令还可以修剪尺寸标注线。使用TRIM命令修剪实体,第一次选择实体是选择修剪的边界。选择修剪目标时必须用点选,而不能用窗选。一个目标可同时作为修剪边界和修剪目标。有一定宽度

的多段线被修剪时，修剪的交点按其中心线计算；多段线的终点仍然是方的，切口边界与多段线的中心线垂直。

执行"修剪"命令，在图4-31所示的图形中选择下方的水平短线段作为修剪边界，当系统提示"选择要修剪的对象，或按住Shift键选择要延伸的对象，或[栏选(F)/窗交(C)/投影(P)/边(E)/删除(R)/放弃(U)]:"时，单击竖直线段位于修剪边界上方的部分，对竖直线段进行修剪，如图4-32所示。修剪后的效果如图4-33所示。

图4-31

图4-32

图4-33

> **■ 提示**
>
> 在默认状态下，执行"修剪"命令可以对图形进行修剪，如果在进行修剪的过程中按住Shift键，则可以对图形进行延伸操作。

4.3.2 延伸

命令： 延伸

作用： 延伸线条图形

快捷命令： EX

使用"延伸"命令可以把线段、弧和多段线等图元对象延伸到指定的边界上。通常可以

使用"延伸"命令进行延伸的对象包括圆弧、椭圆弧、线段和非封闭的2D或3D多段线等。如果以有一定宽度的2D多段线作为延伸边界，在执行延伸操作时会忽略其宽度，直接将延伸对象延伸到多段线的中心线上。

执行"延伸"命令，通常有如下3种方法。

第1种： 执行"修改>延伸"命令。

第2种： 单击"修改"面板中的"延伸"按钮 。

第3种： 输入"EXTEND"（EX）命令并确定。

执行延伸操作时，系统提示中的各项含义与修剪操作中的相同。在使用"延伸"命令延伸对象的过程中，可随时使用"放弃"项取消上一次的延伸操作。延伸一个标注了线性尺寸的对象时，延伸操作完成后，其尺寸会自动修正。有宽度的多段线以中心线作为延伸的边界线。

执行"延伸"命令，在如图4-34所示的图形中选择上方的水平长线段作为延伸边界，当系统提示"选择要延伸的对象，或按住Shift键选择要修剪的对象，或[栏选(F)/窗交(C)/投影(P)/边(E)/放弃(U)]:"时，选择左下方的竖直线段作为延伸对象，如图4-35所示。延伸后的效果如图4-36所示。

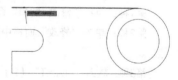

图4-34

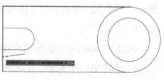

图4-35

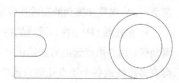

图4-36

■ 提示
在默认状态下，执行"延伸"命令可以对图形进行延伸，在进行延伸的过程中按住Shift键，则可以对图形进行修剪操作。

使用延伸命令时，一次可选择多个实体作为边界，选择要延伸的实体时应拾取靠近边界的一端，否则会出现错误。

4.3.3 圆角

命令：圆角
作用：对两个线条图形进行圆角化处理
快捷命令：F

使用"圆角"命令可以用一段指定半径的圆弧将两个对象连接在一起，还能将多段线的多个顶点处一次性圆角化。使用此命令需先设定圆弧半径，再进行圆角化。

使用"圆角"命令可以有选择性地修剪或延伸所选对象，以便更圆滑地过渡。该命令可以对直线、多段线、样条曲线、构造线和射线等进行处理，但是不能对圆、椭圆和封闭的多段线等对象进行圆角化处理。

执行"圆角"命令，通常有如下3种方法。
第1种：执行"修改>圆角"命令。
第2种：单击"修改"面板中的"圆角"按钮□。
第3种：输入"FILLET"（F）命令并确认。

执行"圆角"命令后，系统将提示"选择第一个对象或 [放弃(U)/多段线(P)/半径(R)/修剪(T)/多个(M)]:"。

系统提示中的主要选项介绍

● **选择第一个对象：**在此提示出现后选择第一个对象，该对象用来定义二维圆角化的两个对象之一，或者要加圆角的三维实体的边。

● **多段线(P)：**在多段线的每个顶点处插入圆角弧。用户用点选的方法选中一条多段线后，会在多段线的各个顶点处进行圆角化。

● **半径(R)：**用于指定圆角的半径。

● **修剪(T)：**控制AutoCAD是否修剪选定的边，将其延伸到圆角弧的端点处。

● **多个(M)：**可对多个对象进行重复修剪。

执行"圆角"命令，根据提示输入"r"并确认，选择"半径（R）"选项，如图4-37所示。设置圆角半径为5，如图4-38所示。选择图4-39所示的竖直线段作为要圆角化的第一个对象，选择图4-40所示的水平线段作为要圆角化的第二个对象，效果如图4-41所示。

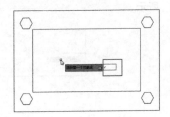

图4-37

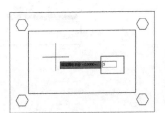

图4-38

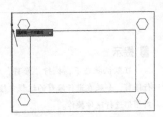

图4-39

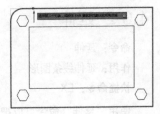

图4-40

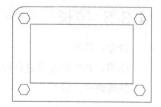

图4-41

■ **提示**

在执行"圆角"命令，对图形进行圆角化的操作中，输入"P"命令并确认，选择"多段线(P)"选项，可以对多段线图形的所有角进行一次性圆角化操作。在AutoCAD中，使用"多边形"和"矩形"命令绘制的图形均属于多段线对象。

4.3.4 倒角

命令：倒角

作用：对两个线条图形进行倒角处理

快捷命令：CHA

使用"倒角"命令可以通过延伸或修剪的方法，用一条斜线连接两个非平行的对象。使用该命令执行倒角操作时，应先设定倒角距离，再指定倒角线。

执行"倒角"命令通常有如下3种方法。

第1种：执行"修改>倒角"命令。

第2种：单击"修改"面板中的"倒角"按钮□。

第3种：输入"CHAMFER"（CHA）命令并确认。

执行"倒角"命令，在倒角过程中，系统给出的提示及操作如下。

命令:CHAMFER↙

//执行倒角命令

（"修剪"模式）当前倒角距离1=10.0000，距离2=10.0000

选择第一条直线或[放弃(U)/多段线(P)/距离(D)/角度(A)/修剪(T)/方式(E)/多个(M)]:

//用户可以直接点选要倒角的一条直线，也可以根据需要选择其中的选项

选择第二条直线,或按住Shift键选择直线以应用角点或 [距离(D)/角度(A)/方法(M)] :

//选择要倒角的另一条直线，完成对两条直线的倒角

系统提示中的主要选项介绍

● **选择第一条直线**：指定倒角所需的两条边中的第一条边或要倒角的二维实体的边。

● **多段线（P）**：将对多段线每个顶点处的相交线段做倒角处理，倒角将成为多段线的新的组成部分。

● **距离（D）**：设置选定的边的倒角距离值。选择该选项后，系统将提示指定第一个倒角距离和指定第二个倒角距离。

● **角度（A）**：该选项通过第一条线的倒角距离和第一条线的倒角角度设定倒角距离。选择该选项后，命令行中提示指定第一条直线的倒角长度和指定第一条直线的倒角角度。

● **修剪（T）**：该选项用来确定倒角时是否对相应的倒角边进行修剪。选择该选项后，命令行中提示"输入修剪模式选项 [修剪(T)/不修剪(N)] <修剪>："。

● **方式（T）**：控制AutoCAD是用指定两个距离还是指定一个距离和一个角度的方式来倒角。

● **多个（M）**：可重复对多个图形进行倒角。

执行"倒角"命令，根据提示输入"d"并确认，选择"距离(D)"选项，如图4-42所示，再设置第一个倒角距离为3，如图4-43所示，设置第二个倒角距离也为3，如图4-44所示，然后选择如图4-45所示的竖直线段作为要倒角的第一条线段，选择如图4-46所示的水平线段作为要倒角的第二条线段，倒角后的效果如图4-47所示。

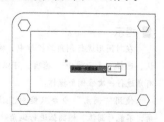

图4-42

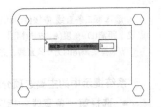

图4-43

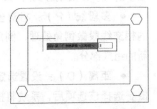

图4-44

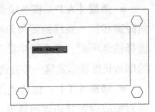

图4-45

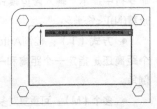

图4-46

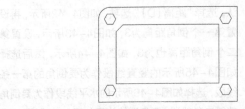

图4-47

■ 提示

在对图形进行倒角的操作中，输入"P"命令并确认，选择"多段线(P)"选项，可以对多段线图形的所有角进行一次性倒角操作。

使用"倒角"命令只能对直线、多段线进行倒角，不能对圆弧、椭圆弧进行倒角。

4.3.5 拉长

命令：拉长

作用：对线条图形进行拉长

快捷命令：LEN

使用"拉长"命令可以延伸或缩短线段，或改变圆弧的圆心角。使用该命令执行拉长操作时，允许以动态方式拖拉对象终点，可以通过输入增量值、百分比值或输入对象的总长度值的方法来改变对象的长度。

执行"拉长"命令通常有如下3种方法。

第1种：执行"修改>拉长"命令。

第2种：单击"修改"面板中的"拉长"按钮 ⬈。

第3种：输入"LENGTHEN"（LEN）命令并确认。

执行"拉长"命令后，系统将提示"选择要测量的对象或[增量(DE)/百分数(P)/总计(T)/动态(DY)]<总计(T)>:"。

系统提示中的主要选项介绍

● **增量（DE）**：将选定的图形对象的长度增加一定的量。

● **百分数（P）**：通过指定相对于对象原长度的百分比设置对象拉长后的长度。百分数也按照相对于圆弧原角度的指定百分比设置圆弧拉长后的角度。选择该选项后，系统将提示"输入长度百分数 <当前>:"，这里需要输入正数值。

● **总计（T）**：通过指定从固定端点测量的总长度的绝对值来设置选定的对象拉长后的长度。"全部"选项也按照指定的总角度设置选定的圆弧拉长后的角度。选择该选项后，系统将提示"指定总长度或 [角度(A)] <当前>:"，可指定距离、输入正值、输入"A"或按Enter键。

● **动态（DY）**：打开动态拖动模式。通过拖曳选定对象的端点之一来改变其长度，其他端点保持不变。选择该选项后，系统将提示

"选择要修改的对象或[放弃(U)]:",可选择一个对象或输入放弃命令"U"。

执行"拉长"命令,根据提示输入"de"并确认,选择"增量(DE)"选项,如图4-48所示,当系统提示"输入长度增量或[角度(A)]<0.0000>:"时,设置增量值为30,如图4-49所示,然后在上方水平长线段右侧部分上单击,将其向右拉长,如图4-50所示,按空格键确认,拉长的效果如图4-51所示。

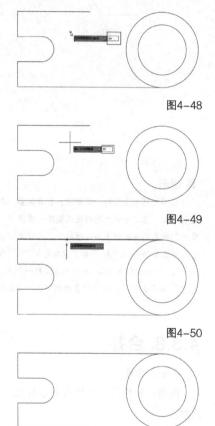

图4-48

图4-49

图4-50

图4-51

■ 提示

使用"拉长"命令不能影响闭合的对象,选定的对象的拉伸方向不需要与当前用户坐标系(UCS)的z轴平行。

4.3.6 拉伸

命令:拉伸

作用:按指定的方向和角度拉长或缩短图形,也可以调整对象大小

快捷命令:S

使用"拉伸"命令可以按指定的方向和角度拉长或缩短实体,也可以调整对象大小,使其在一个方向上或按比例增大或缩小,还可以通过移动端点、顶点或控制点来拉伸某些对象。使用"拉伸"命令可以拉伸线段、弧、多段线和轨迹线等实体,但不能拉伸圆、文本、块和点。

执行"拉伸"命令改变对象的形状时,只能以窗交方式选择实体,与窗口相交的实体将被执行拉伸操作,窗口内的实体将随之移动。

执行拉伸命令通常有如下3种方法。

第1种:执行"修改>拉伸"命令。

第2种:单击"修改"面板中的"拉伸"按钮。

第3种:输入"STRETCH"(S)命令并确认。

执行"拉伸"(STRETCH)命令后,系统给出的提示和含义如下。

```
命令:STRETCH↙
//执行STRETCH命令
选择对象:↙
//使用鼠标以窗交方式选择要拉伸的对象
指定基点或 [位移(D)] <位移>:
//使用鼠标在绘图区内指定拉伸基点或位移
指定第二个点或<使用第一个点作为位移>:
//使用鼠标指定另一个点或使用键盘输入另一个点的坐标
```

执行"拉伸"命令,使用窗交选择方式选择如图4-52所示的桌子右半部分图形,然后向右拉伸图形,得到的效果如图4-53所示。

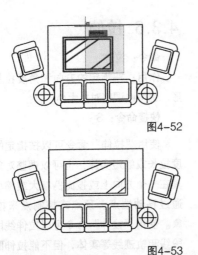

图4-52

图4-53

4.3.7 打断

命令：打断

作用：将对象从某一个点处断开，从而将其分成两个独立的对象

快捷命令：BR

使用"打断"命令可以将对象从某一个点处断开，从而将其分成两个独立的对象。该命令常用于剪断图形，但不删除对象。执行该命令可将直线、圆、弧、多段线、样条线、射线等对象分成两个实体。该命令可以通过指定两点和选择对象后再指定两点这两种方式断开对象。

执行"打断"命令的方法有如下3种。

第1种：执行"修改>打断"命令。

第2种：单击"修改"面板中的"打断"按钮 。

第3种：输入"BREAK"（BR）命令并确认。

执行"打断"命令后，系统给出的提示及含义如下。

命令：BREAK↙
//执行"打断"命令
选择对象：
//使用鼠标选择要打断的对象
指定第二个打断点或[第一点(F)]：
//直接指定第二个打断点，或者输入"F"，放弃
第一个打断点（选择点），系统将提示用户重新指定两
个打断点

执行"打断"命令，选择如图4-54所示的多边形作为要打断的对象，当系统提示"指定第二个打断点或[第一点(F)]："时，选择要打断的对象的第二个打断点，如图4-55所示，打断多边形后的效果如图4-56所示。

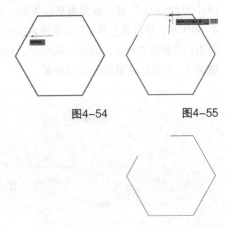

图4-54   图4-55

图4-56

■ **提示**

从圆或圆弧上删除一部分时，会将从第一个点以逆时针方向到第二个点之间的圆弧删除。在提示"选择对象："时，用点选的方法选择对象。在提示"指定第二个打断点或 [第一点(F)]："时，直接输入"@"命令并确认，则第一个打断点与第二个打断点是同一个点。如果输入"F"命令并确认，则可以重新指定第一个打断点。

4.3.8 合并

命令：合并

作用：将相似的对象合并以形成一个完整的对象

快捷命令：JOIN

使用"合并"命令可以将相似的对象合并以形成一个完整的对象。执行"合并"命令通常有如下3种方法。

第1种：执行"修改>合并"命令。

第2种：单击"修改"面板中的"合并"按钮 。

第3种：输入"JOIN"命令并确认。

在使用"合并"命令合并图形的过程中，系统给出的提示信息及含义如下。

```
命令:JOIN↙
//执行命令
选择源对象或要一次合并的多个对象:↙
//选择要合并的第一个对象
选择要合并到源的对象:
//选择要合并的另一个对象
选择要合并到源的对象:↙
//可以继续选择要合并的对象
已将1个对象合并到源:
//提示合并的结果
```

使用"合并"（JOIN）命令进行合并操作时，可以合并的对象包括线段、多段线、圆弧、椭圆弧、样条曲线，但是要合并的对象必须是相似的对象，且位于相同的平面上，每种类型的对象均有附加限制，其附加限制如下。

● **线段**：线段对象必须共线，即位于同一条无限长的直线上，但是它们之间可以有间隙，如图4-57所示，合并后的效果如图4-58所示。

图4-57

图4-58

● **多段线**：多段线对象之间不能有间隙，并且必须位于与UCS的 xy 平面平行的同一平面上。

● **圆弧**：圆弧对象必须位于同一假想的圆上，但是它们之间可以有间隙，选择"闭合"选项可将源圆弧转换成圆，如图4-59和图4-60所示。

图4-59   图4-60

● **椭圆弧**：椭圆弧必须位于同一椭圆上，但是它们之间可以有间隙，选择"闭合"选项可将源椭圆弧闭合成完整的椭圆。

■ 提示

合并两条或多条圆弧或椭圆弧时，将从源对象开始按逆时针方向合并圆弧或椭圆弧。

● **样条曲线**：样条曲线对象必须相接（端点对端点），合并样条曲线的结果是生成单个样条曲线。

✋ 操作练习　绘制洗菜盆

» 实例位置：实例文件>CH04>操作练习：绘制洗菜盆.dwg
» 素材位置：素材文件>CH04>素材02.dwg
» 视频名称：绘制洗菜盆.mp4
» 技术掌握：运用"修剪""圆角"和"倒角"命令修改图形的形状

本例运用"修剪""圆角"和"倒角"命令对洗菜盆中的水龙头和水槽的形状进行修改，使图形更美观。

01 打开学习资源中的"素材文件>CH04>素材02.dwg"文件，如图4-61所示。

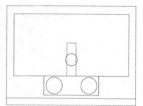

图4-61

02 输入"TR"命令并确认，选择图4-62所示的两条线段作为修剪边界，然后选择两条线段中间的圆弧作为修剪对象，如图4-63所示，对圆进行修剪后的效果如图4-64所示。

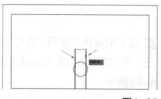

图4-62

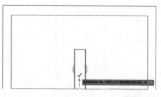

图4-63

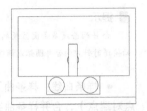

图4-64

03 输入"F"命令并确认，根据提示输入"R"并确认，选择"半径（R）"选项，设置圆角半径为5，然后选择图4-65所示的竖直线段作为要圆角化的第一个对象，选择图4-66所示的水平线段作为要圆角化的第二个对象，圆角化后的效果如图4-67所示。

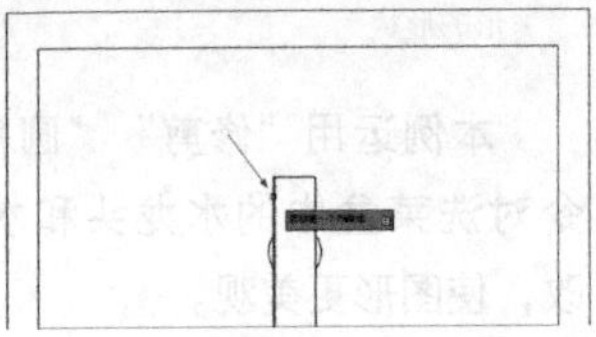

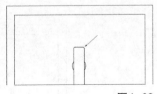

图4-65

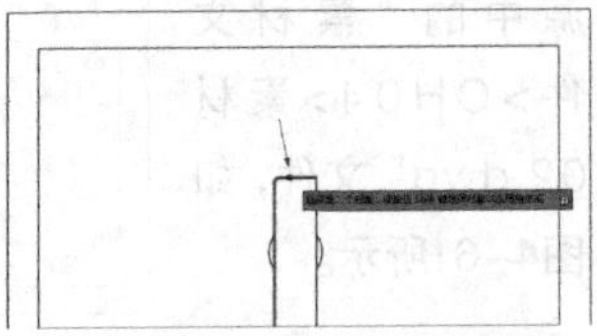

图4-66

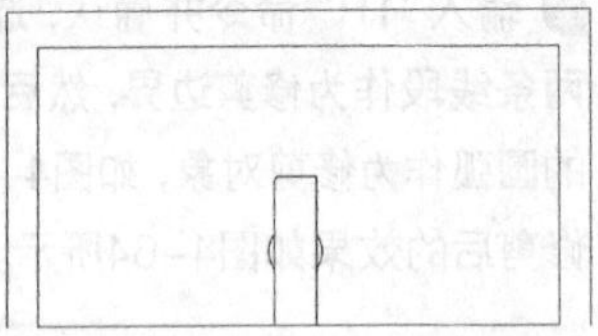

图4-67

04 按空格键再次执行"圆角"命令，保持圆角半径不变，对水龙头右上角进行圆角化，效果如图4-68所示。

图4-68

05 输入"CHA"命令并确认，根据提示输入"D"并确认，选择"距离（D）"选项，设置第一个倒角距离为50，设置第二个倒角距离为30，然后选择图4-69所示的水平线段作为要倒角的第一条线段，选择图4-70所示的竖直线段作为要倒角的第二条线段，倒角后的效果如图4-71所示。

06 按空格键再次执行"倒角"命令，保持倒角距离不变，对水槽右下角进行倒角，效果如图4-72所示。

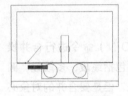

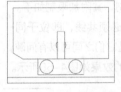

图4-69 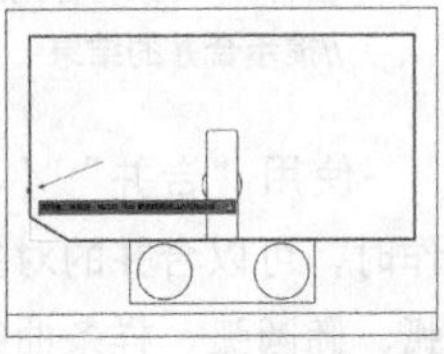 图4-70

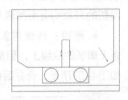

图4-71 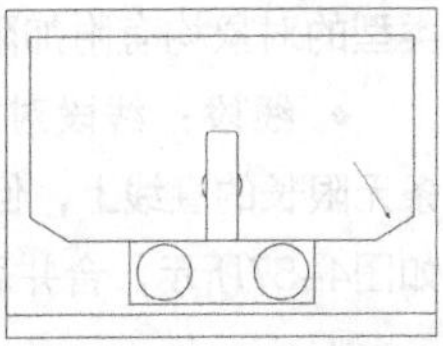 图4-72

07 按空格键再次执行"倒角"命令，根据提示输入"D"并确认，选择"距离（D）"选项，设置第一个倒角距离为25，设置第二个倒角距离也为25，然后选择图4-73所示的水平线段作为要倒角的第一条线段，选择图4-74所示的竖直线段作为要倒角的第二条线段，倒角后的效果如图4-75所示。

08 按空格键再次执行"倒角"命令，保持倒角距离不变，对水槽右上角进行倒角，最终效果如图4-76所示。

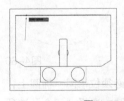

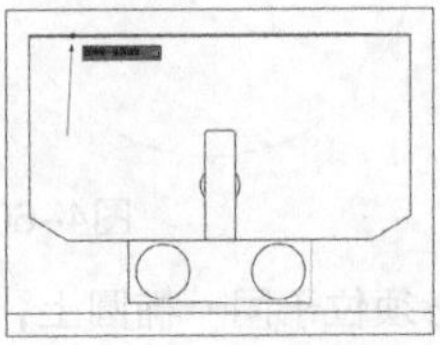

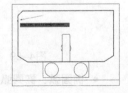

图4-73 图4-74

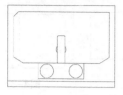

图4-75 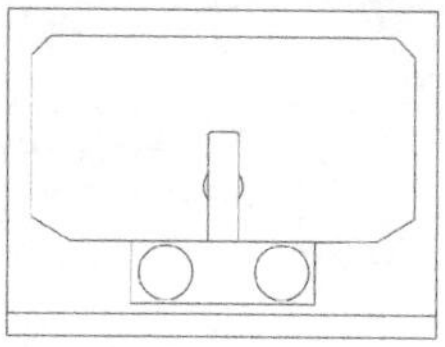　　　　　　　　　图4-76

4.4 综合练习

　　二维图形的基本编辑主要是运用"移动""旋转""修剪""延伸""圆角"和"倒角"等命令对图形进行编辑,熟练运用这些命令即可轻松绘制出许多所需的图形。

综合练习　**绘制组合沙发**

» 实例位置：实例文件>CH04>综合练习：绘制组合沙发.dwg
» 素材位置：无
» 视频名称：绘制组合沙发.mp4
» 技术掌握："圆角""修剪"和"拉长"等编辑命令的操作

　　本实例将绘制包括多人沙发、双人沙发、单人沙发和台灯等对象的组合沙发图形,练习二维绘图和圆角、修剪、拉长等编辑命令的操作。

01 执行"REC"(矩形)命令,绘制一个长2 220、宽780的矩形,效果如图4-77所示。

　　　　　　　　　　　　　　　　　780

　　　　　　　2220

图4-77

02 执行"F"(圆角)命令,输入"R"并确认,设置圆角半径为80,当系统提示"选择第一个对象或 [放弃(U)/多段线(P)/半径(R)/修剪(T)/多个(M)]:"时,输入"P"并确认,选择"多段线(P)"选项,然后对矩形各角进行圆角化,效果如图4-78所示。

图4-78

03 执行"REC"(矩形)命令,参照如下操作绘制一个长660、宽760的矩形。

命令: REC↙
//执行简化命令
RECTANG
//系统自动执行"矩形"命令
指定第一个角点或[倒角(C)/标高(E)/圆角(F)/厚度(T)/宽度(W)]: from↙
//使用"捕捉自"功能
基点:
//指定绘图基点位置,如图4-79所示
<偏移>: @40,-120↙
//指定从基点偏移的距离,如图4-80所示
指定另一个角点或 [面积(A)/尺寸(D)/旋转(R)]:@660,-760↙
//指定矩形另一个角点的坐标,如图4-81所示,按Enter键确认,绘制完成后的矩形效果如图4-82所示

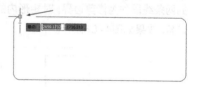

图4-79

图4-80

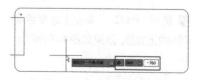

图4-81

图4-82

04 执行"F"（圆角）命令，设置圆角半径为80，对矩形的3个直角进行圆角化处理，圆角化后的效果如图4-83所示。

图4-83

05 使用"REC"（矩形）和"F"（圆角）命令再创建两个长为660、宽为760的矩形，并对其中的几个角进行圆角化处理，绘制完成后的效果如图4-84所示。

图4-84

06 执行"TR"（修剪）命令，选择如图4-85所示的两条线段作为修剪边界，对矩形内的线条进行修剪，效果如图4-86所示。

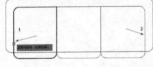

图4-85

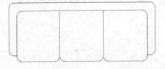

图4-86

07 使用"REC"（矩形）命令绘制一个边长为650的正方形，效果如图4-87所示。

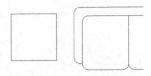

图4-87

08 使用"C"（圆）命令在正方形中绘制两个半径分别为120和180的同心圆，如图4-88所示。

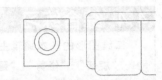

图4-88

09 使用"L"（直线）命令从圆心向外绘制两条长度为240的线段，效果如图4-89所示。

10 使用"LEN"（拉长）命令将线段反向拉长240，绘制出灯具的效果，如图4-90所示。

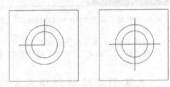

图4-89　　　　　图4-90

11 使用同样的方法在沙发的右方绘制另一个小茶几和灯具图形，如图4-91所示。

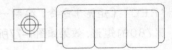

图4-91

12 使用前面绘制沙发的方法绘制两个沙发，尺寸和效果如图4-92所示。

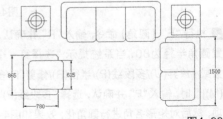

图4-92

13 使用"REC"(矩形)命令绘制一个长为 1 400、宽为650的矩形和一个长为2 600、宽为 1 800的矩形,分别作为茶几和地毯的图形,效 果如图4-93所示。

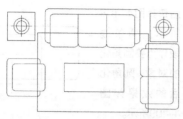

图4-93

14 使用"TR"(修剪)命令对图形进行修剪,完 成组合沙发的绘制,效果如图4-94所示。

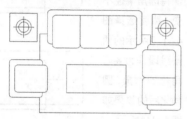

图4-94

综合练习 绘制底座

» 实例位置:实例文件>CH04>综合练习:绘制底座.dwg
» 素材位置:无
» 视频名称:绘制底座.mp4
» 技术掌握:"圆角""修剪"和"拉伸"等编辑命令的操作

本实例将绘制底座图形,主要练习二维绘 图和圆角、修剪、拉伸等编辑命令的操作。

01 执行"LA"(图层)命令,打开"图层特性管理 器"选项板,然后新建轮廓线、细实线和中心线 图层,并设置各个图层的属性,如图4-95所示。

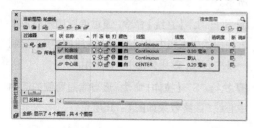

图4-95

02 选择"格式>线型"命令,打开"线型管理器" 对话框,设置"全局比例因子"为0.6,如图4-96 所示。

图4-96

03 执行"REC"(矩形)命令,绘制一个长172、 宽64,圆角半径为6的圆角矩形,如图4-97 所示。

04 执行"X"(分解)命令,将圆角矩形分解。

05 执行"O"(偏移)命令,根据系统提示设置偏 移距离为30,然后选择圆角矩形下方的水平线 段并向上偏移,效果如图4-98所示。

图4-97　　　　　　　　图4-98

06 重复执行"O"(偏移)命令,根据系统提示设 置偏移距离为25,然后选择圆角矩形左右两方 的竖直线段并向中间偏移,再将偏移得到的线段 放入"中心线"图层,效果如图4-99所示。

07 将"细实线"图层设置为当前图层,然后执行 "C"(圆)命令,捕捉中心线的交点作为圆心, 分别绘制两个半径为6.5和12的同心圆,效果如 图4-100所示。

图4-99　　　　　　　图4-100

08 执行"O"(偏移)命令,根据系统提示设置偏 移距离为54,然后选择圆角矩形下方的水平线 段并向上偏移,效果如图4-101所示。

09 再次执行"O"（偏移）命令，根据系统提示设置偏移距离为6，然后选择圆角矩形下方的水平线段并向下偏移，效果如图4-102所示。

 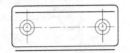

图4-101   图4-102

10 再次执行"O"（偏移）命令，根据系统提示设置偏移距离为46，然后选择圆角矩形左右两方的竖直线段并向中间偏移，效果如图4-103所示。

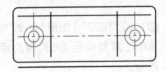

图4-103

11 执行"F"（圆角）命令，根据系统提示设置圆角半径为0，然后选择图4-104所示的两条线段作为要圆角化的对象，圆角化后的效果如图4-105所示。

图4-104

图4-105

12 再次执行"F"（圆角）命令，保持圆角半径不变，然后选择图4-106所示的两条线段作为要圆角化的对象，圆角化后的效果如图4-107所示。

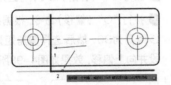

图4-106

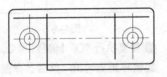

图4-107

13 再次执行"F"（圆角）命令，根据系统提示设置圆角半径为6，然后选择图4-108所示的两条线段作为要圆角化的对象，圆角化后的效果如图4-109所示。

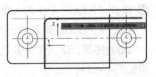

图4-108

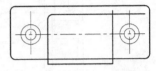

图4-109

14 再次执行"F"（圆角）命令，保持圆角半径不变，然后选择图4-110所示的两条线段作为要圆角化的对象，圆角化后的效果如图4-111所示。

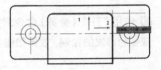

图4-110

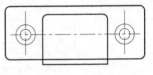

图4-111

15 执行"TR"（修剪）命令，选择图4-112所示的两条线段作为修剪边界，然后对线段之间的中心线和轮廓线进行修剪，效果如图4-113所示。

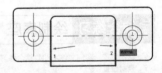

图4-112

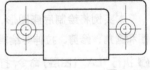

图4-113

16 执行"L"（直线）命令，通过追踪圆角矩形上方线段的中点和中间矩形下方线段的中点，绘制一条中心线，效果如图4-114所示。

17 执行"S"（拉伸）命令，适当缩短两侧的圆的中心线，最终效果如图4-115所示。

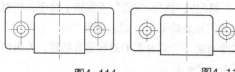

图4-114　　　　　图4-115

4.5 课后习题

通过对本课的学习，相信读者对二维图形的基本编辑有了深入的了解，下面通过几个课后习题来巩固前面所学到的知识。

📝课后习题　绘制多人沙发

- » 实例位置：实例文件>CH04>课后习题：绘制多人沙发.dwg
- » 素材位置：素材文件>CH04>素材03.dwg
- » 视频名称：绘制多人沙发.mp4
- » 技术掌握：圆角化图形、修剪图形

多人沙发通常在酒店大堂里可以看见，多人沙发主要包括3人沙发和4人沙发，这里运用圆角和修剪命令绘制3人沙发平面图形。

制作提示

第1步： 打开素材文件，如图4-116所示。

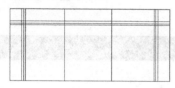

图4-116

第2步： 执行"F"（圆角）命令，设置半径为40，选择要进行圆角化的两个对象，如图4-117所示，圆角化效果如图4-118所示。

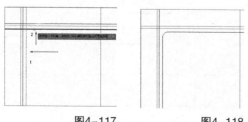

图4-117　　　　　图4-118

第3步： 再次执行"F"（圆角）命令，设置圆角半径为56，对另外两条线段进行圆角化，效果如图4-119所示。

第4步： 再次执行"F"（圆角）命令，设置圆角半径为80，对另外两条线段进行圆角化，效果如图4-120所示。

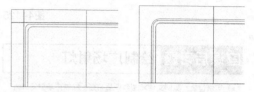

图4-119　　　　　图4-120

第5步： 再次执行"F"（圆角）命令，设置圆角半径为200，对外边两条线段进行圆角化，效果如图4-121所示。

第6步： 重复使用"F"（圆角）命令，对右方线段进行圆角化，效果如图4-122所示。

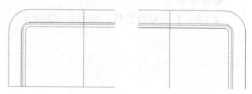

图4-121　　　　　图4-122

第7步： 执行"TR"（修剪）命令，对图形进行修剪，效果如图4-123所示。

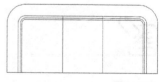

图4-123

第8步： 执行"F"（圆角）命令，然后设置圆角半径为40，参照如图4-124所示的效果对其中的线段进行圆角化处理。

图4-124

第9步：使用"L"（直线）和"F"（圆角）命令完善沙发的扶手图形，最终效果如图4-125所示。

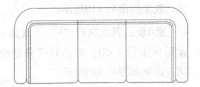

图4-125

📝课后习题 **绘制广场射灯**

» 实例位置：实例文件>CH04>课后习题：绘制广场射灯.dwg
» 素材位置：素材文件>CH04>素材04.dwg
» 视频名称：绘制广场射灯.mp4
» 技术掌握：移动图形、旋转图形、圆角化图形、修剪图形

广场射灯在公园、广场等公共场所可以见到，这里将通过移动图形、旋转图形、圆角化图形、修剪图形等操作绘制广场射灯立面图形。

制作提示

第1步：打开素材文件，如图4-126所示。

第2步：执行"RO"（旋转）命令，将射灯的灯身旋转45°，然后使用"M"（移动）命令对射灯的灯身图形进行适当移动，效果如图4-127所示。

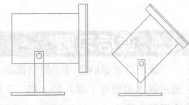

图4-126　　　　　图4-127

第3步：执行"F"（圆角）命令，设置圆角半径为5，对射灯支架上端进行圆角化，效果如图4-128所示。

第4步：执行"TR"（修剪）命令，对图形进行修剪，最终效果如图4-129所示。

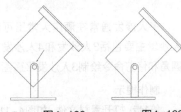

图4-128　　　　　图4-129

4.6 本课笔记

第 5 课

05

图形编辑的高级应用

前面学习了图形编辑中的常见操作，本课将学习图形的其他编辑操作，包括阵列、复制、镜像、偏移和使用夹点编辑等。利用这些编辑操作，可以快速创建所需要的图形。

学习要点

» 复制图形   » 阵列图形

» 偏移图形   » 使用夹点编辑图形

» 镜像图形

5.1 复制图形

命令：复制

作用：复制对象

快捷命令：CO

使用"复制"命令可以为对象在指定的位置创建一个或多个副本，该操作是以指定的点为基点将选定的对象复制到绘图区内的其他地方。

执行"复制"命令的常用方法有如下3种。

第1种：执行"修改>复制"命令。

第2种：单击"修改"面板中的"复制"按钮，如图5-1所示。

第3种：输入"COPY"（CO）命令并确认。

图5-1

5.1.1 直接复制对象

在复制图形的过程中，如果不需要准确指定复制的目标位置，可以直接使用鼠标对图形进行复制。

在使用"复制"命令直接复制对象的过程中，命令行中出现的提示和操作方法如下。

命令: COPY✓

//启用"复制"命令

选择对象:✓

//使用鼠标在绘图区内选择图形对象，按空格键结束选择，如图5-2所示

当前设置:复制模式=多个

指定基点或[位移(D)/模式(O)] <位移>:

//使用鼠标指定一个点作为复制的基点，如图5-3所示

指定第二个点或[阵列(A)]<使用第一个点作为位移>:

//使用鼠标指定复制的目标点，如图5-4所示

指定第二个点或[阵列(A)/退出(E)/放弃(U)]<退出>:✓

//指定第二次复制的目标点，或按空格键结束复制，复制效果如图5-5所示

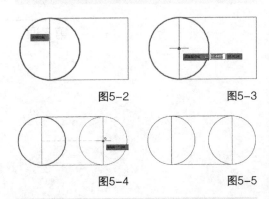

图5-2   图5-3

图5-4   图5-5

■ 提示

在默认状态下，执行"复制"命令，可以对图形进行连续复制操作。

5.1.2 按指定距离复制对象

如果在复制对象时需要准确指定目标对象和源对象之间的距离，可以在复制对象的过程中输入具体的数值来确定对象间的距离。

在使用"复制"命令按指定距离复制对象的过程中，命令行中出现的提示和操作方法如下。

命令:COPY✓

//启用"复制"命令

选择对象:✓

//使用鼠标在绘图区内选择图形对象，按空格键结束选择，如图5-6所示

当前设置:复制模式=多个

指定基点或[位移(D)/模式(O)]<位移>:

//使用鼠标指定一个点作为复制的基点，如图5-7所示

指定第二个点或[阵列(A)]<使用第一个点作为位移>:50✓

//使用鼠标在绘图区内指定复制的方向，并输入与基点的距离，如图5-8所示

指定第二个点或[阵列(A)/退出(E)/放弃(U)]<退出>:✓

//按空格键结束复制，效果如图5-9所示

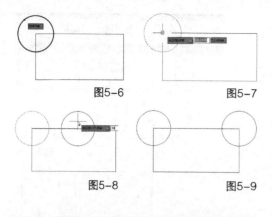

图5-6　　　　　　　　图5-7

图5-8　　　　　　　　图5-9

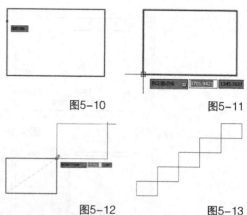

图5-10　　　　　　　　图5-11

图5-12　　　　　　　　图5-13

5.1.3 阵列复制对象

在AutoCAD 2018中，使用"复制"命令除了可以对图形进行常规的复制操作外，还可以在复制图形的过程中通过使用"阵列（A）"选项对图形进行阵列复制操作。

在使用"复制"命令阵列复制对象的过程中，在命令行中出现的提示和操作方法如下。

命令:COPY↙
//启用"复制"命令
选择对象:↙
//使用鼠标在绘图区内选择图形对象，按空格键结束选择，如图5-10所示
当前设置:复制模式=多个
指定基点或[位移(D)/模式(O)]<位移>:
//使用鼠标指定一个点作为复制的基点，如图5-11所示
指定第二个点或[阵列(A)]<使用第一个点作为位移>:A↙
//输入"A"并确认，选择"[阵列(A)]"选项
输入要进行阵列的项目数:5↙
//输入要阵列的项目数并确认
指定第二个点或[布满(F)]:
//使用鼠标指定复制的目标点，如图5-12所示
指定第二个点或[阵列(A)/退出(E)/放弃(U)]<退出>:↙
//按空格键结束复制，效果如图5-13所示

👆 **操作练习** **复制标高**

» 实例位置：实例文件>CH05>操作练习：复制标高.dwg
» 素材位置：素材文件>CH05>素材01.dwg
» 视频名称：复制标高.mp4
» 技术掌握："复制"命令的运用

复制本例的标高时，需要使用"复制"命令将标高复制到其他位置，在默认情况下，执行"复制"命令后，可以对选择的图形进行多次连续复制。

01 打开学习资源中的"素材文件>CH05>素材01.dwg"文件，这是室内天花板布局图，如图5-14所示。

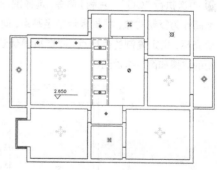

图5-14

02 执行"CO"（复制）命令,选择图形中的标高作为复制对象，如图5-15所示。根据提示指定基点，向下移动光标，指定复制的目标点，如图5-16所示。按空格键确认，复制的效果如图5-17所示。

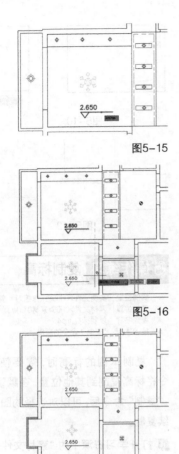

图5-15

图5-16

图5-17

03 再次执行"CO"（复制）命令，选择图形中的标高作为复制对象，根据提示指定基点，向右移动光标，指定复制的目标点，按空格键确认，复制的效果如图5-18所示。

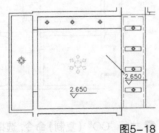

图5-18

04 双击右方复制得到的标高文字，在打开的文字编辑框中修改文字为"2.400"，如图5-19所示。关闭文字编辑器，效果如图5-20所示。

图5-19

图5-20

05 执行"CO"（复制）命令，将修改后的标高作为复制对象，在不同位置进行多次连续复制，如图5-21所示。

图5-21

06 执行"CO"（复制）命令，选择一个标高并将其复制到其他位置，修改标高文字，完成本例的操作，效果如图5-22所示。

图5-22

5.2 偏移图形

命令： 偏移

作用： 偏移对象

快捷命令： O

使用"偏移"命令可以将选定的图形对象以一定的距离单方向偏移一次。执行"偏移"命令的常用方法有如下3种。

第1种： 执行"修改>偏移"菜单命令。

第2种： 单击"修改"面板中的"偏移"按钮 。

第3种： 输入"OFFSET"（O）并确定。

5.2.1 按指定距离偏移对象

通过指定偏移距离偏移图形可以准确、快速地将图形偏移到需要的位置。在使用"偏移"命令按指定距离偏移对象的过程中，命令行中出现的提示和操作方法如下。

命令:OFFSET↙
//启动"偏移"命令
当前设置:删除源=否 图层=源 OFFSETGAPTYPE=0
指定偏移距离或[通过(T)/删除(E)/图层(L)]<通过>:50↙
//设置偏移距离
选择要偏移的对象，或[退出(E)/放弃(U)]<退出>:
//选择要偏移的图形对象，如图5-23所示
指定要偏移的那一侧上的点，或[退出(E)/多个(M)/放弃(U)]<退出>:
//使用鼠标指定偏移的方向，如图5-24所示
选择要偏移的对象，或[退出(E)/放弃(U)]<退出>:↙
//结束偏移操作，效果如图5-25所示

图5-23　　　　图5-24

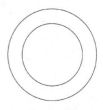

图5-25

> **■ 提示**
>
> 使用"偏移"命令对圆、多边形等封闭的图形进行偏移时，偏移的方向只有内、外之分；而对于直线、圆弧等开放式图形，偏移方向只能在线的两边。

5.2.2 按指定点偏移对象

使用"通过"方式偏移图形可以将图形偏移至通过某个点，该方式需指定偏移得到的对象所要经过的点。在使用"偏移"命令按指定点偏移对象的过程中，命令行中出现的提示和操作方法如下。

命令:OFFSET↙
//启动"偏移"命令
当前设置:删除源=否 图层=源 OFFSETGAPTYPE=0
指定偏移距离或[通过(T)/删除(E)/图层(L)]<通过>:t↙
//选择"通过(T)"选项
选择要偏移的对象，或[退出(E)/放弃(U)]<退出>:
//选择如图5-26所示的线段作为要偏移的对象
指定通过点或[退出(E)/多个(M)/放弃(U)]<退出>:↙
//在如图5-27所示的圆心处指定要通过的点
选择要偏移的对象，或[退出(E)/放弃(U)]<退出>:↙
//结束偏移操作，效果如图5-28所示

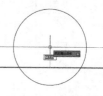

图5-26　　　　图5-27

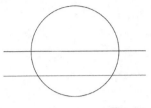

图5-28

5.2.3 按指定图层偏移对象

使用"图层"的方式偏移图形可以将图形以指定的距离偏移或偏移至通过指定的点,并且偏移后的图形将存放于指定的图层中。

在使用"偏移"命令按指定图层偏移对象的过程中,命令行中出现的提示和操作方法如下。

命令:OFFSET↙
//启动"偏移"命令
当前设置:删除源=否 图层=源 OFFSETGAPTYPE=0
指定偏移距离或[通过(T)/删除(E)/图层(L)]<通过>:L↙
//选择"图层(L)"选项
输入偏移对象的图层选项[当前(C)/源(S)]<源>:C↙
//选择"当前(C)"选项
指定偏移距离或[通过(T)/删除(E)/图层(L)]<通过>:25↙
//指定偏移距离
选择要偏移的对象,或[退出(E)/放弃(U)]<退出>:
//选择如图5-29所示的圆作为要偏移的对象
指定要偏移的那一侧上的点,或[退出(E)/多个(M)/放弃(U)]<退出>:
//在圆的外侧指定偏移方向
选择要偏移的对象,或[退出(E)/放弃(U)]<退出>:↙
//结束偏移操作,效果如图5-30所示

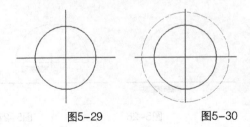

图5-29   图5-30

■ 提示

　　该图形中当前图层的颜色为红色,线型为点划线,因此偏移到该图层中的圆就变成了红色的点划线。

操作练习　创建平面窗户图形

» 实例位置:实例文件>CH05>操作练习:创建平面窗户图形.dwg
» 素材位置:素材文件>CH05>素材02.dwg
» 视频名称:创建平面窗户图形.mp4
» 技术掌握:"偏移"命令和"复制"命令的运用

本实例在创建平面窗户图形的操作中主要使用了"偏移"和"复制"命令。在偏移对象时,需要指定偏移的距离。创建好一个窗户图形后,使用"复制"命令将窗户复制到其他位置。

01 打开学习资源中的"素材文件>CH05>素材02.dwg"文件,这是室内平面结构图,如图5-31所示。

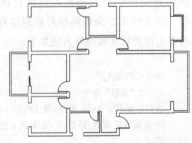

图5-31

02 执行"L"(直线)命令,在主卫生间的窗洞处绘制一条线段,如图5-32所示。

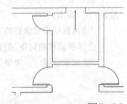

图5-32

03 执行"O"(偏移)命令,输入偏移的距离"80"并确认,选择绘制的线段作为要偏移的对象,向下移动光标,指定偏移的方向,偏移效果如图5-33所示。继续指定向下的偏移方向,将线段向下偏移2次,效果如图5-34所示。

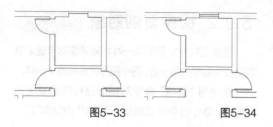

图5-33　　　　图5-34

04 执行"CO"（复制）命令,选择创建的平面窗户图形,在窗户的右上角指定复制的基点,如图5-35所示。在次卫生间中捕捉图5-36所示的端点作为复制的目标点,复制窗户的效果如图5-37所示。

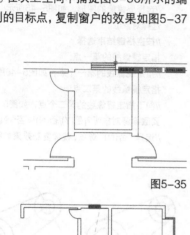

图5-35

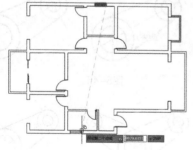

图5-36

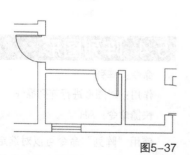

图5-37

05 使用"L"（直线）命令在主卧室的窗洞处绘制一条线段,如图5-38所示。

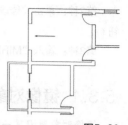

图5-38

06 使用"O"（偏移）命令将线段向右偏移3次,偏移距离为80,效果如图5-39所示。

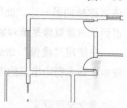

图5-39

07 使用"CO"（复制）命令将主卧室的窗户图形复制到左下方的厨房中,完成本例的操作,效果如图5-40所示。

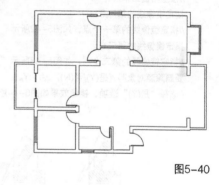

图5-40

5.3 镜像图形

命令：镜像

作用：镜像或镜像复制对象

快捷命令：MI

使用"镜像"命令可以将选定的图形对象沿某一对称轴镜像到该对称轴的另一边,还可以使用镜像复制功能将图形沿某一对称轴镜像复制。

执行"镜像"命令的常用方法有如下3种。

第1种：执行"修改>镜像"菜单命令。

第2种：单击"修改"面板中的"镜像"按钮⚠。

第3种：输入"MIRROR"（MI）并确认。

5.3.1 镜像对象

镜像对象是沿某一对称轴将源对象镜像到该对称轴的另一边，此时源对象将消失，镜像得到的对象就像是源对象照镜子所得到的。

在使用"镜像"命令对图形进行镜像的过程中，命令行中出现的提示和操作方法如下。

命令:MIRROR↙
//启动"镜像"命令
选择对象:指定对角点:找到1个
//选择要镜像的图形，如图5-41所示
选择对象:↙
//按空格键结束选择
指定镜像线的第一点:
//指定镜像线的第一个点，如图5-42所示
指定镜像线的第二点:
//指定镜像线的第二个点，如图5-43所示
要删除源对象吗?[是(Y)/否(N)] <否>:Y↙
//选择"是(Y)"选项，镜像效果如图5-44所示

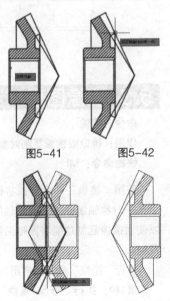

图5-41　　图5-42

图5-43　　图5-44

5.3.2 镜像复制对象

镜像复制对象是沿某一对称轴将源对象镜像复制到该对称轴的另一边，两个图形就像照镜子一样。

在使用"镜像"命令对图形进行镜像复制的过程中，命令行中出现的提示和操作方法如下。

命令:MIRROR↙
//启动"镜像"命令
选择对象:指定对角点:找到1个
//选择要镜像的图形，如图5-45所示
选择对象:↙
//按空格键结束选择
指定镜像线的第一点:
//指定镜像线的第一个点，如图5-46所示
指定镜像线的第二点:
//向下指定镜像线的第二个点，如图5-47所示
要删除源对象吗?[是(Y)/否(N)]<否>:N↙
//选择"否(N)"选项，镜像复制效果如图5-48所示

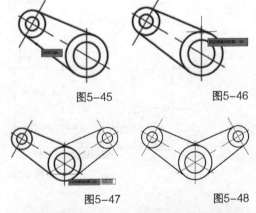

图5-45　　　　　　图5-46

图5-47　　　　　　图5-48

5.4 阵列图形

命令：阵列

作用：对图形进行阵列操作

快捷命令：AR

使用"阵列"命令可以对选定的图形对象进行阵列操作，对图形进行阵列操作的方式包括矩形方式、路径方式和极轴（环形）方式。

执行"阵列"命令的常用方法有如下3种。

第1种：执行"修改>阵列"菜单命令，选择其下一个子命令。

第2种：单击"修改"面板中的"矩形阵列"按钮右侧的下拉按钮，然后单击下拉列表中的选项，如图5-49所示。

第3种：输入"ARRAY"（AR）并确定。

图5-49

5.4.1 矩形阵列对象

矩形阵列图形是指将阵列得到的图形按矩形排列，用户可以根据需要设置阵列的行数和列数，在命令行中出现的提示和操作方法如下。

命令:ARRAY↙
//启动"阵列"命令
选择对象:找到1个↙
//选择要阵列的图形，按空格键结束选择，如图5-50所示
输入阵列类型[矩形(R)/路径(PA)/极轴(PO)]<矩形>:R↙
//在弹出的列表中选择"矩形(R)"选项，如图5-51所示
类型=矩形 关联=是
//系统提示
选择夹点以编辑阵列或[关联(AS)/基点(B)/计数(COU)/间距(S)/列数(COL)/行数(R)/层数(L)/退出(X)]<退出>:↙
//选择选项或在打开的"阵列创建"功能区中设置阵列参数，如图5-52所示，关闭"阵列创建"功能区，矩形阵列效果如图5-53所示

图5-50

图5-51

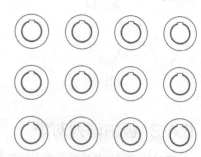

图5-52

图5-53

■ **提示**

矩形阵列对象时，默认的行数为3，列数为4，对象间的距离为原对象尺寸的1.5倍。

5.4.2 路径阵列对象

路径阵列图形是指将阵列得到的图形按指定的路径排列，用户可以根据需要设置阵列的总数和间距，在命令行中出现的提示和操作方法如下。

命令:ARRAY↙
//启动"阵列"命令
选择对象:找到1个↙
//选择要阵列的图形，按空格键结束选择，如图5-54所示
输入阵列类型[矩形(R)/路径(PA)/极轴(PO)]<矩形>:PA↙
//在弹出的列表中选择"路径(PA)"选项，如图5-55所示
类型=路径 关联=是
//系统提示
选择路径曲线:
//选择阵列的路径，如图5-56所示
选择夹点以编辑阵列或[关联(AS)/方法(M)/基点(B)/切向(T)/项目(I)/行(R)/层(L)/对齐项目(A)/方向(Z)/退出(X)]<退出>:↙
//设置阵列参数或直接确认，路径阵列效果如图5-57所示

105

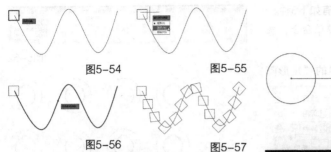

图5-54　　　　　　　　　图5-55

图5-56　　　　　　　　　图5-57

5.4.3 极轴阵列对象

极轴阵列图形是指将阵列得到的图形按环形排列，用户可以根据需要设置阵列的总数和相隔的角度，在命令行中出现的提示和操作方法如下。

命令:ARRAY↙
//启动"阵列"命令
选择对象:找到1个
//选择要阵列的图形，如图5-58所示
选择对象:↙
//按空格键结束选择
输入阵列类型[矩形(R)/路径(PA)/极轴(PO)]<矩形>:PO↙
//在弹出的列表中选择"极轴(PO)"选项，如图5-59所示
类型=极轴 关联=是
//系统提示
指定阵列的中心点或[基点(B)/旋转轴(A)]:
//指定阵列的中心点，如图5-60所示
选择夹点以编辑阵列或[关联(AS)/基点(B)/项目(I)/项目间角度(A)/填充角度(F)/行(ROW)/层(L)/旋转项目(ROT)/退出(X)]<退出>:↙
//设置阵列参数或直接确认，极轴阵列效果如图5-61所示

图5-58　　　　　　　　　图5-59

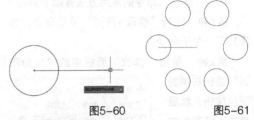

图5-60　　　　　　　　　图5-61

操作练习　绘制立面门造型

» 实例位置：实例文件>CH05>操作练习：绘制立面门造型.dwg
» 素材位置：素材文件>CH05>素材03.dwg
» 视频名称：绘制立面门造型.mp4
» 技术掌握："阵列"命令的运用

本实例在绘制立面门造型时，需要掌握矩形阵列的参数设置和操作。

01 打开学习资源中的"素材文件>CH05>素材03.dwg"文件。

02 执行ARRAY（AR）命令，选择立面门左下方的造型作为要阵列的对象，如图5-62所示。

03 在弹出的菜单中选择"矩形（R）"选项，如图5-63所示。

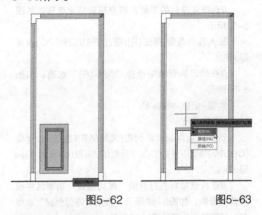

图5-62　　　　　　　　　图5-63

04 在系统提示下输入"cou"并确认，选择"计数（COU）"选项，如图5-64所示。

05 根据系统提示输入阵列的列数"2"并确认，如图5-65所示。

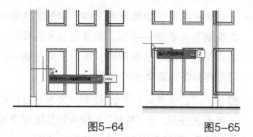

图5-64　　　　　　图5-65

06 输入阵列的行数 "3" 并确认，如图5-66所示。

07 在系统提示下输入 "s" 并确认，选择 "间距(S)" 选项，如图5-67所示。

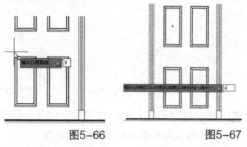

图5-66　　　　　　图5-67

08 根据系统提示输入列间距 "330" 并确认，如图5-68所示。

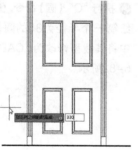

图5-68

09 根据系统提示输入行间距 "617" 并确认，如图5-69所示。按Enter键确认，完成后的效果如图5-70所示。

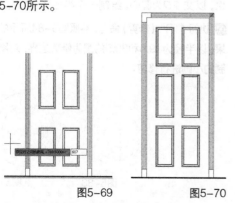

图5-69　　　　　　图5-70

5.5 使用夹点编辑图形

在AutoCAD中，用户可以通过拖曳夹点的方式改变图形的形状和大小。相对其他编辑命令而言，使用夹点功能修改图形更方便和快捷。

5.5.1 使用夹点修改线段

在命令行处于等待状态时，选择线段，将显示线段的夹点，如图5-71所示。选择端点处的夹点，然后拖曳该夹点即可调整线段的长度和方向，如图5-72所示。将光标移动到线段中间夹点处，拖曳线段，可以移动整条线段。

图5-71

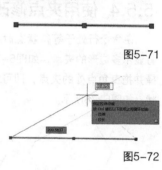

图5-72

5.5.2 使用夹点修改弧线

在命令行处于等待状态时，选中弧线，将显示弧线的夹点，然后选择并拖曳端点处的夹点，即可调整弧线的弧长和大小，如图5-73所示。选择并拖曳弧线中间的夹点，将改变弧线的弧度，如图5-74所示。

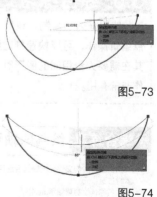

图5-73

图5-74

5.5.3 使用夹点修改圆

在命令行处于等待状态时,选中圆形,将显示圆的夹点,然后选择并拖曳圆心处的夹点,即可调整圆的位置,如图5-75所示。选择并拖曳圆上的夹点,将改变圆的大小,如图5-76所示。

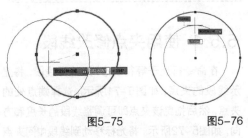

图5-75　　　　　　　图5-76

5.5.4 使用夹点修改多边形

在命令行处于等待状态时,选中多边形,将显示多边形的夹点,如图5-77所示。然后选择并拖曳角点处的夹点,即可调整多边形的形状,如图5-78所示。

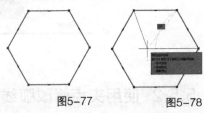

图5-77　　　　　　　图5-78

5.6 综合练习

使用阵列、复制、镜像、偏移和使用夹点编辑操作,可以快速创建所需的图形,尤其在需要大量相同的图形时,阵列和复制操作非常有用。

🖋 综合练习　**绘制球轴承**

» 实例位置:实例文件>CH05>综合练习:绘制球轴承.dwg
» 素材位置:无
» 视频名称:绘制球轴承.mp4
» 技术掌握:"修剪"命令、"偏移"命令和"阵列"命令的运用

球轴承是滚动轴承的一种,球形滚珠装在内钢圈和外钢圈的中间,能承受较大的载荷。本实例将绘制球轴承图形,练习修剪、偏移、环形阵列等编辑命令的应用。

01 执行"L"(直线)命令,绘制一条水平线段和一条竖直线段。在"特性"面板中将其线型修改为ACAD_ISO08W100,效果如图5-79所示。

02 执行"C"(圆)命令,以线段的交点为圆心,绘制一个半径为22.5的圆,如图5-80所示。

图5-79　　　　　　　图5-80

03 执行"O"(偏移)命令,参照图5-81所示的效果,将圆依次向外偏移8、17和25的距离。

04 执行"C"(圆)命令,仍以线段交点为圆心,绘制一个半径为35的圆,然后在"特性"面板中将其线型修改为ACAD_ISO02W100,如图5-82所示。

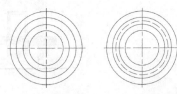

图5-81　　　　　　　图5-82

05 执行"C"(圆)命令,参照图5-83所示的效果,以交点O为圆心,绘制一个半径为6的圆。

06 执行"TR"(修剪)命令,参照图5-84所示的效果,以半径为39.5和30.5的圆为修剪边界,对刚绘制的小圆进行修剪。

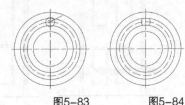

图5-83　　　　　　　图5-84

07 执行"修改>阵列>环形
阵列"命令,选择修剪得
到的两段圆弧,以线段的
交点为阵列中心点,设置
项目数为15,对选择的圆
弧进行环形阵列,完成后
的效果如图5-85所示。

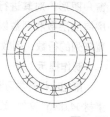

图5-85

综合练习 绘制暗装筒灯

» 实例位置:实例文件>CH05>综合练习:绘制暗装筒灯.dwg
» 素材位置:无
» 视频名称:绘制暗装筒灯.mp4
» 技术掌握:偏移、修剪和使用夹点编辑等操作

本实例将绘制暗装筒灯图形,在操作过程
中,主要使用了修剪、偏移和使用夹点编辑操
作。在使用夹点功能拉伸线段时,可以通过输
入数值准确拉伸线段。

01 使用"C"(圆)命令绘制一个半径为50的圆
形,如图5-86所示。

02 执行"L"(直线)命令,捕捉圆的圆心为线
段的起点,向右移动光标并输入线段的长度
"80",绘制如图5-87所示的水平线段。

图5-86   图5-87

03 再次执行"L"(直线)命
令,绘制一条长为80的竖
直线段,如图5-88所示。

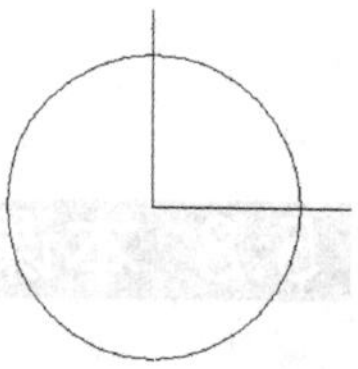

图5-88

04 选择水平线段,向左水平拖曳线段的左方夹
点,并输入移动的距离"80",如图5-89所示。
按空格键确认,使用夹点编辑线段后的效果如
图5-90所示。

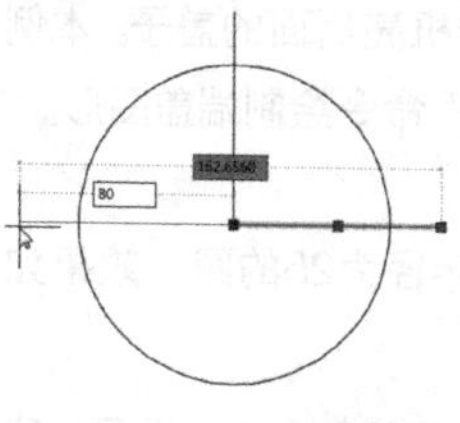

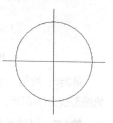

图5-89 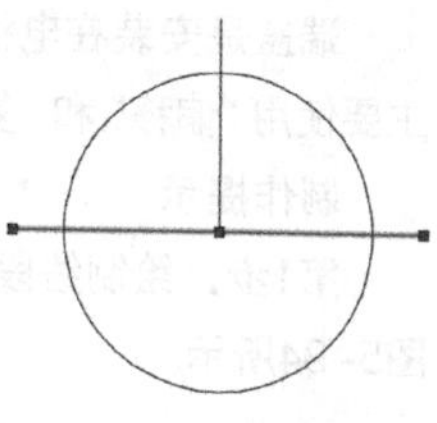   图5-90

05 向下拖曳竖直线段下方的夹点,设置移动的
距离为80,效果如图5-91所示。

06 执行"O"(偏移)命令,设置偏移距离为30,
将圆向内偏移一次,效果如图5-92所示。

07 执行"TR"(修剪)
命令,选择小圆形作为
修剪边界,对线段位于
小圆形内的部分进行修
剪,完成本例的操作,效
果如图5-93所示。

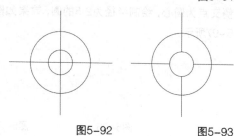

图5-91

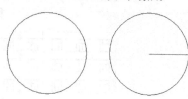

图5-92   图5-93

5.7 课后习题

通过对本课的学习,相信读者对"阵
列""复制""镜像"和"偏移"等编辑命
令有了深入了解,下面通过两个课后习题巩
固前面所学的知识。

课后习题 绘制端盖

» 实例位置:实例文件>CH05>课后习题:绘制端盖.dwg
» 素材位置:无
» 视频名称:绘制端盖.mp4
» 技术掌握:"偏移"和"复制"命令

端盖是安装在电机的机壳后面的盖子。本例主要使用"偏移"和"复制"命令绘制端盖图形。

制作提示

第1步：绘制线段和半径为25的圆，效果如图5-94所示。

第2步：执行"O"（偏移）命令，设置偏移距离为10，将圆向内偏移两次，效果如图5-95所示。

图5-94　　　　　　图5-95

第3步：绘制一个半径为20的圆，并将该圆的线型改为DIVIDE，效果如图5-96所示。

第4步：以双点划线的圆和水平中心线的左侧交点为圆心，绘制半径为2.5的圆，效果如图5-97所示。

图5-96　　　　　　图5-97

第5步：执行"CO"（复制）命令，选中绘制的小圆并进行复制，完成后的效果如图5-98所示。

图5-98

📘 **课后习题**　创建建筑窗户

» 实例位置：实例文件>CH05>课后习题：创建建筑窗户.dwg
» 素材位置：素材文件>CH05>素材04.dwg
» 视频名称：创建建筑窗户.mp4
» 技术掌握："阵列"命令

本例将使用"阵列"命令创建建筑窗户。打开素材图形，使用"阵列"命令选择其中的窗户图形，对其进行矩形阵列，根据立面图中房屋的层数和列数以及房屋的高度和宽度，设置阵列的行数、列数、行间距和列间距。

制作提示

第1步：打开学习资源中的"素材文件>CH05>素材04.dwg"文件，效果如图5-99所示。

图5-99

第2步：执行"AR"（阵列）命令，选择素材图形中的窗户图形作为阵列对象，然后选择"矩形（R）"阵列方式，如图5-100所示。设置阵列行数为4，列数为6，行间距为3 000，列间距为3 600，效果如图5-101所示。

图5-100

图5-101

5.8　本课笔记

第6课

复杂平面图形的绘制与编辑

前面学习了常见二维图形的绘制和编辑方法。本课将学习一些比较复杂的图形，包括多线、多段线、样条曲线、面域和修订云线的绘制与编辑。

学习要点

» 绘制与编辑多线

» 绘制与编辑多段线

» 绘制与编辑样条曲线

» 绘制与编辑面域

» 绘制与编辑修订云线

6.1 多线

在绘制多段的操作中,可以将每条线的颜色和线型设置为相同的,也可以将其设置为不同的;其线宽、偏移、比例、样式和封口方式可以使用MLINE和MLSTYLE命令控制。

6.1.1 设置多线样式

执行"格式>多线样式"命令,在打开的"多线样式"对话框中可以控制多线的线型、颜色、线宽和偏移等特性,如图6-1所示。在"多线样式"对话框中的"样式"区域中列出了目前存在的样式,在"预览"区域中显示了所选样式的多线效果,单击"新建"按钮可以打开"创建新的多线样式"对话框,如图6-2所示。

图6-1

图6-2

在"新样式名"文本框中输入新的样式名称后,单击"继续"按钮,打开"新建多线样式"对话框,在"图元"区域中选择多线中的一个对象,可以设置其颜色和线型,如图6-3所示。

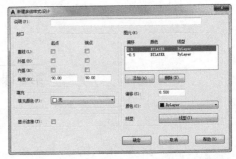

图6-3

选择"绘图>多线"命令,输入"st"并确认,选择"样式(ST)"选项,如图6-4所示。输入刚才创建的多线样式的名称,将其作为当前使用的多线样式,如图6-5所示。绘制多线时,该线将拥有设置的多线样式。

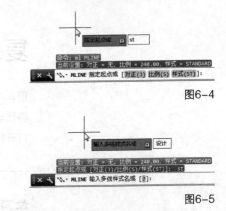

图6-4

图6-5

■ 提示

在"新建多线样式"对话框中勾选"封口"区域中"直线"的"起点"和"端点"选项,绘制的多线两端将呈封闭状态,如图6-6所示;在"新建多线样式"对话框中取消勾选"封口"区域中"直线"的"起点"和"端点"选项,绘制的多线两端将呈开放状态,如图6-7所示。

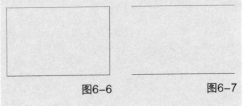

图6-6   图6-7

6.1.2 绘制多线

命令：多线

作用：绘制多条相互平行的线

快捷命令：ML

"多线"命令用于绘制多条相互平行的线。但是"多线"命令不能绘制弧形的多线，只能绘制由线段组成的多线。

执行"多线"命令有如下两种常用方法。

第1种：选择"绘图>多线"菜单命令。

第2种：输入"MLINE"（ML）命令并确认。

执行"多线"命令后，命令行中将提示"指定起点或[对正(J)/比例(S)/样式(ST)]:"。

命令主要选项介绍

● 对正（J）：用于控制多线相对于用户指定的端点的偏移方向，选择"对正(J)"选项后，命令行中将提示"输入对正类型[上(T)/无(Z)/下(B)]<下>:"，其中"上（T）"表示多线中最顶端的线将随着光标移动，"无（Z）"表示多线的中心线将随着光标移动，"下（B）"表示多线中最底端的线将随着光标移动。

● 比例（S）：该选项控制多线比例，用不同的比例绘制，多线的宽度将不一样。负比例可将偏移方向反转。

● 样式（ST）：该选项用于定义平行多线的线型。在出现"输入多线样式名或[?]:"提示后输入已定义的线型名。输入"?"，将列表显示当前图中已有的多线样式。

使用MLINE（ML）命令绘制多线时，命令行中出现的提示及操作如下。

```
命令:MLINE✓
//启动"多线"命令
当前设置:对正=上,比例=20.00,样式=STANDARD
//显示当前多线样式
指定起点或[对正(J)/比例(S)/样式(ST)]:S✓
//选择"比例(S)"选项
输入多线比例<20.00>:200✓
//输入多线的比例
```

```
当前设置:对正=上,比例=200.00,样式=STANDARD
//显示当前多线样式
指定起点或[对正(J)/比例(S)/样式(ST)]:J✓
//选择"对正(J)"选项
输入对正类型[上(T)/无(Z)/下(B)]<上>:Z✓
//选择"无(Z)"选项
当前设置:对正=无,比例=200.00,样式=STANDARD
//显示当前多线样式
指定起点或[对正(J)/比例(S)/样式(ST)]:
//指定多线起点
指定下一点:
//指定多线下一个点,如图6-8所示
指定下一点或[放弃(U)]:
//指定多线下一个点,如图6-9所示
指定下一点或[闭合(C)/放弃(U)]:✓
//结束命令,绘制的多线如图6-10所示
```

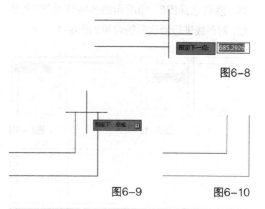

图6-8

图6-9　　　　图6-10

■ **提示**

对于通过MLINE命令绘制的多线，可以用EXPLODE命令将其分解成单个独立的线段。多线的线宽、偏移、比例、样式和封口方式都可以用MLINE和MLSTYLE命令控制。

6.1.3 编辑多线

在AutoCAD中，不仅可以设置多线的样式，还可以修改多线的形状。

执行"修改>对象>多线"菜单命令或者输入"MLEDIT"命令并确认，打开"多线编辑工具"对话框，在该对话框中提供了12种多线编辑工具，如图6-11所示。

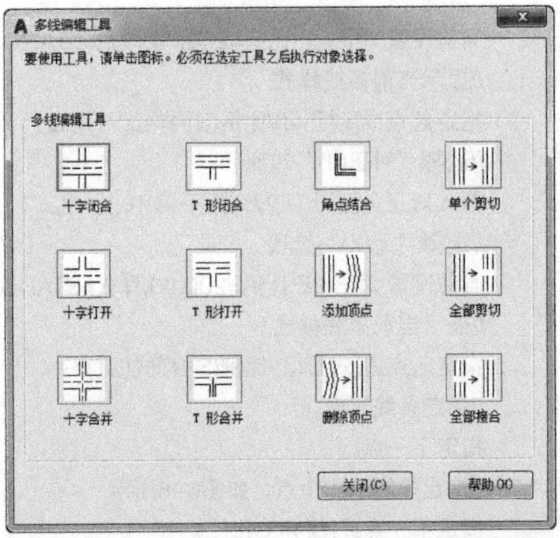

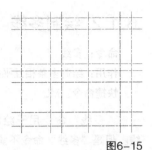

图6-11

在"多线编辑工具"对话框中选择"T形打开"选项，选择图6-12所示的多线作为第1条多线。然后选择图6-13所示的多线作为第2条多线，对多线进行修改后的效果如图6-14所示。

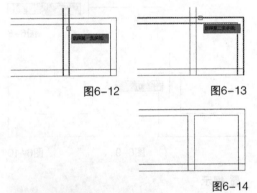

图6-12　　　　　　图6-13

图6-14

🖐 操作练习　绘制墙线

> 实例位置：实例文件>CH06>操作练习：绘制墙线.dwg
> 素材位置：素材文件>CH06>素材01.dwg
> 视频名称：绘制墙线.mp4
> 技术掌握：多线的绘制与设置

本例将使用"多线"命令绘制墙线。在使用"多线"命令绘制墙线时，需要设置多线的比例和对正方式。

01 打开学习资源中的"素材文件>CH06>素材01.dwg"文件，这是建筑轴线图，如图6-15所示。

图6-15

02 输入"MLINE"命令并确认，当系统提示"指定起点或[对正(J)/比例(S)/样式(ST)]:"时，输入"s"并确认，选择"比例(S)"选项，如图6-16所示。

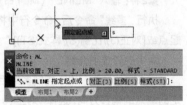

图6-16

03 输入多线的比例值"240"并按空格键，如图6-17所示。

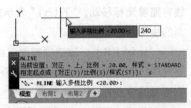

图6-17

04 输入"j"并确认，选择"对正(J)"选项，如图6-18所示。

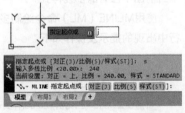

图6-18

05 在弹出的菜单中选择"无(Z)"选项，如图6-19所示。

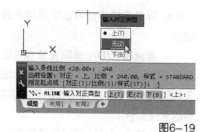

图6-19

06 根据系统提示指定多线的起点，如图6-20所示。

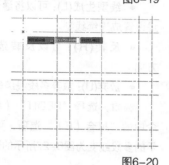

图6-20

07 依次指定多线的其他点，绘制如图6-21所示的多线。

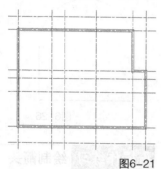

图6-21

08 重复使用"多线"命令绘制其他的多线，完成后的效果如图6-22所示。

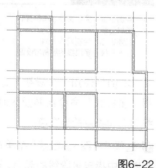

图6-22

6.2 多段线

在AutoCAD中，由多段线命令创建的图形对象是一个整体，而不是将多条线段简单地组合在一起。

6.2.1 绘制多段线

命令：多段线

作用：绘制系列线条

快捷命令：PL

使用"多段线"命令可以创建相互连接的系列线条，创建的多段线可以只有线段或弧线，也可以是两者的组合。

执行"多段线"命令有如下3种常用方法。

第1种：选择"绘图>多段线"菜单命令。

第2种：单击"绘图"面板中的"多段线"按钮，如图6-23所示。

第3种：输入"PLINE"（PL）命令并确认。

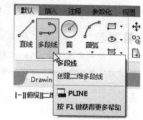

图6-23

执行PLINE（PL）命令，在指定多段线的起点后，系统将提示"指定下一个点或[圆弧(A)/半宽(H)/长度(L)/放弃(U)/宽度(W)]:"。

命令主要选项介绍

● **圆弧（A）**：输入"A"，将用绘制圆弧的方式绘制多段线。

● **半宽（H）**：用于指定多段线的半宽值，AutoCAD将提示用户输入多段线的起点半宽值与终点半宽值。

● **长度（L）**：指定下一段多段线的长度。

● **放弃（U）**：输入该命令将取消刚刚绘制的一段多段线。

● **宽度（W）**：输入该命令，可设置多段线的宽度值。

在执行PLINE（PL）命令创建多段线的过程中，若输入"A"并确认，选择"圆弧（A）"选项，如图6-24所示，系统将提示"指定圆弧的端点（按住Ctrl键以切换方向）或[角度(A)/圆心(CE)/方向(D)/半宽(H)/直线(L)/半径(R)/第二个点(S)/放弃(U)/宽度(W)]:"，可以直接使用鼠标确定圆弧终点。拖曳鼠标，屏幕上会出现圆弧的预显线条，如图6-25所示。

图6-24

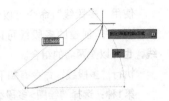

图6-25

■ 提示

在绘制多段线时，AutoCAD将按照上一段多段线的方向绘制一段新的多段线。若上一段是圆弧，将绘制出与此圆弧相切的线段。

6.2.2 编辑多段线

使用PEDIT（编辑多段线）命令可以对多段线对象进行编辑修改。"编辑多段线"命令提供了单条线段所不具备的编辑功能，如调整多段线的宽度和曲率。

执行"编辑多段线"命令的方法有如下两种。

第1种：选择"修改>对象>多段线"菜单命令。

第2种：输入"PEDIT"命令并确认。

输入"PEDIT"并确认，选择要修改的多段线，系统将提示"输入选项 [闭合(C)/合并(J)/宽度(W)/编辑顶点(E)/拟合(F)/样条曲线(S)/非曲线化(D)/线型生成(L)/反转(R)/放弃(U)]:"。

命令主要选项介绍

- **闭合(C)：**用于创建封闭的多段线。
- **合并(J)：**将线段、圆弧或其他多段线连接到指定的多段线。
- **宽度(W)：**用于设置多段线的宽度。
- **编辑顶点(E)：**用于编辑多段线的顶点。
- **拟合(F)：**可以将多段线转换为通过顶点的拟合曲线。

- **样条曲线(S)：**可以使用样条曲线拟合多段线。
- **非曲线化(D)：**删除在拟合曲线或样条曲线时插入的多余顶点，并拉直多段线的所有线条。保留指定给多段线顶点的切向信息，用于随后的曲线拟合。
- **线型生成(L)：**可以将通过多段线顶点的线设置成连续线型。
- **反转(R)：**可以反转选定的多段线的方向。
- **放弃(U)：**放弃多段线编辑操作。

例如，选择"PEDIT"（编辑多段线）命令中的"拟合（F）"选项，可以将图6-26所示的多段线变为图6-27所示的形状。

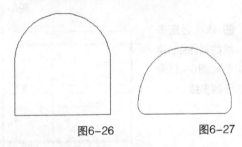

图6-26　　　　图6-27

👆操作练习　**绘制箭头**

» 实例位置：实例文件>CH06>操作练习：绘制箭头.dwg
» 素材位置：无
» 视频名称：绘制箭头.mp4
» 技术掌握：多段线的绘制与设置

本例将使用"多段线"命令绘制箭头。使用"多段线"命令绘制箭头时，需要设置多段线起点和终点的半宽值。

01 选择"绘图>多段线"菜单命令，根据提示在绘图区中指定多段线的起点，移动鼠标指针，指定多段线的下一个点，如图6-28所示。

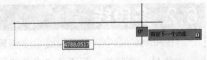

图6-28

02 根据提示输入"a"并确认，选择"圆弧（A）"选项，如图6-29所示。

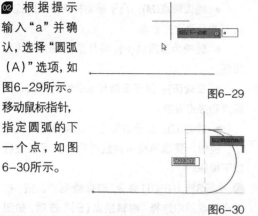

图6-29

移动鼠标指针，指定圆弧的下一个点，如图6-30所示。

图6-30

03 根据提示输入"L"并确认，选择"直线（L）"选项，如图6-31所示。

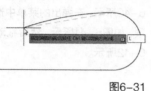

图6-31

04 根据提示输入"h"并确认，选择"半宽（H）"选项，如图6-32所示。

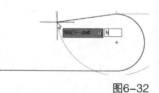

图6-32

05 根据提示设置起点半宽为0.5，如图6-33所示。设置终点半宽为0，如图6-34所示。

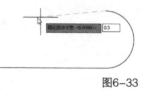

图6-33

图6-34

06 根据提示指定多段线的下一个点，如图6-35所示，完成后的效果如图6-36所示。

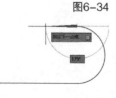

图6-35

图6-36

6.3 样条曲线

使用"样条曲线"命令可以绘制各类光滑的曲线图元，样条曲线是由起点、终点、控制点和偏差来控制的。样条曲线通常可以用来表示木纹、地面纹路等纹理图案。

6.3.1 绘制样条曲线

命令： 样条曲线

作用： 绘制曲线

快捷命令： SPL

使用"样条曲线"命令可以从一条样条拟合的多段线中创建一条样条曲线，执行"样条曲线"命令的方法有如下3种。

第1种： 选择"绘图>样条曲线"菜单命令，然后选择其下的子命令。

第2种： 单击"绘图"面板上的"样条曲线拟合"按钮∿或"样条曲线控制点"按钮∿。

第3种： 输入"SPLINE"（SPL）并确认。

执行样条曲线命令后，在命令行中出现的提示及操作如下。

```
命令:SPLINE↙
//执行"样条曲线"命令
指定第一个点或[方式(M)/节点(K)/对象(O)]:
//指定样条曲线的第一个点，或选择其他选项
输入下一个点或[起点切向(T)/公差(L)]:
//指定样条曲线下一个点，如图6-37所示，或选
择其他选项
输入下一个点或[端点相切(T)/公差(L)/放弃(U)]:↙
//指定样条曲线下一个点，如图6-38所示，或选
择其他选项
输入下一个点或[端点相切(T)/公差(L)/放弃(U)/闭
合(C)]:
//继续指定样条曲线的其他点，绘制的样条曲线如
图6-39所示
```

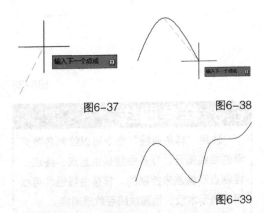

图6-37　　　　　　　图6-38

图6-39

命令主要选项介绍

● **对象（O）**：将一条多段线拟合成样条曲线。

● **闭合（C）**：生成一条闭合的样条曲线。

● **公差（L）**：输入曲线的偏差值。值越大，曲线离指定的点越远；值越小，曲线离指定的点越近。

6.3.2　编辑样条曲线

选择"修改>对象>样条曲线"菜单命令或者输入"SPLINEDIT"命令并确认，可以对绘制的样条曲线进行编辑，如编辑定义样条曲线的拟合点数据、移动拟合点，以及将开放的样条曲线修改为闭合的等。

执行SPLINEDIT命令，选择要编辑的样条曲线后，系统将提示"输入选项[闭合(C)/合并(J)/拟合数据(F)/编辑顶点(E)/转换为多段线(P)/反转(R)/放弃(U)/退出(X)]<退出>:"。

命令主要选项介绍

● **闭合（C）**：如果选择开放的样条曲线，则闭合该样条曲线，使其在端点处切向连续（平滑）。如果选择闭合的样条曲线，则开放该样条曲线。

● **合并（J）**：将多条样条曲线合并为一条样条曲线。

● **拟合数据（F）**：用于编辑定义样条曲线的拟合点数据。

● **编辑顶点(M)**：用于移动样条曲线的控制顶点并且清理拟合点。

● **转换为多段线(P)**：将样条曲线转换为多段线。

● **反转(E)**：用于反转样条曲线的方向，使起点和终点互换。

● **放弃(U)**：用于放弃上一次操作。

例如，要编辑样条曲线的顶点，可以进行以下操作。

01 执行SPLINEDIT命令，选择绘制的曲线，在弹出的菜单中选择"编辑顶点（E）"选项，如图6-40所示。在弹出的菜单中选择"移动（M）"选项，如图6-41所示。然后拖动曲线的端点，如图6-42所示。

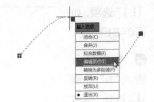

图6-40

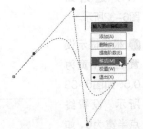

图6-41

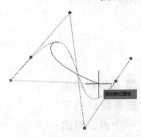

图6-42

02 当系统提示"指定新位置或[下一个(N)/上一个(P)/选择点(S)/退出(X)]<下一个>:"时，输入

"X"并确认,在弹出的菜单中选择"退出(X)"选项,结束对样条曲线的编辑,如图6-43所示,完成后的效果如图6-44所示。

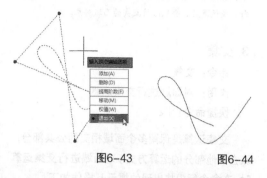

图6-43　　　　图6-44

6.4 面域

面域是由封闭区域所形成的二维实体对象,其边界可以由线段、多段线、圆、圆弧或椭圆等对象形成。在AutoCAD中,面域对象不能直接绘制而得到,需要使用"面域"命令将现有的封闭对象或由多个对象组成的封闭区域创建为面域或者使用"边界"命令将封闭区域转换为面域。

6.4.1 创建面域

要创建面域,首先要存在封闭的对象,然后使用"面域"命令将其创建为面域。执行"面域"命令包括如下3种方法。

第1种:选择"绘图>面域"菜单命令。

第2种:输入"REGION"并确认。

第3种:单击"绘图"面板中的"面域"按钮◙。

使用"面域"命令创建面域时,命令行中的提示及操作如下。

命令:REGION✓
//启动"面域"命令
选择对象:找到1个
//选择要创建为面域的对象,如图6-45所示

选择对象:✓
//按空格键结束选择
已提取1个环。
//系统提示
已创建1个面域。
//系统提示已创建的面域数量,将光标指向面域对象,将显示面域的特性,如图6-46所示

图6-45　　　　图6-46

■ 提示

将图形转换为面域后,从表面上看是没有发生任何变化的,但是对象的性质已经完全不同了。在默认情况下,将图形转换为面域时,面域对象将取代原来的对象,原对象将被删除。如果想保留原对象,可以将系统变量$DELOBJ$的值设置为0。

6.4.2 编辑面域

在AutoCAD中可以对面域进行并集、差集和交集3种布尔运算,通过不同的组合来创建复杂的新面域。

1. 并集

命令:并集

作用:对面域进行并集运算

快捷命令:UNI

并集运算是将多个面域对象相加,合并成一个对象。对面域进行并集运算时,在命令行中将出现的提示及操作如下。

命令:UNION✓
//执行"并集"命令
选择对象:找到1个,总计2个
//选择要进行并集运算的对象,如图6-47所示
选择对象:✓
//按空格键确认,并集运算效果如图6-48所示

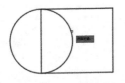

图6-47　　　　　　　　图6-48

■ 提示

　　如果所选面域不相交，在进行面域并集运算后，会将所选面域合并为一个单独的面域。

2. 差集

命令：差集

作用：对面域进行差集运算

快捷命令：SU

差集运算是在一个面域中减去其他与之相交的面域。对面域进行差集运算时，在命令行中将出现的提示及操作如下。

命令:SUBTRACT↙
//执行"差集"命令
选择要从中减去的实体、曲面和面域...
选择对象:找到1个
//选择源对象，如图6-49所示
选择对象:↙
//按空格键结束选择
选择对象:选择要减去的实体、曲面和面域...
选择对象:找到1个
//选择要减去的对象，如图6-50所示
选择对象:↙
//按空格键确认，效果如图6-51所示

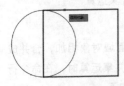
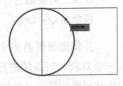

图6-49　　　　　　　　图6-50

图6-51

■ 提示

　　在进行差集运算时，注意不要将操作对象弄反了，否则结果会不同。如果所选面域不相交，对面域进行差集运算后，会删除被减去的面域对象。

3. 交集

命令：交集

作用：对面域进行交集运算

快捷命令：IN

交集运算是保留多个面域相交的公共部分，除去其他部分的运算方式。对面域进行交集运算时，在命令行中将出现的提示及操作如下。

命令:INTERSECT↙
//执行"交集"命令
选择对象:找到1个，总计2个
//选择对象，如图6-52所示
选择对象:↙
//按空格键确认，交集运算效果如图6-53所示

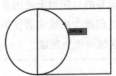

图6-52　　图6-53

■ 提示

　　对面域进行交集运算时，如果所选面域不相交，将删除所有被选择的面域。

6.4.3　查询面域特性

　　在AutoCAD中，选择"工具>查询>面域/质量特性"菜单命令，可以查询面域模型的质量信息。选择该命令后，命令行中将提示"选择对象:"信息，选择要查询的面域对象，如图6-54所示。弹出"AutoCAD文本窗口"对话框，在该对话框中显示了面域的信息，其中包括该面域的周长、面积、边界框、质心、惯性矩、惯性积和旋转半径等，如图6-55所示。

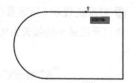

图6-54

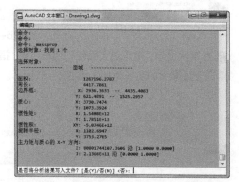

图6-55

6.5 修订云线

使用"修订云线"命令可以自动沿被跟踪的形状绘制一系列圆弧，用于红线圈阅或在检查图形时进行标记。

执行"修订云线"命令有如下3种方法。

第1种：选择"绘图>修订云线"命令。

第2种：输入"REVCLOUD"命令并确认。

第3种：单击"绘图"面板中的"矩形修订云线"按钮右侧的下拉按钮，然后单击下拉列表中的选项，如图6-56所示。

图6-56

执行REVCLOUD命令，系统将提示"指定第一个点或[弧长(A)/对象(O)/矩形(R)/多边形(P)/徒手画(F)/样式(S)/修改(M)]<对象>:"。

命令主要选项介绍

● **弧长（A）**：用于设置修订云线中圆弧的最大长度和最小长度。

● **对象（O）**：用于将闭合对象（圆、椭圆、闭合的多段线或样条曲线）转换为修订云线。

● **矩形（R）**：使用矩形形状绘制云线。

● **多边形（P）**：使用多边形形状绘制云线。

● **徒手画（F）**：使用手绘方式绘制云线。

● **样式（S）**：设置绘制云线的方式为普通样式或手绘样式。

● **修改（M）**：用于对已有云线进行修改。

6.5.1 直接绘制修订云线

执行REVCLOUD命令，根据系统提示输入"A"并确认。设置最小弧长和最大弧长，然后单击并拖曳即可绘制出修订云线图形，如图6-57所示。

执行REVCLOUD命令，在绘制修订云线的过程中按空格键，可以终止执行REVCLOUD命令，并生成开放的修订云线，如图6-58所示。

图6-57   图6-58

6.5.2 将对象转换为修订云线

执行REVCLOUD命令，在选择"对象（O）"选项后，可以将多段线、样条曲线、矩形和圆等对象转换为修订云线，如图6-59和图6-60所示。

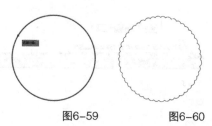

图6-59   图6-60

操作练习　创建矩形修订云线

» 实例位置：实例文件>CH06>操作练习：创建矩形修订云线.dwg
» 素材位置：素材文件>CH06>素材02.dwg
» 视频名称：创建矩形修订云线.mp4
» 技术掌握：创建修订云线

本例将使用"修订云线"命令将矩形图形转换为修订云线对象，在转换时需要选择"对象（O）"选项。

01 打开学习资源中的"素材文件>CH06>素材02.dwg"文件，效果如图6-61所示。

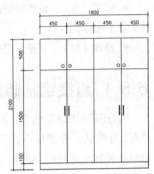

图6-61

02 输入"REC"（矩形）命令并确认，绘制两个矩形，框住图形中的标注对象，如图6-62所示。

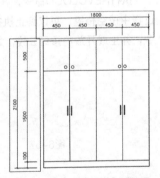

图6-62

03 执行REVCLOUD命令，当系统提示"指定第一个角点或[弧长(A)/对象(O)/矩形(R)/多边形(P)/徒手画(F)/样式(S)/修改(M)]<对象>:"时，输入"a"并确认，如图6-63所示。

图6-63

04 当系统提示"指定最小弧长<0.5>:"时，指定修订云线最小的弧长为100，如图6-64所示。

图6-64

05 当系统提示"指定最大弧长<100>:"时，指定修订云线最大的弧长为150，如图6-65所示。

图6-65

06 当系统提示"指定第一个角点或[弧长(A)/对象(O)/矩形(R)/多边形(P)/徒手画(F)/样式(S)/修改(M)]<对象>:"时，输入"o"并确认，选择"对象（O）"选项，如图6-66所示。

图6-66

07 当系统提示"选择对象:"时，选择绘制的矩形，如图6-67所示。然后确认，即可将矩形转换为修订云线，效果如图6-68所示。

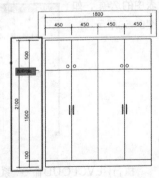

图6-67

122

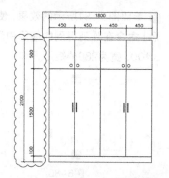

图6-68

08 执行REVCLOUD命令，将另一个矩形转换为
修订云线，完成后的效果如图6-69所示。

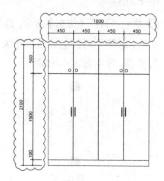

图6-69

6.6 综合练习

多线、多段线、样条曲线、面域和修订
云线是比较复杂的二维图形，使用这些图形
可以快速创建建筑墙体、箭头和图案纹理等
对象。下面将通过两个综合练习进一步掌握
这些知识。

综合练习 绘制洗手池

» 实例位置：实例文件>CH06>综合练习：绘制洗手池.dwg
» 素材位置：无
» 视频名称：绘制洗手池.mp4
» 技术掌握：多段线、椭圆和圆的绘制操作

本例要求绘制洗手池图形，主要掌握多段
线、椭圆和圆的绘制操作。绘制本实例的洗手
池图形时，首先使用"多段线"命令绘制水池
的轮廓，然后依次绘制椭圆、圆和圆角矩形。

01 执行"PL"（多段线）命令，参照图6-70所示
的本例图形的最终尺寸，依次绘制多段线的各条
线段，如图6-71所示。

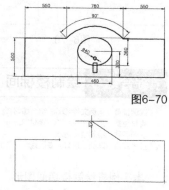

图6-70

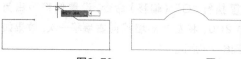

图6-71

02 输入"a"并确认，选择"圆弧（A）"选项，如
图6-72所示。再次输入"a"并确认，选择"角度
（A）"选项，设置圆弧的角度为90°，指定圆弧
的端点，绘制的多段线如图6-73所示。

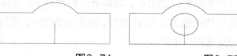

图6-72　　　　　　　　图6-73

03 执行"L"（直线）命令，捕捉多段线下方线段的
中点作为线段的第一个点，然后向上绘制一条长
为330的竖直线段作为辅助线，如图6-74所示。

04 执行"EL"（椭圆）命令，捕捉辅助线上方的端点
作为椭圆的中心点，绘制一个水平轴长为460，另一
条轴的半轴长为180的椭圆，如图6-75所示。

图6-74 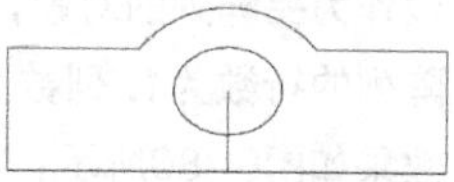　　　　　　　　图6-75

05 选中辅助线，按Delete键将其删除。

06 执行"C"（圆）命令，参照图6-76所示的效果绘制一个半径为20的圆。

07 执行"REC"（矩形）命令，参照图6-77所示的效果绘制一个圆角半径为5、长度为45、宽度为120的圆角矩形，完成本例的操作。

图6-76　　　　　　　图6-77

综合练习　绘制楼梯间

- » 实例位置：实例文件>CH06>综合练习：绘制楼梯间.dwg
- » 素材位置：素材文件>CH06>素材03.dwg
- » 视频名称：绘制楼梯间.mp4
- » 技术掌握：阵列、修剪、多段线和样条曲线等命令的操作

本实例将绘制楼梯间图形。在绘制该图形时，将使用"阵列"命令创建楼梯；使用"样条曲线"命令绘制折断线；使用"多段线"命令绘制楼梯走向箭头。

01 打开学习资源中的"素材文件>CH06>素材03.dwg"文件，如图6-78所示。

02 执行"O"（偏移）命令，设置偏移距离为1200，将左方的墙线向右偏移一次，效果如图6-79所示。

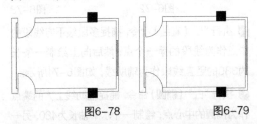

图6-78　　　　　　　图6-79

03 执行"AR"（阵列）命令，选择偏移得到的线段作为要阵列的对象，对其进行矩形阵列，设置阵列的行数为1，列数为12，列间距为280，阵列效果如图6-80所示。

04 使用"X"（分解）命令将阵列得到的对象分解。

05 参照图6-81所示的效果，使用"REC"（矩形）命令在阵列得到的线段中间绘制一个长为3400、宽为280的矩形。

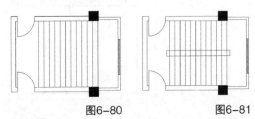

图6-80　　　　　　　图6-81

06 执行"O"（偏移）命令，设置偏移距离为60，将刚绘制的矩形向内偏移一次，如图6-82所示。

07 执行"TR"（修剪）命令，选择大矩形为修剪边界，对阵列得到的线段位于大矩形内的部分进行修剪，效果如图6-83所示。

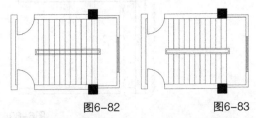

图6-82　　　　　　　图6-83

08 执行"L"（直线）命令，绘制一条倾斜线段，效果如图6-84所示。

09 执行"SPL"（样条曲线）命令，在倾斜线段上绘制一条样条曲线，效果如图6-85所示。

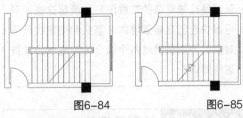

图6-84　　　　　　　图6-85

10 执行"TR"（修剪）命令，以样条曲线为边界，对倾斜线段进行修剪，效果如图6-86所示。

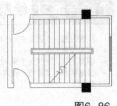

图6-86

11 单击"绘图"面板中的"多段线"按钮 ⇄，如图 6-87 所示。

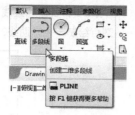

图6-87

12 根据提示在图6-88所示的位置指定多段线的起点，参照图6-89所示的效果继续指定多段线的其他点。

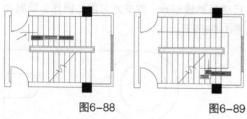

图6-88　　　　　　图6-89

13 根据提示输入"W"并确认，选择"宽度（W）"选项，根据提示设置下一段多段线的起点宽度为45，如图6-90所示。设置终点宽度为0，如图6-91所示。然后指定下一段多段线的端点，绘制一条带箭头的多段线，如图6-92所示。

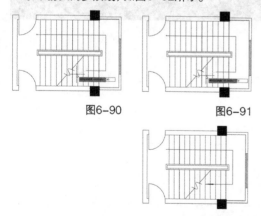

图6-90　　　　　　图6-91

图6-92

14 再次执行"PL"（多段线）命令，绘制另一条带箭头的多段线，效果如图6-93所示。

15 执行"T"（文字）命令，在楼梯间中创建楼梯走向标识文字，完成本例的操作，效果如图6-94所示。

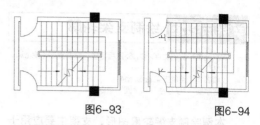

图6-93　　　　　　图6-94

■ **提示**

"T"（文字）命令的具体应用和操作将在第10课进行详细讲解。

6.7 课后习题

　　通过对本课的学习，相信读者对多线、多段线、样条曲线等复杂图形的绘制和编辑有了深入的了解，下面通过几个课后习题来巩固前面所学到的知识。

课后习题 **绘制箭头指示图标**

» 实例位置：实例文件>CH06>课后习题：绘制箭头指示图标.dwg
» 素材位置：无
» 视频名称：绘制箭头指示图标.mp4
» 技术掌握："多段线"和"圆环"命令

　　本例绘制的箭头指示图标是一种常见的路标图形，绘制该图形时，主要练习"多段线"和"圆环"命令的运用。

制作提示

第1步：使用"圆环"命令绘制本例中的圆图形，设置圆环内半径为260，外半径为285，效果如图6-95所示。

第2步：使用"多段线"命令绘制本例中的箭头指示图标，设置多段线的线宽为15，绘制箭头时，设置的起点宽度应大于线段宽度（如40），终点宽度应设置为0，如图6-96所示。

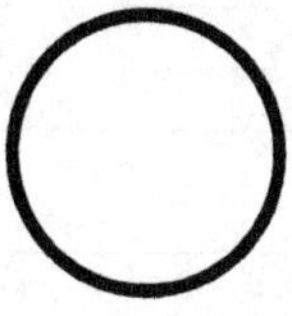

图6-95 　　　　　　图6-96

📘课后习题　绘制支架轮廓

» 实例位置: 实例文件> CH06>课后习题: 绘制支架轮廓.dwg
» 素材位置: 无
» 视频名称: 绘制支架轮廓.mp4
» 技术掌握: "多段线"和"圆"命令

本例绘制支架轮廓图形，支架主要应用于固定建筑及结构中管道的电缆上，以提升空间利用率、生产效率等。绘制该图形时，主要练习"多段线"和"圆"命令的运用。

制作提示

第1步: 参照图6-97所示的效果和尺寸，使用"多段线"命令绘制一条由线段和圆弧组成的多段线。

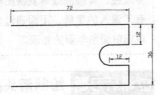

图6-97

第2步: 使用"直线"命令通过捕捉多段线的端点绘制一条辅助线，如图6-98所示。

图6-98

第3步: 执行"圆"命令，以辅助线的中点为圆心，分别绘制半径为12和18的同心圆，然后将辅助线删除，完成本习题的操作，效果如图6-99所示。

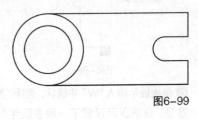

图6-99

6.8　本课笔记

第 7 课

07

块的创建与插入

在AutoCAD中可以将图形保存为块形式，这样可以在下次工作中直接插入这些块对象，从而提高绘图效率。本课将详细介绍图块和设计中心的相关知识，包括创建、保存、插入和分解图块，以及创建和编辑带属性的图块等。

学习要点

- » 创建块
- » 插入块
- » 属性定义及编辑
- » AutoCAD设计中心

7.1 创建块

在使用AutoCAD绘图的过程中，块是一种常用的对象。通过创建块和插入块，可以反复调用需要的图形对象。

7.1.1 认识块

块是多个不同颜色、线型和线宽等特性的对象的组合，利用BLOCK命令可将这些单独的对象组合在一起，存储在当前图形文件内部。可以对其进行移动、复制、缩放或旋转等操作。任意对象和对象集合都可以被创建成块。AutoCAD提供了定义内部块和定义外部块两种方式。

尽管块通常在当前图层上，但块参照保存包含在该块中的对象的原图层、颜色和线型等特性的信息。可以根据需要，控制块中的对象是保留其原特性还是继承当前图层的颜色、线型和线宽等的设置。

7.1.2 定义内部块

命令：创建
作用：创建块对象
快捷命令：B

在创建块对象之前，首先应存在可创建块的对象，可以通过如下3种常用方法执行"块"命令。

第1种：执行"绘图>块>创建"菜单命令。
第2种：单击"块"面板中的"创建"按钮，如图7-1所示。
第3种：输入"BLOCK"（B）并确认。

图7-1

执行BLOCK（B）命令后，将打开"块定义"对话框，在该对话框中可以进行定义内部块操作，如图7-2所示。

图7-2

"块定义"对话框主要选项介绍

● **名称**：在"名称"文本框中可以输入要定义的图块名。单击文本框右侧的下拉按钮，系统会显示图形中已定义的图块名。

● **基点**：用于指定图块的插入基点。

拾取点：在图中拾取一个点作为图块插入基点。

X、Y、Z：通过输入坐标值方式确定图块的插入基点。在"X""Y""Z"文本框中输入坐标值可精确定位图块的插入基点。

● **对象**：用于指定新块中要包含的对象，以及选择创建块以后是保留或删除选定的对象还是将该对象转换成块来引用。

选择对象：选取组成块的实体。

保留：创建块以后，将选定的对象保留在图形中。用户选择此方式后可以对各实体进行单独编辑、修改，不会影响其他实体。

转换为块：创建块以后，将选定的对象转换成图形中的块来引用。

删除：生成块后将删除源实体。

快速选择：单击该按钮将打开"快速选择"对话框，该对话框用于定义选择集，如图7-3所示。

● **设置**：用于设置块的单位和超链接。

块单位：从AutoCAD设计中心中拖动块时，指定用以缩放块的单位。

● **方式**：用于设置注释性、是否统一缩放和分解。

图7-3

按统一比例缩放：勾选该项，在对块进行缩放时将按统一的比例进行缩放。

允许分解：勾选该项，可以对创建的块进行分解；如果取消勾选该项，将不能对创建的块进行分解。

● **说明**：该文本框用于输入对图块进行相关说明的文字，这些说明文字与预览图标一样是随着块定义保存的，用以区分不同图块的特性和功能等。

7.1.3 定义外部块

使用WBLOCK命令可以创建图形文件，将此文件保存为块对象并插入其他图形。单个图形文件作为块定义源，容易创建块和管理块，AutoCAD的符号集也可作为单独的图形文件存储并编组到文件夹中。

如果利用WBLOCK命令定义的图块是一个独立存在的图形文件，那么该图块将被称为外部块。用WBLOCK命令定义的外部块其实是一个DWG图形文件。输入"WBLOCK"并确认，系统将打开"写块"对话框，如图7-4所示。

"写块"对话框主要选项介绍

● **源**：用于指定块和对象，将该图块保存为文件并指定插入点。

块：指定要存为文件的现有图块。

整个图形：将整个图形写入外部块文件。

对象：指定存为文件的对象。

图7-4

基点：用于指定图块插入基点，该区域只在源实体为"对象"时有效。

对象：用于指定组成外部块的实体，以及生成块后源实体是保留、消除还是转换成内部块，该区域只在源实体为"对象"时有效。

保留：将选定的对象存为文件后，在当前图形中仍将它保留。

转换为块：将选定的对象存为文件后，从当前图形中将它转换为块。

从图形中删除：将选定的对象存为文件后，从当前图形中将它删除。

选择对象：选择一个或多个保存至该文件中的对象。

快速选择：单击该按钮，可以打开"快速选择"对话框，过滤选择集。

● **目标**：用于指定外部块文件的文件名、存储位置以及采用的单位。

文件名和路径：在文本框中可以指定保存块或对象的文件名。单击文本框右侧的浏览按钮，在打开的"浏览图形文件"对话框中，可以选择合适的文件路径，如图7-5所示。

插入单位：指定新文件插入块时所使用的单位。

图7-5

将已定义的内部块写入外部块文件时，需要指定一个块文件名及路径，然后指定要写入的块。将所选的实体写入外部块文件，需要先执行WBLOCK命令，然后选取实体，确定图块插入基点，再写入新建的块文件，根据需要设置是否删除或转换块属性。

■ 提示

所有的DWG图形文件都可以被视为外部块插入其他的图形文件，不同的是使用WBLOCK命令定义的外部块文件的插入基点是用户设置好的，而用NEW命令创建的图形文件，在插入其他图形时将以坐标原点（0，0，0）作为其插入点。

🖐 操作练习 | 创建台灯图块

» 实例位置：实例文件>CH07>操作练习：创建台灯图块.dwg
» 素材位置：素材文件>CH07>素材01.dwg
» 视频名称：创建台灯图块.mp4
» 技术掌握：创建块对象

创建图块时，首先要存在可创建为块的源图形对象，然后执行BLOCK（B）命令，打开"块定义"对话框，设置块的参数，选择要创建为块的图形即可。

01 打开学习资源中的"素材文件>CH07>素材01.dwg"文件，如图7-6所示。

图7-6

02 输入"BLOCK"（B）命令并确认，打开"块定义"对话框，在"名称"文本框中输入名称"台灯"，如图7-7所示。

图7-7

03 单击"选择对象"按钮 ⊞ 进入绘图区，选择要组成块的台灯图形，如图7-8所示。

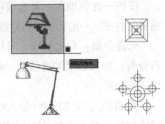

图7-8

04 选择对象后，按空格键返回"块定义"对话框，可以预览块的效果。然后单击"拾取点"按钮，进入绘图区指定图块的基点，如图7-9所示。

05 指定基点后，按空格键返回"块定义"对话框，单击"确定"按钮，完成定义块的操作，将光标移到块对象上，可以显示块的相关信息，如图7-10所示。

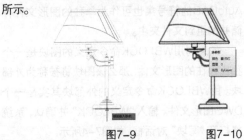

图7-9   图7-10

■ 提示

通常情况下，选择块的中心点或左下角点作为块的基点。在插入过程中，块可围绕基点旋转，旋转角度为0的块将根据创建时使用的UCS定向。如果输入的是一个三维基点，则按照指定坐标插入块。如果忽略z坐标数值，系统将使用当前坐标。

7.2 插入块

在绘制相对复杂的图形时，使用插入图块的方法可以节省大量的时间。用户可以根据需要，按一定比例和角度将图块插入任一个指定位置。插入图块的方式包括直接插入图块、阵列插入图块、等分插入图块和等距插入图块。

7.2.1 直接插入块

命令：插入块

作用：插入块对象

快捷命令：I

使用"INSERT"（插入块）命令可以一次插入一个块对象，用户可以通过如下3种方法启动INSERT命令。

第1种：执行"插入>块"菜单命令。

第2种：输入"INSERT"（I）并确认。

第3种：单击"块"面板中的"插入块"按钮，如图7-11所示。

执行INSERT命令后，将打开"插入"对话框，在该对话框中可以设置插入块的比例和旋转等参数，如图7-12所示。

图7-11

图7-12

"插入"对话框主要选项介绍

● **名称**：在该文本框中可以输入需要插入的块的名称或在其下拉列表中选择要插入的块对象。

● **浏览**：用于浏览文件，单击该按钮，将打开"选择图形文件"对话框，用户可在该对话框中选择要插入的外部块的文件名，如图7-13所示。

图7-13

● **路径**：用于显示插入的外部块的路径。

● **插入点**：用于选择图块基点在图形中的插入位置。

在屏幕上指定：选择该项，将由鼠标在当前图形中拾取插入点。

X、Y、Z：此3个文本框用于输入坐标值来确定在图形中的插入点。当选用"在屏幕上指定"后，此3项不能使用。

● **比例**：用于控制插入的图块的大小。

在屏幕上指定：选择该项，指定x轴、y轴和z轴方向上的缩放比例因子由鼠标在图形中拾取决定。

X、Y、Z：这3个文本框用于预先输入图块在x轴、y轴、和z轴方向上的缩放比例因子。当选择"在屏幕上指定"选项后，此3项不能使用。

统一比例：该项用于统一3个轴向上的缩放比例。当勾选"统一比例"后，"Y""Z"文本框呈灰色，在"X"文本框中输入比例因子后，"Y""Z"文本框中显示相同的值。

■ 提示

当比例因子为负值时，图块插入后，将沿基点旋转180°后按与其绝对值相同的比例缩放。

● **旋转**：用于控制图块在插入图形中时改变的角度。

在屏幕上指定：选中该复选框，可以在图形上单击决定旋转角度。

角度：该文本框用于预先输入旋转角度值，预设值为0。

● **分解**：该复选框用于确定是否将图块在插入时分解成原组成实体。

外部块文件插入当前图形后，其内包含的所有块定义（外部嵌套块）也同时被带入当前图形，并生成同名的内部块，在该图形中可以随时调用。当外部块文件中包含的块定义与当前图形中已有的块定义同名时，当前图形中的块定义将自动覆盖外部块包含的块定义。

当插入的是内部块时，可以直接输入块名；当插入外部块时，则需要指定块文件的路径。如果在插入图块时选中了"分解"复选框，插入的图块会自动分解成单个的实体，其特性，如图层、颜色和线型等也将恢复为生成块之前具有的特性。

■ 提示

图块分解后，其块定义依然存在，可供图形随时重新调用，而无须重新指定外部块文件的路径。

7.2.2 阵列插入块

使用"MINSERT"（阵列块）命令可以将图块以矩形阵列复制方式插入当前图形，并将插入的矩形阵列视为一个实体。在建筑设计中常用此命令插入室内柱子、灯具和窗户等对象。

执行MINSERT命令后，输入要插入的块的名称，系统将提示："指定插入点或[基点(B)/比例(S)/X/Y/Z/旋转(R)]"。其中"比例(S)"选

项用于设置x轴、y轴和z轴方向的图块缩放比例因子，选择该项后，系统提示及其含义如下。

● **指定XYZ轴的比例因子**：输入x轴、y轴和z轴方向的图块缩放比例因子。

● **指定插入点**：指定以阵列方式插入图块的插入点。

● **指定旋转角度**：指定插入的图块的旋转角度，控制每个图块的插入方向，同时也控制矩形阵列的旋转方向。

● **输入行数(___)<1>**：指定矩形阵列的行数。

● **输入列数(Ⅲ)<1>**：指定矩形阵列的列数。

■ 提示

在阵列插入图块的过程中，也可指定一个矩形区域来确定矩形阵列的行间距和列间距，矩形x方向的长度为矩形阵列的行间距，y方向的长度为矩形阵列的列间距。

如果输入的行数大于1，系统将提示"输入行间距或指定单位单元(___):"，在该提示出现后可以输入矩形阵列的行间距；输入的列数大于1时，系统将提示"指定列间距(Ⅲ):"，在该提示出现后可以输入矩形阵列的列间距。

■ 提示

用MINSERT命令插入的块阵列是一个整体，不能被分解，但是可以用CH命令修改整个矩形阵列的插入点，x轴、y轴和z轴方向上的缩放比例因子，旋转角度，阵列的行数、列数及行间距和列间距。

例如，使用MINSERT命令阵列插入前面创建的台灯图块时，其命令行中的提示及操作如下。

```
命令：MINSERT↙
//启动MINSERT命令
输入块名或[?]<台灯>:台灯↙
//指定要插入的块的名称并确认，如图7-14所示
指定插入点或[基点(B)/比例(S)/X/Y/Z/旋转(R)]:
//指定点作为图块的插入点
输入X比例因子,指定对角点,或[角点
(C)/xyz(XYZ)]<1>:1↙
//输入x轴方向上的缩放比例因子并确认
输入Y比例因子或<使用X比例因子>:↙
```

//直接确认设置y轴方向上的缩放比例因子与x轴方向上的相同

指定旋转角度<0>:↙

//直接确认指定旋转角度为0°

输入行数(...)<1>:3↙

//设置阵列的行数为3

输入列数(Ⅲ)<1>:4↙

//设置阵列的列数为4

输入行间距或指定单位单元(...):480↙

//指定阵列的行间距

指定列间距(Ⅲ):400↙

//指定阵列的列间距,阵列图块后的效果如图7-15所示

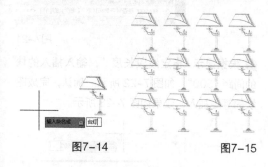

图7-14　　　　　　　　图7-15

7.2.3 定数等分插入块

执行"DIVIDE"(等分)命令可以沿对象的长度或周长以指定数目等分放置点对象或块。可以定数等分的对象包括圆弧、圆、椭圆、椭圆弧、多段线和样条曲线等。

执行DIVIDE命令有如下两种方法。

第1种:选择"绘图>点>定数等分"菜单命令。

第2种:输入"DIVIDE"(DIV)并确认。

执行DIVIDE命令后,系统将提示"选择要定数等分的对象:",选中需要等分的实体后,系统提示"输入线段数目或[块(B)]:",用户可以输入等分数目,若输入"B",指定将图块插入等分点,系统将提示"是否对齐块和对象?[是(Y)/否(N)]<Y>:",该提示用于确定是否将插入的图块旋转到与被等分实体对齐。

■ 提示

在"是否对齐块和对象?是(Y)/否(N)]<Y>:"提示后输入"Y",插入的图块以插入点为中心旋转至与被等分实体对齐,若在提示后输入"N",则插入的块以原始角度插入。

7.2.4 定距等分插入块

执行MEASURE命令可在图形上等距地插入点或图块。可以定距等分的对象包括圆弧、圆、椭圆、椭圆弧、多段线和样条曲线等。使用MEASURE命令等分图形时插入的图块为一个整体,可对它进行整体编辑,修改被等分的实体不会影响插入的图块。

执行MEASURE命令有如下两种方法。

第1种:选择"绘图>点>定距等分"菜单命令。

第2种:输入"MEASURE"(ME)并确认。

执行MEASURE命令后,系统将提示"选择要定距等分的对象:",当选择要等分的实体后,系统将提示"指定线段长度或[块(B)]:",用户可以输入等分长度,若输入"B",指定将图块插入等分点,系统将提示"是否对齐块和对象?[是(Y)/否(N)]<Y>:",该提示用于确定是否将插入的图块旋转到与被等分实体对齐。

⊕ 操作练习 创建拉线灯

» 实例位置:实例文件>CH07>操作练习:创建拉线灯.dwg
» 素材位置:无
» 视频名称:创建拉线灯.mp4
» 技术掌握:定距等分插入块

在创建本例的拉线灯时,通过使用"定距等分"命令等分插入灯具图块,可以快速完成拉线灯的绘制。

01 使用"圆"命令绘制一个半径为40的圆,然后使用"直线"命令绘制两条通过圆心,长度为120且相互垂直的线段,如图7-16所示。

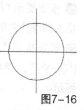

图7-16

02 执行 BLOCK（B）命令，打开"块定义"对话框，设置块名称为"灯具"。然后选择绘制的图形，将其创建为块对象，如图 7-17 所示。

图7-17

03 使用"直线"命令绘制一条长度为 1 800 的线段作为拉线灯的支架。

04 执行 MEASURE（ME）命令，根据系统提示选择刚绘制的线段作为需要定距等分的对象，如图 7-18 所示。

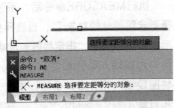

图7-18

05 根据提示"指定线段长度或 [块 (B)]:"，输入"b"并确认，选择"块 (B)"选项，如图 7-19 所示。

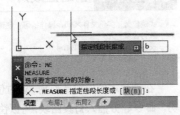

图7-19

06 根据提示"输入要插入的块名："，输入需要插入的块的名称"灯具"并确认，如图 7-20 所示。

07 根据提示"是否对齐块和对象 ?[是 (Y)/ 否 (N)]<Y>:"，保持默认选项并确认，如图 7-21 所示。

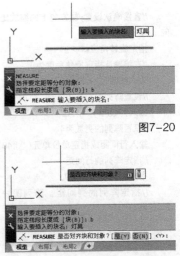

图7-20

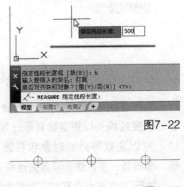

图7-21

08 根据提示"指定线段长度："，输入插入的块的间距"500"，如图 7-22 所示。确认，完成图块的等距插入，效果如图 7-23 所示。

图7-22

图7-23

7.3 属性定义及编辑

在 AutoCAD 中，属性是从属于块的文本信息，是块的组成部分。属性必须信赖于块而存在，当用户对块进行编辑时，包含在块中的属性也将被编辑。为了增强图块的通用性，可以为图块增加一些文本信息，这些文本信息被称为属性。

7.3.1 定义块属性

在创建带属性的块之前，需要创建描述属性特征的定义，包括标记、插入块时提示的信息、文字格式、位置和可选模式。

执行定义块属性的命令有以下3种方法。

第1种：选择"绘图>块>定义属性"菜单命令。

第2种：输入"ATTDEF"并确认。

第3种：单击"块"面板中的"定义属性"按钮。

执行以上操作后，将打开"属性定义"对话框，在该对话框中可定义块属性，其中包括模式、属性、插入点和文字设置四大区域，如图7-24所示。

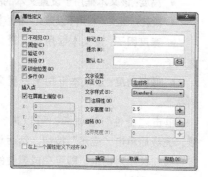

图7-24

"属性定义"对话框主要选项介绍

- **不可见：**选中该复选框后，属性将不在屏幕上显示。
- **固定：**选中该复选框，则属性值被设置为常量。
- **验证：**在插入带属性的块时，系统将提醒用户核对输入的属性值是否正确。
- **预设：**预设置属性值，将用户指定的属性默认值作为预设值，在以后的带属性的块插入过程中，不再提示用户输入属性值。
- **标记：**可以输入所定义属性的标志。
- **提示：**在该文本框中输入插入带属性的块时要提示的内容。

- **默认：**可以输入块属性的默认值。
- **对正：**在该下拉列表中设置文本的对齐方式。
- **文字样式：**在该下拉列表中选择块文本的样式。
- **文字高度：**单击右侧的按钮，在绘图区中指定文本的高度，也可以在文本框中输入高度值。
- **旋转：**单击右侧的按钮，在绘图区中指定文本的旋转角度，也可以在文本框中输入旋转角度值。
- **X、Y、Z：**确定属性在块中的位置。

> **■ 提示**
>
> 只有用BLOCK或WBLOCK命令将属性定义成块后，才能将其以指定的属性值插入图形。

定义属性是在没有生成块之前进行的，其属性标记只是文本，可用编辑文本的所有命令对其进行修改和编辑。当一个图形符号具有多个属性时，可重复执行定义属性命令，当命令提示"指定起点:"时，直接按空格键，将增加的属性标记放在已存在的标签下方。

7.3.2 显示块属性

使用ATTDISP命令，可以控制属性的显示状态，启动属性显示命令有如下两种方法。

第1种：选择"视图>显示>属性显示"菜单命令下的子命令。

第2种：输入"ATTDISP"并确认。

执行ATTDISP命令后，系统将提示"输入属性的可见性设置[普通(N)/开(ON)/关(OFF)]<普通>:"，其中"普通(N)"选项用于恢复定义属性时设置的可见性，"开(ON)""关(OFF)"用于使属性暂时可见或不可见。

■ 提示

使用ATTDISP命令改变属性的可见性后,图形将重新生成,而且不能使用恢复命令UNDO回到前一步操作的显示状态,只能用属性显示命令ATTDISP恢复显示。

7.3.3 编辑块属性

创建好带属性的块后,可以使用块属性的编辑功能对图块属性进行再编辑。在AutoCAD中,每个图块都有自己的属性,如颜色、线型、线宽和图层等特性。使用DDATTE或EATTEDIT命令,可以编辑块中的属性定义、修改属性值。输入"DDATTE"并确认,然后选择带属性的块对象,将打开"编辑属性"对话框,如图7-25所示。

图7-25

选择"修改>对象>属性>单个"菜单命令或者输入"EATTEDIT"命令并确认,系统将提示"选择块:"。此时单击需要编辑属性值的图块,打开"增强属性编辑器"对话框,然后在"属性"选项卡中选择需要修改的属性项,在"值"文本框中可以输入新的属性值,如图7-26所示。

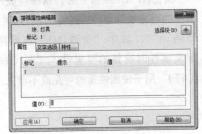

图7-26

单击"文字选项"选项卡,在该选项卡中的"文字样式"下拉列表中可重新选择文本样式,如图7-27所示。

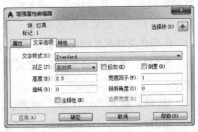

图7-27

"文字选项"选项卡主要选项介绍

● **对正**:该下拉列表用于设置文本的对齐方式。

● **高度**:该文本框用于设置文本的高度。

● **旋转**:该文本框用于设置文本的旋转角度。

● **宽度因子**:该文本框用于设置文本的比例因子。

● **倾斜角度**:该文本框用于设置文本的倾斜状态。

单击"特性"选项卡,可以进行特性设置,完成后单击"应用"按钮,然后单击"确定"按钮关闭对话框,即可完成属性的编辑,如图7-28所示。

图7-28

操作练习 创建带属性的沙发块

» 实例位置:实例文件>CH07>操作练习:创建带属性的沙发块.dwg
» 素材位置:素材文件>CH07>素材02.dwg
» 视频名称:创建带属性的沙发块.mp4
» 技术掌握:创建带属性的块

在创建带属性的块时，需要先在图形附近定义属性，然后使用"块"命令将定义的属性和图形创建为块对象。

01 打开学习资源中的"素材文件 >CH07> 素材02.dwg"文件，如图 7-29 所示。

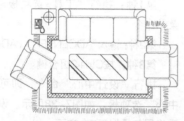
图7-29

02 输入"ATTDEF"命令并确认，打开"属性定义"对话框，然后在属性栏中输入相应的属性内容，如图 7-30 所示。

图7-30

03 单击"确定"按钮，根据系统提示在沙发图形的右上方指定属性标记的位置，如图 7-31 所示。

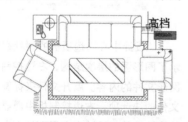
图7-31

04 输入"BLOCK"(B)命令并确认，打开"块定义"对话框，在"名称"文本框中输入块名称，如图 7-32 所示。

图7-32

05 单击"选择对象"按钮，进入绘图区选择图形和属性文字，如图 7-33 所示。

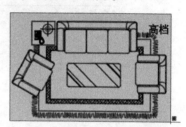
图7-33

06 按空格键确认，返回"块定义"对话框，单击"确定"按钮，即可创建为带属性的块对象，并弹出"编辑属性"对话框，单击"确定"按钮即可，如图 7-34 所示。

图7-34

07 选择"插入">"块"菜单命令，在打开的"插入"对话框中选择沙发图块，单击"确定"按钮，如图 7-35 所示。

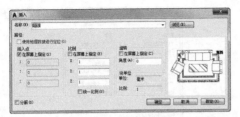

图7-35

08 在打开的"编辑属性"对话框中修改属性值，单击"确定"按钮，如图7-36所示。创建的带属性的块效果如图7-37所示。

图7-36

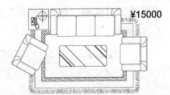

¥15000

图7-37

7.4 使用设计中心添加图形

使用设计中心可以从任意图形中选择图块或从AutoCAD图元文件中选择填充图案，然后将其置于工具选项板上以便以后使用。

7.4.1 AutoCAD设计中心简介

命令： 设计中心
作用： 打开"设计中心"选项板
快捷命令： ADC

通过设计中心可以轻易地浏览计算机或网络上任何图形文件中的内容，其中包括图块、标注样式、图层、布局、线型、文字样式和外部参照等。

执行"设计中心"命令有如下3种常用方法。

第1种： 执行"工具>选项板>设计中心"菜单命令。

第2种： 输入"ADCENTER"（ADC）并确认。

第3种： 按Ctrl+2组合键。

执行"设计中心"命令，即可打开"设计中心"选项板，如图7-38所示。设计中心的主要作用包括以下3个方面。

● 浏览图形内容，包括经常使用的文件图形、网络上的符号等。

● 在本地硬盘和网络驱动器上搜索和加载图形文件，可将图形从设计中心中拖到绘图区域中并打开图形。

● 查看文件中的图形和图块定义，并将其直接插入或复制粘贴到目前的操作文件中。

图7-38

"设计中心"选项板的树状视图窗口中显示了图形源的层次结构，右边控制板用于查看图形文件的内容。展开文件夹标签，选择指定文件的块选项，右边控制板中便显示该文件中的图块文件。设计中心界面的上方有一系列工具栏按钮，单击任一图标，即可显示相关内容，其中各项的作用如下。

● 加载：向控制板中加载内容。

● 上一页：单击该按钮进入上一次浏览的页面。

● **下一页**：在选择浏览上一页操作后，单击该按钮返回到后来浏览的页面。

● **上一级**：回到上级目录。

● **搜索**：搜索内容。

● **收藏夹**：列出AutoCAD的收藏夹。

● **主页**：列出本地和网络驱动器。

● **树状图切换**：扩展或折叠子层次。

● **预览**：预览图形。

● **说明**：文本说明。

● **视图**：控制图标显示形式，单击右侧的下拉按钮可调出4个选项：大图标、小图标、列表和详细信息。

在树状图中选择图形文件，可以通过双击该图形文件在控制板中加载内容，也可以通过单击"加载"按钮向控制板中加载内容。单击"加载"按钮，打开"加载"对话框，从列表中选择需要加载的项目内容，在预览框中会显示选定的内容，如图7-39所示。确认加载的内容后，单击"打开"按钮，即可加载该文件的内容，如图7-40所示。

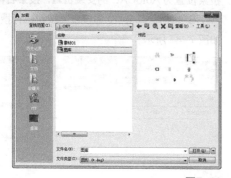

图7-39

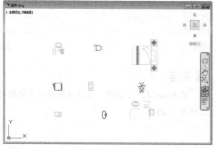

图7-40

7.4.2 使用设计中心搜索图形

使用AutoCAD设计中心搜索功能，可以搜索文件、图形、块和图层定义等，从"设计中心"选项板的工具栏中单击"搜索"按钮，打开"搜索"对话框，如图7-41所示。

图7-41

在"搜索"对话框的"搜索"框中可以选择需要查找的内容类型，包括标注样式、布局、块、填充图案、图层和图形等。选定搜索的内容后，在"于"框中输入路径或者单击"浏览"按钮指定搜索的位置，如图7-42所示。单击"立即搜索"按钮即可开始搜索，搜索的结果将显示在下方列表中，如图7-43所示。

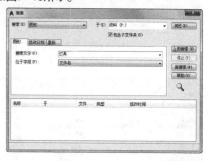

图7-42

图7-43

■ 提示

　　单击"立即搜索"按钮即可进行搜索，其结果显示在对话框的下部列表中。如果在完成全部搜索前就已经找到所要的内容，可以单击"停止"按钮终止搜索；单击"新搜索"按钮可清除当前的搜索内容，重新进行搜索。在搜索到所需的内容后，选中并用鼠标双击即可直接将其加载到控制板和选项板上。

7.4.3 使用设计中心添加素材

　　在AutoCAD的"设计中心"选项板中可以将对象直接拖放到打开的图形中，将该内容加载到当前图形中，如图7-44所示。也可以双击其中的图形，然后在打开的"插入"对话框中设置插入的参数并确认，即可将指定的对象添加到当前图形中，如图7-45所示。

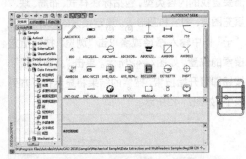

图7-44

图7-45

🖑 操作练习 | 加载洗手池

» 实例位置：实例文件>CH07>操作练习: 加载洗手池.dwg
» 素材位置：无
» 视频名称：加载洗手池.mp4
» 技术掌握：通过设计中心加载素材

　　通过设计中心加载素材时，要先确定素材的位置。本例加载的洗手池素材为AutoCAD自带的素材，在"设计中心"选项板中通过搜索找到该素材后，双击鼠标左键将其加载到当前图形中。

01 执行ADCENTER（ADC）命令，打开"设计中心"选项板，如图7-46所示。

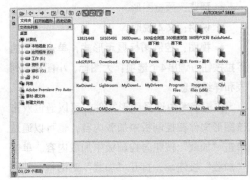

图7-46

02 在"设计中心"选项板中单击"搜索"按钮，打开"搜索"对话框，设置搜索类型为"块"，搜索位置为 AutoCAD 的安装位置，搜索名称为"WHB"，然后单击"立即搜索"按钮进行搜索，如图 7-47 所示。

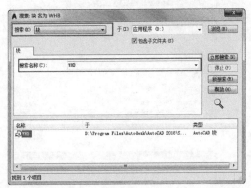

图7-47

■ 提示

　　在AutoCAD 2018中，系统自带的洗手池块对象的名称为"WHB"。

03 双击搜索到的洗手池图块，在"设计中心"选项板中将显示该对象的位置，如图7-48所示。

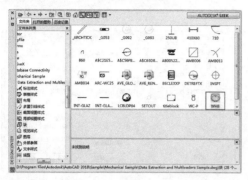

图7-48

04 在"设计中心"选项板中双击洗手池图块，然后在打开的"插入"对话框中单击"确定"按钮，如图7-49所示。

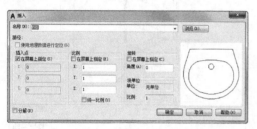

图7-49

05 进入绘图区指定图块的插入点，即可将指定的洗手池图块插入绘图区，如图7-50所示。

图7-50

7.5 综合练习

块是AutoCAD中非常重要的功能，利用块的创建与插入可以提高绘图的效率。下面将通过两个综合练习进一步讲解这些知识。

☞综合练习 绘制建筑标高

» 实例位置：实例文件>CH07>综合练习：绘制建筑标高.dwg
» 素材位置：素材文件>CH07>素材03.dwg
» 视频名称：绘制建筑标高.mp4
» 技术掌握：定义属性、创建块、插入块、修改属性值

本实例将绘制建筑图中的标高，首先绘制一个标高图形，在标高图形中定义属性，并将标高和属性创建为带属性的块，然后使用"插入"命令将带属性的标高块插入各层对应的位置，再对其属性值进行修改。

01 打开学习资源中的"素材文件 >CH07> 素材03.dwg"文件，如图 7-51 所示。

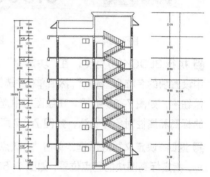

图7-51

02 使用"直线"命令绘制一条长度为 1 800 的线段和两条斜线作为标高符号，如图7-52 所示。

图7-52

03 执行 ATTDEF(ATT) 命令，打开"属性定义"对话框。设置"标记"为 0.000，"提示"为"标高"，"文字高度"为 200，如图 7-53 所示。

04 单击"属性定义"对话框中的"确定"按钮，进入绘图区指定创建图形属性的位置，如图 7-54 所示，效果如图 7-55 所示。

图7-53

图7-54   图7-55

05 执行 BLOCK(B) 命令,在"块定义"对话框中设置块的名称为"标高",然后单击"选择对象"按钮，如图 7-56 所示。在绘图区中选择绘制的标高和属性对象并确认，如图 7-57 所示。

06 返回"块定义"对话框，单击"拾取点"按钮，指定标高图块的基点位置，如图 7-58 所示。返回"块定义"对话框，单击"确定"按钮，创建带属性的标高块。

图7-56

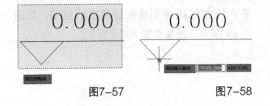

图7-57   图7-58

07 执行"插入 > 块"命令，打开"插入"对话框。选择"标高"图块，单击"确定"按钮，如图 7-59 所示。

图7-59

08 在一楼地平线右方指定插入带属性的标高块的位置，如图 7-60 所示。

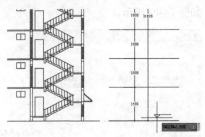

图7-60

09 在打开的"编辑属性"对话框中输入此处的标高值"0.000"，单击"确定"按钮，如图 7-61 所示。修改标高值后的效果如图 7-62 所示。

图7-61

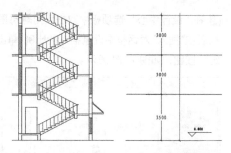

图7-62

10 按空格键再次执行"插入 > 块"命令。在打开的"插入"对话框中选择"标高"图块并确认，然后在二楼右方的水平线上指定插入块的位置，如图 7-63 所示。

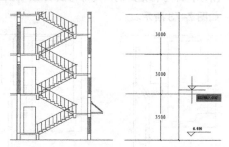

图7-63

11 在"编辑属性"对话框中输入此处的标高值"3.500"，单击"确定"按钮，如图 7-64 所示。得到的二楼的标高效果如图 7-65 所示。

图7-64

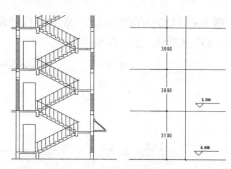

图7-65

12 使用相同的方法，在各层中插入带属性的标高块，并修改各层的标高值，完成本例的操作，效果如图 7-66 所示。

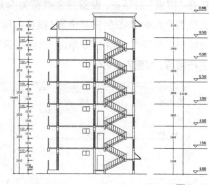

图7-66

综合练习 加载控制器螺母

» 实例位置：实例文件>CH07>综合练习: 加载控制器螺母.dwg
» 素材位置：素材文件>CH07>素材04.dwg
» 视频名称：加载控制器螺母.mp4
» 技术掌握：通过"设计中心"选项板加载预设素材

本实例将通过"设计中心"选项板加载预设的六角螺母素材，快速插入控制器零件图。本例加载的预设素材为"六角螺母0.5英寸(侧视)"。

01 打开学习资源中的"素材文件 >CH07> 素材04.dwg"文件，如图 7-67 所示。

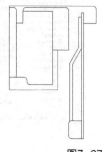

图7-67

143

02 执行 ADCENTER（ADC）命令，打开"设计中心"选项板，如图 7-68 所示。

图7-68

03 在"设计中心"选项板中单击"搜索"按钮，打开"搜索"对话框，设置搜索类型为"块"，搜索位置为AutoCAD的安装位置，搜索名称为"六角螺母 0.5 英寸 (侧视)"，单击"立即搜索"按钮进行搜索，如图7-69所示。

图7-69

04 双击搜索到的六角螺母图块，在"设计中心"选项板中将显示该对象的位置，如图 7-70 所示。

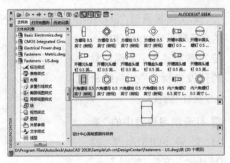

图7-70

05 在"设计中心"选项板中双击六角螺母图块，然后在"插入"对话框中设置插入的比例，单击"确定"按钮，如图 7-71 所示。

图7-71

06 进入绘图区指定图块的插入点，如图 7-72 所示，即可将指定的六角螺母图块插入绘图区，如图 7-73 所示。

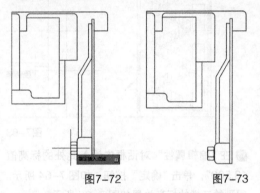

图7-72　　　　　图7-73

07 使用同样的操作，将六角螺母插入控制器的其他位置，完成本例的操作，效果如图 7-74 所示。

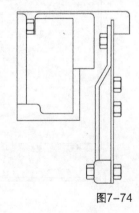

图7-74

7.6 课后习题

通过对本课的学习，相信读者对图块的创建和插入，以及设计中心的应用等知识有了深入的了解，下面通过几个课后习题来巩固前面所学到的知识。

课后习题 创建并插入台灯图块

» 实例位置：实例文件>CH07>课后习题：创建并插入台灯图块.dwg
» 素材位置：素材>CH07>素材05.dwg
» 视频名称：创建并插入台灯图块.mp4
» 技术掌握：创建块、插入块

本习题将在床立面图中创建并插入台灯图块。首先将台灯创建为一个块对象，然后使用"插入"命令将台灯图块插入床立面图的另一侧。

制作提示

第1步：打开学习资源中的"素材文件>CH07>素材05.dwg"文件，如图7-75所示。

图7-75

第2步：执行"B"（创建）命令，打开"块定义"对话框，将台灯图形创建为块对象，如图7-76所示。

图7-76

第3步：执行"I"（插入块）命令，打开"插入"对话框，选择台灯作为插入对象，如图7-77所示。将台灯图块插入床立面图的右侧，效果如图7-78所示。

图7-77

图7-78

课后习题 绘制立面标高

» 实例位置：实例文件> CH07>课后习题：绘制立面标高.dwg
» 素材位置：素材文件>CH07>素材06.dwg
» 视频名称：绘制立面标高.mp4
» 技术掌握：定义属性、创建块、插入块、修改属性值

本习题将绘制建筑立面图中的标高。首先创建一个带属性的标高块，然后使用"插入"命令将带属性的标高块插入各层对应的位置，并对其属性值进行修改。

制作提示

第1步：打开学习资源中的"素材文件>CH07>素材06.dwg"文件，如图7-79所示。

图7-79

第2步：绘制一个标高图形，定义属性，设置"标记"为0.000，"提示"为"标高"，"文字高度"为200，如图7-80所示。

图7-80

第3步：在各层中插入带属性的标高块，并修改各层的标高值，如图7-81所示。

图7-81

<h1>7.7 本课笔记</h1>

第 8 课

08

图形填充

在AutoCAD中，对图形进行填充可以形象地表现图形中的内容。在填充图形的过程中，可以配合使用多段线或面域确定填充的区域。本课将详细介绍图案与渐变色填充的相关知识。

学习要点

» 图案填充

» 渐变色填充

» 编辑填充图案

8.1 图案填充

命令：图案填充
作用：对图形进行图案填充
快捷命令：H

在进行图案填充之前，首先需要存在可填充图案的区域，然后通过"图案填充"命令对指定区域进行填充。执行"图案填充"命令有如下3种方法。

第1种：选择"绘图 > 图案填充"命令。

第2种：单击"绘图"面板中的"图案填充"按钮，如图8-1所示。

第3种：输入"HATCH"(H) 命令并确认。

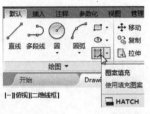

图8-1

8.1.1 认识"图案填充创建"功能区

执行"图案填充"命令，将打开"图案填充创建"功能区，在该功能区中可以设置填充的边界和填充的图案等参数，如图8-2所示。

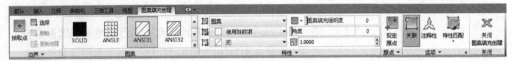

图8-2

1.选择填充边界

在"边界"面板中可以通过单击"拾取点"按钮指定填充的区域，或单击"选择"按钮选择需要填充的对象。单击图8-3所示的"边界"面板下方的倒三角形按钮，可以展开"边界"面板中隐藏的选项，如图8-4所示。

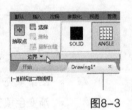

图8-3

图8-4

2.选择填充图案

在"图案"面板中可以选择需要填充的图案。单击"图案"面板中右下方的按钮，如图8-5所示，可以展开"图案"面板，拖曳"图案"面板右方的滚动条，可以显示隐藏的图案，如图8-6所示。

图8-5

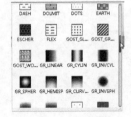

图8-6

3. 设置图案特性

在"特性"面板中可以设置图案或渐变色的样式、颜色、角度和比例等特性。单击"特性"面板下方的倒三角形按钮,可以展开"特性"面板中隐藏的选项,如图8-7所示。

图8-7

4. 设置其他选项

"原点"面板用于控制填充图案生成的起始位置。"选项"面板用于控制填充图案的关联、特性匹配和注释性等。单击"选项"面板下方的倒三角形按钮,可以展开"选项"面板中隐藏的选项,如图8-8所示。

图8-8

■ 提示

"图案填充创建"功能区中的选项与"图案填充和渐变色"对话框中的基本相同,这些选项的作用将在下一小节详细介绍。

8.1.2 图案填充和渐变色

执行"图案填充"命令后,根据提示输入"T"并确认,可以选择"设置(T)"选项,打开"图案填充和渐变色"对话框,在该对话框中可以进行详细的参数设置,如图8-9所示。

图8-9

在"图案填充"选项卡中单击对话框右下角的"更多选项"按钮⊙,可以展开隐藏部分的选项内容,如图8-10所示。

图8-10

"图案填充"选项卡主要选项介绍

打开"图案填充和渐变色"对话框,选择"图案填充"选项卡,可以对填充的图案进行详细设置,主要包括类型和图案、角度和比例、边界和孤岛等。

● **类型和图案**:用于指定图案填充的类型和图案。

类型:在该下拉列表中可以选择图案的类型,包括"预定义""用户定义"和"自定义"这3类。

图案:单击"图案"选项的下拉按钮,可

以在弹出的下拉列表中选择需要的图案，如图
8-11所示。单击"图案"选项右方的  按钮，
打开"填充图案选项板"对话框，其中会显示
各种预置的图案及效果，如图 8-12 所示。

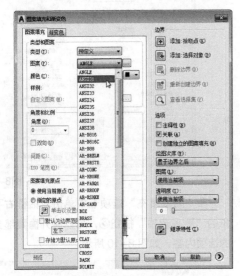

图8-11

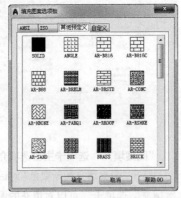

图8-12

颜色：单击"颜色"选项的下拉按钮，可
以在弹出的下拉列表中选择需要的图案颜色，
如图 8-13 所示。单击"颜色"选项右方的 ■ ▾
下拉按钮，可以在弹出的列表中选择图案的背
景颜色，默认状态下为无背景颜色，如图 8-14
所示。

图8-13

图8-14

样例：该显示框中显示了当前使用的图案
效果。单击该显示框，可以打开"填充图案选
项板"对话框。

自定义图案：该选项只有在选择"自定义"
图案类型后才可用。单击右方的"浏览"按钮
  ，可以打开用于选择自定义图案的"填充图
案选项板"对话框。

● 角度和比例：指定图案填充的角度和
比例。

角度：在该下拉列表中可以设置图案填充
的角度。

比例：在该下拉列表中可以设置图案填充的比例。

双向：当使用"用户定义"方式填充图案时，此选项才可用。选择该项可自动创建两个方向成 90° 的图样。

间距：指定用户定义的图案中的直线间距。

● **图案填充原点**：控制填充图案生成的起始位置，某些图案（如地板图案）填充时需要与图案填充边界上的一个点对齐。

● **边界**：主要用于设置填充图形的选区。

"添加：拾取点"按钮⊞：在一个封闭区域内部任意拾取一个点，AutoCAD 将自动搜索包含该点的区域边界，并将边界加亮显示，如图 8-15 所示。

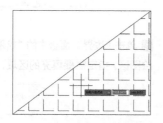

图8-15

"添加：选择对象"按钮▨：用于选择实体，单击该按钮可选择组成区域边界的实体，如图 8-16 所示。

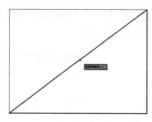

图8-16

"删除边界"按钮▨：用于取消边界，边界即为在一个大的封闭区域内存在的一个独立的小区域。该选项只有使用"添加：拾取点"按钮⊞确定边界时才起作用，AutoCAD 将自动检测和判断边界。单击该按钮后，AutoCAD 将忽略边界的存在，从而对整个大区域进行图案填充。

"重新创建边界"按钮▤：围绕选定的图案填充对象创建多段线或面域，并使其与图案填充对象相关联。

● **选项**：用于控制填充图案是否具有关联性。

● **继承特性**：使用选定图案对填充对象进行图形填充或者使用填充特性对指定的边界进行填充。选定需要继承其特性的图案填充对象之后，可以用鼠标右键单击绘图区域，并使用快捷菜单在"选择对象"和"拾取内部点"选项之间切换以创建边界。单击"继承特性"按钮时，对话框将暂时关闭并显示命令提示。

● **孤岛**：包括"孤岛检测"和"孤岛显示样式"这两个选项。下面以填充图 8-17 所示的图形为例，对其中各选项的含义进行解释。

孤岛检测：控制是否检测内部闭合边界。

普通：用普通填充方式填充图形是从最外层的外边界向内边界填充，即第一层填充，第二层则不填充，如此交替进行填充，直到将选定的边界内填充完毕。普通填充效果如图 8-18 所示。

外部：该方式只填充从最外边界到向内数的第一边界之间的区域，效果如图 8-19 所示。

忽略：该方式将忽略最外边界包含的其他任何边界，从最外边界向内填充全部图形，效果如图 8-20 所示。

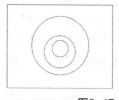

图8-17

图8-18

图8-19

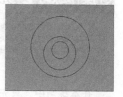

图8-20

● **保留边界**：选中后将保留填充边界。系统默认设置为不保留填充边界，即系统为图案填充生成的填充边界是临时的，当图案填充完毕后，会自动删除这些边界。

● **对象类型**：可以选择以多段线还是面域的形式来绘制该边界。

● **预览**：单击后将关闭对话框，并使用当前图案填充设置显示当前定义的边界。单击图形或按 Esc 键返回对话框，单击鼠标右键或按 Enter 键接受图案填充。如果未指定用于定义边界的点或者未选择用于定义边界的对象，则此选项不可用。

"图案填充"选项卡中除了以上选项较为常用外，其他选项通常都不需要更改，在填充图形时保持默认状态即可。

8.1.3 填充图案

在填充图案的过程中，用户可以选择需要填充的图案。在默认情况下，这些图案的颜色和线型将使用当前图层的颜色和线型。用户也可以在后续操作中重新设置填充图案的颜色和线型。

对图形进行图案填充，一般包括执行"图案填充"命令、定义填充区域、设置填充图案、预览填充效果和应用图案几个步骤。在设置好图案填充的参数后，单击"图案填充创建"功能区中的"关闭图案填充创建"按钮或者单击"图案填充和渐变色"对话框中的"确定"按钮，即可完成图案填充的操作。

👆操作练习　填充茶几纹理图案

» 实例位置：实例文件>CH08>操作练习: 填充茶几纹理图案.dwg
» 素材位置：素材文件>CH08>素材01.dwg
» 视频名称：填充茶几纹理图案.mp4
» 技术掌握：图案填充设置、填充图案

在本练习中，首先执行"图案填充"命令，然后根据个人习惯选择对话框或者功能面板的形式来设置图案的参数，指定填充图案的区域。

01 打开学习资源中的"素材文件 >CH08> 素材 01.dwg"文件，如图 8-21 所示。

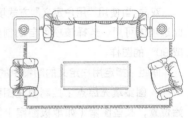

图8-21

02 选择"绘图 > 图案填充"菜单命令，打开"图案填充创建"功能区，在"图案"面板中选择 ANSI32 图案，如图 8-22 所示。

图8-22

03 单击"边界"面板中的"拾取点"按钮🔲进入绘图区，指定需要填充的区域，如图 8-23 所示。

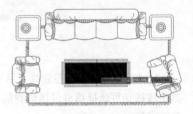

图8-23

04 在"特性"面板中设置填充比例值为 20，如图 8-24 所示。

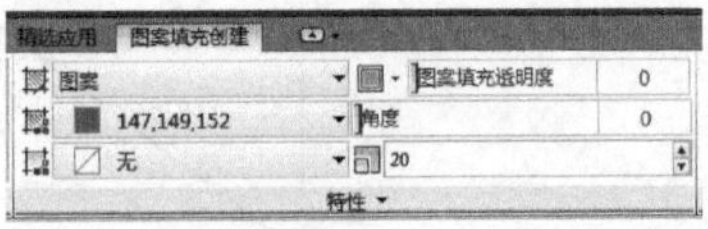

图8-24

05 在"特性"面板中单击"图案填充颜色"下拉列表，选择一种深灰色作为填充颜色，如图 8-25 所示。

图8-25

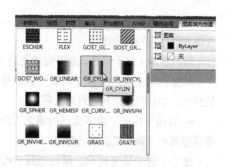

图8-27

06 单击"关闭"面板中的"关闭图案填充创建"按钮，完成图案的填充，效果如图 8-26 所示。

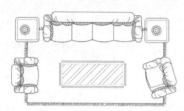

图8-26

图8-28

8.2 渐变色填充

前面介绍了图案填充的相关知识和操作，下面介绍对图形进行渐变色填充的相关知识和操作。

2. 在"渐变色"选项卡中设置渐变色

在"图案填充和渐变色"对话框中选择"渐变色"选项卡，可以对渐变色填充选项进行设置。单击选项卡右下方的"更多选项"按钮⊙，可以打开隐藏部分的选项内容，如图 8-29 所示。

8.2.1 渐变色填充常用参数

渐变色填充参数可以在"图案填充创建"功能区中设置，也可以在"图案填充和渐变色"对话框的"渐变色"选项卡中设置。

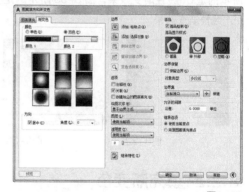

图8-29

1. 在"图案填充创建"功能区中设置渐变色

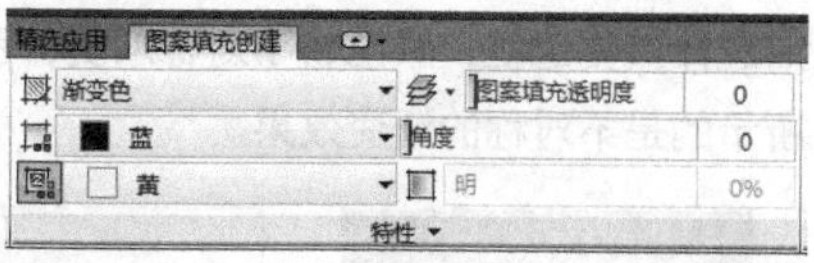

执行"图案填充"命令，打开"图案填充创建"功能区，展开"图案"面板，拖动该面板右方的滚动条，可以选择其中的渐变色，如图8-27所示。在"特性"面板中可以设置渐变颜色和角度，如图8-28所示。

在"渐变色"选项卡中除了"颜色"和"方向"属于渐变色填充特有的选项外，其他选项与"图案填充"选项卡相同。

● 颜色：用于设置渐变色填充的颜色，用户可以根据需要选择单色渐变填充或者双色渐变填充。

单色：选择此选项，渐变的颜色将从单色到透明过渡。

双色：选择此选项，渐变的颜色将从第一种颜色到第二种颜色过渡。

颜色样本：用于快速指定渐变填充的颜色。

渐变样式：在渐变样式区域可以选择渐变的样式，如径向渐变和线性渐变等。

● 方向：用于设置渐变色的填充方向，还能根据需要设置渐变的填充角度。

居中：选中该复选框，颜色将从中心开始渐变，图8-30所示的是对称的渐变效果。取消选择该复选框，颜色将不对称渐变，图8-31所示的是不对称的渐变效果。

图8-30　　　　　　图8-31

角度：用于设置渐变色填充的角度。图8-32所示的是0°线性渐变效果，图8-33所示的是45°线性渐变效果。

图8-32　　　　　　图8-33

8.2.2 填充渐变色

填充渐变色的操作与填充图案的操作相似，可以执行"绘图 > 图案填充"菜单命令，打开"图案填充和渐变色"对话框，然后选择"渐变色"选项卡，对渐变色进行设置，指定渐变色填充区域；也可以选择"绘图 > 渐变色"菜单命令，打开"图案填充和渐变色"对话框，直接对渐变色进行设置，指定渐变色填充区域。

👆 操作练习　**填充茶几渐变色**

» 实例位置：实例文件>CH08>操作练习：填充茶几渐变色.dwg
» 素材位置：素材文件>CH08>素材02.dwg
» 视频名称：填充茶几渐变色.mp4
» 技术掌握：渐变色填充设置、填充渐变色

在本练习中，首先执行"渐变色"命令，然后根据个人习惯选择对话框或功能面板的形式来设置渐变色的参数，指定填充渐变色的区域。

01 打开学习资源中的"素材文件 >CH08> 素材02.dwg"文件，如图 8-34 所示。

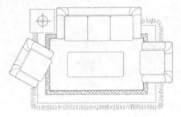

图8-34

02 选择"绘图 > 渐变色"菜单命令，输入"T"并确认，打开"图案填充和渐变色"对话框，然后选中"双色"单选按钮，如图 8-35 所示。

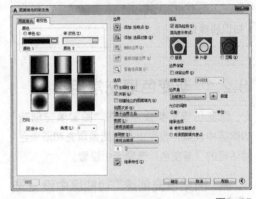

图8-35

03 单击"颜色 1"选项的"指定渐变填充的颜色"按钮，在"选择颜色"对话框中选择一种深紫色并确认，如图 8-36 所示。

图8-36

04 单击"颜色2"选项的"指定渐变填充的颜色"按钮□,在"选择颜色"对话框中选择另一种紫色并确认,如图8-37所示。

图8-37

05 返回"图案填充和渐变色"对话框,选择第1种线性渐变样式,如图8-38所示。

图8-38

06 单击"添加:拾取点"按钮⊞,在茶几中指定填充渐变色区域并确认,完成渐变色的填充,效果如图8-39所示。

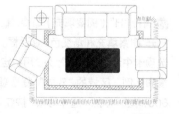

图8-39

8.3 编辑填充图案

在AutoCAD中可以对填充的图案进行编辑,如控制填充图案的可见性、关联图案填充编辑和分解填充图案等。

8.3.1 控制填充图案的可见性

执行FILL命令,可以控制填充图案的可见性。执行FILL命令后,系统将提示"输入模式[开(ON)/关(OFF)]<开>:"。选择"开(ON)"时,填充图案可见;选择"关(OFF)"时,则填充图案不可见。

■ 提示

更改FILL命令设置后,需要执行"重生成"(REGEN)命令重新生成图形,才能更新填充图案的可见性,系统变量FILLMODE也可用来控制填充图案的可见性。当FILLMODE=0时,FILL为"关(OFF)";当FILLMODE=1时,FILL为"开(ON)"。

8.3.2 关联图案填充编辑

双击填充的图案,可以打开"图案填充"选项板进行图案编辑,如图8-40所示。

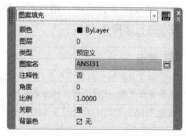

图8-40

执行HATCHEDIT命令,选择要编辑的图案,可以打开"图案填充编辑"对话框,无论是关联填充图案还是非关联填充图案,都可以在该对话框中编辑,如图8-41所示。使用编辑命令修改填充边界后,如果填充边界继续保持封闭，则图案填充区域自动更新，并保持关联性；如果边界不再保持封闭，则其关联性消失。

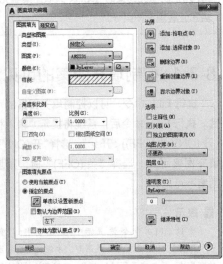

图8-41

8.3.3 分解填充图案

填充的图案是一种特殊的块，无论图案的形状多么复杂，都可以作为一个单独的对象。使用 EXPLODE（X）命令可以分解填充的图案，将一个填充图案分解后，填充的图案将分解成一组组成图案的线条。用户可以对其中的部分线条进行选择并编辑。

■ 提示

由于分解后的图案不再是单一的对象而是一组组成图案的线条，因此分解后的图案不再具有关联性，无法使用HATCHEDIT命令对其进行编辑。

8.4 综合练习

对图形进行填充可以形象地表现图形中的内容。下面将通过两个综合练习进一步讲解图案填充的相关知识和操作。

🏠 综合练习 填充室内地面材质

» 实例位置：实例文件>CH08>综合练习：填充室内地面材质.dwg
» 素材位置：素材文件>CH08>素材03.dwg
» 视频名称：填充室内地面材质.mp4
» 技术掌握：图案设置与填充操作

本实例将应用前面所学的"图案填充"命令，在室内结构图中填充室内地面材质。在填充图形的过程中，可以使用"多段线"命令绘制填充的区域，然后执行"图案填充"命令对图形进行图案填充。

01 打开学习资源中的"素材文件>CH08>素材03.dwg"文件，如图8-42所示。

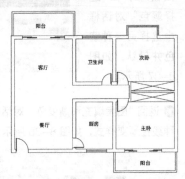

图8-42

02 执行"PL"（多段线）命令，沿着客厅和餐厅边缘绘制一条多段线，如图8-43所示。

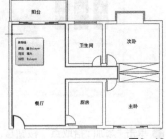

图8-43

03 执行"H"（图案填充）命令，输入"T"并确认，打开"图案填充和渐变色"对话框。在"图案填充"选项卡中设置"类型"为"用户定义"，选中"角度和比例"区域的"双向"复选项，设置间距为600，单击"添加：选择对象"按钮，如图8-44所示。

图8-44

04 在绘图区中选择创建的多段线作为填充对象，如图 8-45 所示。根据系统提示确认，填充的效果如图 8-46 所示。

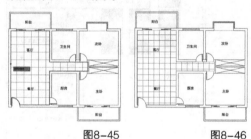

图8-45   图8-46

05 执行"PL"（多段线）命令，在主卧室中绘制一条多段线，如图 8-47 所示。

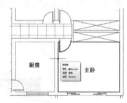

图8-47

06 执行"H"（图案填充）命令，输入"T"并确认，打开"图案填充和渐变色"对话框，在"图案填充"选项卡中设置"类型"为"预定义"，选择 DOLMIT 图案，设置比例为 800，如图 8-48 所示。

图8-48

07 单击"添加：选择对象"按钮 ，选择绘制的多段线作为填充对象并确认，完成卧室地板的填充，然后将多段线删除，效果如图 8-49 所示。

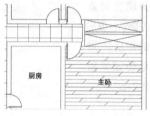

图8-49

08 使用同样的方法，对另一个卧室的地面进行地板图案填充。

09 执行"PL"（多段线）命令，在厨房内绘制一条多段线，如图 8-50 所示。

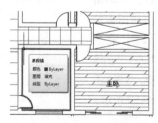

图8-50

10 执行"H"（图案填充）命令，输入"T"并确认，打开"图案填充和渐变色"对话框，设置"图案"为 ANGLE，设置比例为 1 200，然后单击"添加：选择对象"按钮 ，如图 8-51 所示。

图8-51

本实例将应用前面所学的"渐变色"命令，在浴霸图形中填充渐变色。在填充渐变色的过程中，可以使用"单色"渐变对图形进行填充。

01 打开学习资源中的"素材文件 >CH08> 素材 04.dwg"文件，如图 8-54 所示。

图8-54

02 选择"绘图 > 渐变色"菜单命令，输入"T"并确认。打开"图案填充和渐变色"对话框，在"渐变色"选项卡中选中"单色"单选按钮，然后单击选项下方的□按钮，图 8-55 所示。

11 选择绘制的多段线作为填充对象并确认，填充的厨房防滑地砖效果如图8-52所示。

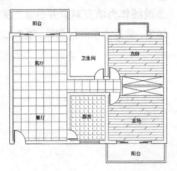

图8-52

图8-55

03 在"选择颜色"对话框中选择颜色索引号为 8 的浅灰色，单击"确定"按钮，如图 8-56 所示。

12 使用同样的方法，对卫生间和阳台进行防滑地砖图案的填充，完成地面材质的填充，效果如图8-53所示。

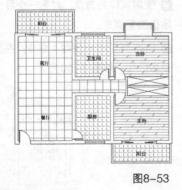

图8-53

图8-56

综合练习 填充浴霸渐变色

» 实例位置：实例文件>CH08>综合练习：填充浴霸渐变色.dwg
» 素材位置：素材文件>CH08>素材04.dwg
» 视频名称：填充浴霸渐变色.mp4
» 技术掌握：渐变色设置与填充操作

04 返回"图案填充和渐变色"对话框，选择径向渐变样式，如图8-57所示。

图8-57

05 单击"添加：拾取点"按钮🔲，进入绘图区中指定填充渐变色的区域，如图8-58所示。按空格键确认，填充渐变色的效果如图8-59所示。

图8-58

图8-59

06 再次执行"渐变色"命令，使用同样的方法对其他取暖灯进行渐变色填充，完成本例的操作，效果如图8-60所示。

图8-60

8.5 课后习题

通过对本课的学习，相信读者对图形进行图案填充和渐变色填充有了深入的了解，下面通过几个课后习题来巩固前面所学到的知识。

🖹课后习题 填充盘盖剖视图

> » 实例位置：实例文件> CH08>课后习题：填充盘盖剖视图.dwg
> » 素材位置：素材文件>CH08>素材05.dwg
> » 视频名称：填充盘盖剖视图.mp4
> » 技术掌握：设置图案填充参数、填充图案

盘盖类零件是工程上常用的零件之一，其典型的特征是具有回转性。本习题将练习对盘盖剖视图进行图案填充操作。

制作提示

第1步： 打开学习资源中的"素材文件>CH08> 素材05.dwg"文件，如图8-61所示。

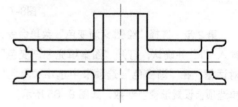

图8-61

第2步： 选择"绘图 > 图案填充"菜单命令，在"图案填充创建"功能区中设置图案填充的参数，如图8-62所示。

图8-62

第3步： 在零件图中指定填充的区域，填充效果如图8-63所示。

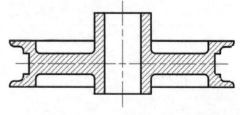

图8-63

- » 实例位置：实例文件>CH08>课后习题：填充灯具渐变色.dwg
- » 素材位置：素材文件>CH08>素材06.dwg
- » 视频名称：填充灯具渐变色.mp4
- » 技术掌握：设置渐变填充参数、填充渐变色

本习题将练习填充灯具渐变色，以巩固渐变色填充的区域设定、渐变色的选择及参数设置等操作。

制作提示

第1步：打开学习资源中的"素材文件>CH08>素材06.dwg"文件，如图8-64所示。

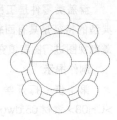

图8-64

第2步：选择"绘图>渐变色"菜单命令，输入"T"并确认，打开"图案填充和渐变色"对话框，在"渐变色"选项卡中选中"单色"单选项，设置渐变色参数，如图8-65所示。

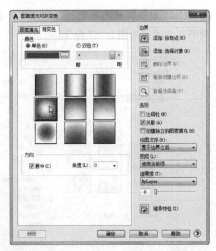

图8-65

第3步：依次对图形中的对象进行渐变色填充，效果如图8-66所示。

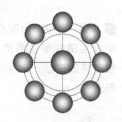

图8-66

8.6 本课笔记

第 9 课

09

尺寸标注

标注的尺寸能够准确地反映物体的形状、大小和相互关系，是识别图形和现场施工的主要依据。本课将详细介绍尺寸标注的设置与应用方法。

学习要点

» 创建与设置尺寸标注样式
» 标注图形
» 应用标注技巧
» 编辑标注样式和标注的尺寸
» 应用引线

9.1 尺寸标注样式

尺寸标注是一个复合对象，其类型和外观多种多样。AutoCAD 默认的标注样式是ISO-25，用户也可以根据有关规定及所标注图形的具体要求，对尺寸标注样式进行设置。

9.1.1 尺寸标注的组成元素

通常，尺寸标注由尺寸线、尺寸界线、尺寸箭头、尺寸文本和圆心标记组成，如图9-1所示。

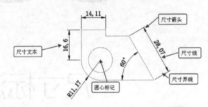

图9-1

● **尺寸线**：在预设状态下，尺寸线位于两条尺寸界线之间，尺寸线的两端有两个箭头，尺寸文本沿着尺寸线显示。

● **尺寸界线**：尺寸界线是由测量点引出的界线。通常尺寸界线用于线性及角度尺寸的标注。在预设状态下，尺寸界线与尺寸线是互相垂直的，用户也可以将它改变为倾斜所需的角度。AutoCAD可以将尺寸界线隐藏起来。

● **尺寸箭头**：箭头位于尺寸线与尺寸界线相交处，表示尺寸线的终止端。在不同的情况下通常使用不同样式的箭头符号来表示。在AutoCAD中，可以用闭合箭头、短斜线、开口箭头、圆点及自定义符号来表示尺寸线的终止。

● **尺寸文本**：尺寸文本是用来标明图纸中的距离和角度等的数值及说明文字的。标注时可以使用AutoCAD中自动给出的尺寸文本，也可以自己输入新的文本。尺寸文本的大小和采用的字体可以根据需要重新设置。

● **圆心标记**：圆心标记通常用来标示圆或

圆弧的中心，它由两条相互垂直的短线组成，交叉点就是圆的中心，如图9-2所示。

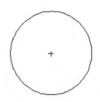

图9-2

9.1.2 创建标注样式

命令：标注样式

作用：打开"标注样式管理器"对话框

快捷命令：D

尺寸标注样式决定着尺寸各个组成部分的外观形式。在没有改变尺寸标注样式时，当前尺寸标注样式将作为预设的标注样式。系统预设标注样式为ISO-25，有时可根据实际情况重新建立尺寸标注样式。执行标注样式命令的方法有如下3种。

第1种：选择"标注>标注样式"菜单命令。

第2种：输入"DIMSTYLE"（D）并确认。

第3种：
选择"注释"
标签，单击
"标注"面板
中的"标注
样式"按钮，如图9-3所示。

图9-3

执行以上一种操作后，将打开"标注样式管理器"对话框，在该对话框中可以新建标注样式，也可以对原有的标注样式进行修改，如图9-4所示。

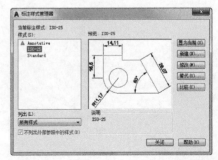

图9-4

"标注样式管理器"对话框主要选项介绍

● **当前标注样式**：显示当前的标注样式名称。

● **样式**：列表中显示图形中的所有标注样式。

● **列出**：在该下拉列表中，可以选择显示哪些标注样式。

● **置为当前**：单击该按钮，可以将选定的标注样式设置为当前标注样式。

● **新建**：单击该按钮，打开"创建新标注样式"对话框，在该对话框中可以创建新的标注样式，如图9-5所示。

图9-5

● **修改**：单击该按钮，打开"修改标注样式"对话框，在该对话框中可以修改标注样式，如图9-6所示。

图9-6

● **替代**：单击该按钮，打开"替代当前样式"对话框，在该对话框中可以设置标注样式的临时替代选项，如图9-7所示。

● **比较**：单击该按钮，打开"比较标注样式"对话框，在该对话框中可以比较两种标注样式的特性，也可以列出一种样式的所有特性，如图9-8所示。

图9-7

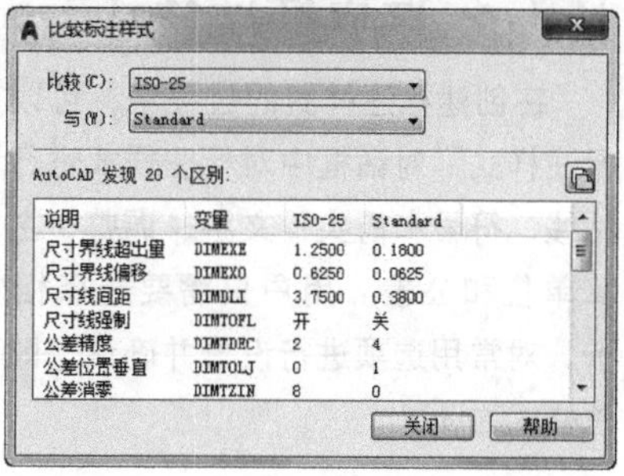

图9-8

执行DIMSTYLE（D）命令后，在"标注样式管理器"对话框中单击"新建"按钮，打开"创建新标注样式"对话框，然后单击"继续"按钮，打开"新建标注样式"对话框，如图9-9所示。设置标注样式并确认，即新建了一种标注样式，该样式将显示在"标注样式管理器"对话框中，如图9-10所示。

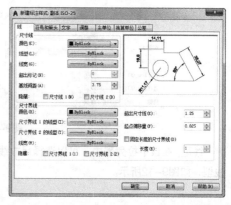

图9-9

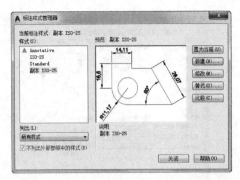

图9-10

9.1.3 设置标注样式

在创建标注样式的过程中，可以在"新建标注样式"对话框中对标注样式进行设置，包括线、符号和箭头、文字、调整、主单位、换算单位和公差。用户只需要选择相应的选项卡，对常用选项进行设置并确认，即可完成标注样式的设置。

1. 设置尺寸线样式

"新建标注样式"对话框的"线"选项卡用于设置标注的尺寸线和尺寸界线的颜色、线型和线宽等。

"线"选项卡主要选项介绍

● 尺寸线：用于设置尺寸线的基本样式。

颜色：在颜色下拉列表中可以选择尺寸线的颜色，如图9-11所示。

图9-11

线型：在该下拉列表中，可以选择尺寸线的线型，如图9-12所示。

图9-12

线宽：在该下拉列表中，可以选择尺寸线的线宽。

超出标记：当使用倾斜标记、建筑标记、积分标记或无箭头标记时，使用该文本框可以设置尺寸线超出尺寸界线的长度，图9-13所示的是没有超出标记的样式，图9-14所示的是超出标记长度为两个单位的样式。

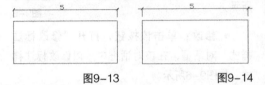

图9-13   图9-14

基线间距：设置在进行基线标注时尺寸线的间距。

隐藏：用于控制第一条和第二条尺寸线的显示与隐藏状态。图9-15所示的是隐藏尺寸线1的情况，图9-16所示的是隐藏尺寸线2的情况。

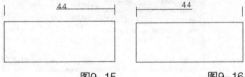

图9-15   图9-16

● 尺寸界线：用于设置尺寸界线的基本样式。

颜色：在该下拉列表中，可以选择尺寸界线的颜色；如果单击列表底部的"选择颜色"选项，将打开"选择颜色"对话框。

尺寸界线1的线型：在该下拉列表中，可以选择尺寸界线1的线型。

尺寸界线2的线型：在该下拉列表中，可以选择尺寸界线2的线型。

线宽：在该下拉列表中，可以选择尺寸界线的线宽。

超出尺寸线：用于设置尺寸界线超出尺寸的长度。图9-17所示的是超出尺寸线长度为6个单位的情况，图9-18所示的是超出尺寸线长度为两个单位的情况。

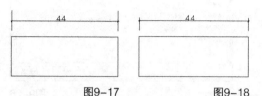

图9-17　　　　　　　图9-18

起点偏移量：设置标注点到尺寸界线起点的偏移距离。图9-19所示的是起点偏移量为2个单位，图9-20所示的是起点偏移量为6个单位。

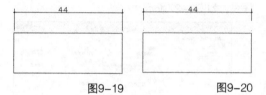

图9-19　　　　　　　图9-20

固定长度的尺寸界线：选中该复选框后，可以在下方的"长度"文本框中设置尺寸界线的固定长度。

隐藏：用于控制第一条和第二条尺寸界线的显示与隐藏状态。图9-21所示的是隐藏尺寸界线1的情况，图9-22所示的是隐藏尺寸界线2的情况。

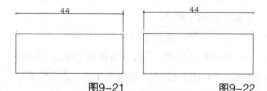

图9-21　　　　　　　图9-22

2. 设置标注符号和箭头样式

选择"符号和箭头"选项卡，在该选项卡中可以设置符号和箭头样式、大小及圆心标记的大小等，如图9-23所示。

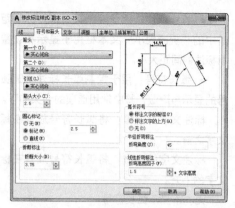

图9-23

"符号和箭头"选项卡主要选项介绍

● **箭头**：用于设置箭头的样式，其中各项的含义如下。

第一个：在下拉列表中选择第一条尺寸线的箭头。在改变第一个箭头的类型时，第二个箭头将自动改变，以与第一个箭头相匹配。

第二个：在该下拉列表中，选择第二条尺寸线的箭头。

引线：在该下拉列表中，可以选择引线的箭头样式。

箭头大小：用于设置箭头的大小。

● **圆心标记**：用于控制直径标注和半径标注的圆心标记及中心线的外观，其中常用选项的含义如下。

无：不会创建圆心标记和中心线，该值在系统变量DIMCEN中存储为0。

标记：创建圆心标记，在系统变量DIMCEN中，圆心标记的大小存储为正值，在相应的文本框中可以输入圆心标记的大小。

直线：创建中心线，中心线的大小在系统变量DIMCEN中存储为负值。

■ 提示

当执行DIMCENTER、DIMDIAMETER和DIMRADIUS命令时，将使用圆心标记和中心线。对于DIMDIAMETER和DIMRADIUS命令，仅当尺寸线放置到圆或圆弧外部时，才绘制圆心标记。

● **折断标注**：用于控制折断标注的间距，其中的"折断大小"文本框用于显示和设置折断标注的间距大小。

● **弧长符号**：用于控制弧长标注中圆弧符号的显示与隐藏，其中常用选项的含义如下。

标注文字的前缀：将弧长符号放置在标注文字之前。

标注文字的上方：将弧长符号放置在标注文字的上方。

无：不显示弧长符号。

● **半径折弯标注**：用于控制半径标注折弯线的显示。半径折弯标注通常在圆或圆弧的中心点位于界面外部时创建。其中的"折弯角度"选项用于确定半径折弯标注中尺寸线与折弯线之间的角度，如图9-24所示。

● **线性折弯标注**：用于控制线性标注折弯线的显示。当标注不能精确表示实际尺寸时，通常将折弯线添加到线性标注中，而一般情况下实际尺寸会比所需值小。在"折弯高度因子"文本框中可以设置两个折弯角的顶点之间的距离，如图9-25所示。

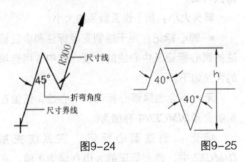

图9-24　　　　图9-25

3. 设置标注文字样式

选择"文字"选项卡，在该选项卡中可以设置"文字外观""文字位置"和"文字对齐"等特性，如图9-26所示。

图9-26

"文字"选项卡主要选项介绍

文字样式：在该下拉列表中，可以选择标注文字的样式。单击后面的 按钮，打开"文字样式"对话框，可以在该对话框中设置文字样式，如图9-27所示。

图9-27

文字颜色：在该下拉列表中，可以选择标注文字的颜色。

填充颜色：在该下拉列表中，可以选择标注文字的填充颜色。

文字高度：设置标注文字的高度。

分数高度比例：设置分数相对于标注文字的比例，只有在"主单位"选项卡中的"单位格式"中选择了"分数"时，此选项才可用。

绘制文字边框：勾选该选项，可以创建文字边框效果。

垂直：在该下拉列表中，可以选择标注文字相对于尺寸线的垂直位置。

水平：在该下拉列表中，可以选择标注文字相对于尺寸线和尺寸界线的水平位置。

从尺寸线偏移：设置标注文字与尺寸线的距离。图9-28所示的是文字从尺寸线偏移两个单位的情况，图9-29所示的是文字从尺寸线偏移10个单位的情况。

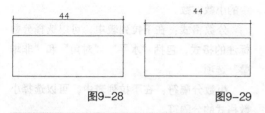

图9-28　　　　　图9-29

■ 提示

设置从尺寸线偏移可以使文字偏离尺寸线一定的距离，能更清楚地显示文字。

4.设置调整参数

选择"调整"选项卡，在该选项卡中可以设置尺寸的尺寸线与箭头的位置关系、尺寸线与文字的位置关系和标注特征比例以及优化等，如图9-30所示。

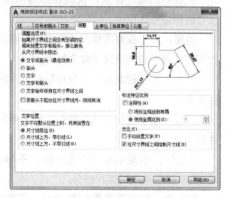

图9-30

"调整"选项卡主要选项介绍

● **调整选项**：当尺寸界线之间没有足够空间放置文字和箭头时，用于设置从尺寸界线中移出的对象。

文字或箭头（最佳效果）：按照最佳布局移动文字或箭头。当尺寸界线间的距离足够放

置文字和箭头时，文字和箭头都将放在尺寸界线内，如图9-31所示；当尺寸界线间的距离仅够容纳文字时，则将文字放在尺寸界线内，将箭头放在尺寸界线外，如图9-32所示；当尺寸界线间的距离仅够容纳箭头时，则将箭头放在尺寸界线内，将文字放在尺寸界线外，如图9-33所示；当尺寸界线间的距离既不够放文字又不够放箭头时，文字和箭头将全部放在尺寸界线外，如图9-34所示。

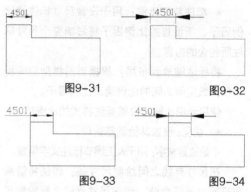

图9-31　　　　　图9-32

图9-33　　　　　图9-34

箭头：指定当尺寸界线间距离不足以放下文字时，文字和箭头都放在尺寸界线外；当尺寸界线间的距离足够放置文字和箭头时，文字和箭头都放在尺寸界线内；当尺寸界线间距离仅够放下文字时，将文字放在尺寸界线内，而箭头放在尺寸界线外。

文字：指定当尺寸界线间距离不足以放下箭头时，文字和箭头都放在尺寸界线外；当尺寸界线间的距离足够放置文字和箭头时，文字和箭头都放在尺寸界线内；当尺寸界线间的距离仅能容纳箭头时，将箭头放在尺寸界线内，而将文字放在尺寸界线外。

文字和箭头：当尺寸界线间距离不足以放下文字和箭头时，文字和箭头都放在尺寸界线外。

文字始终保持在尺寸界线之间：始终将文字放在尺寸界线之间。

若箭头不能放在尺寸界线内，则将其消：当尺寸界线内没有足够的空间时，则自动隐藏尺寸界线。

● **文字位置**：用于设置特殊尺寸文本的摆放位置。当标注文字不能按"文字"选项卡中的"文字位置"区域的选项所规定的位置摆放时，可以通过以下的选项来确定其位置。

尺寸线旁边：将标注文字放在尺寸线旁边。

尺寸线上方，带引线：将标注文字放在尺寸线上方，并自动加上引线。

尺寸线上方，不带引线：将标注文字放在尺寸线上方，不加引线。

● **标注特征比例**：用于设置尺寸标注的比例因子，所设置的比例因子将影响整个尺寸标注所包含的内容。

将标注缩放到布局：根据当前模型空间视口和图纸空间之间的比例确定比例因子。

使用全局比例：设置标注样式的比例值。

● **优化**：设置其他调整选项。

手动放置文字：用于人工调节标注文字位置。

在尺寸界线之间绘制尺寸线：即使将箭头放在尺寸界线之外，也在尺寸界线之间绘制尺寸线。

5. 设置主单位参数

选择"主单位"选项卡，在该选项卡中可以设置线性标注与角度标注主单位的格式和精度等。线性标注包括"单位格式""精度""舍入""测量单位比例"和"消零"等选项，角度标注包括"单位格式""精度"和"消零"等选项，如图9-35所示。

图9-35

"主单位"选项卡主要选项介绍

● **线性标注**：设置线性标注主单位的格式和精度等，其中各选项的含义如下。

单位格式：在下拉列表中，可以选择标注的单位格式。

精度：在下拉列表中，可以选择标注文字中的小数位数。

分数格式：在下拉列表中，可以选择分数标注的格式，包括"水平""对角"和"非堆叠"选项。

小数分隔符：在下拉列表中，可以选择小数格式的分隔符。

舍入：用于设置标注测量值的舍入规则。

前缀：为标注文字设置前缀。

后缀：为标注文字设置后缀。

测量单位比例：用于设置测量比例，其中各选项的含义如下。

比例因子：用于设置线性标注测量值的比例因子，AutoCAD将按照输入的数值放大标注测量值。

仅应用到布局标注：仅对在布局中标注的尺寸应用线性比例值。

消零：用于控制线性尺寸前面或后面的0是否可见，其中常用选项的含义如下。

前导：用于控制尺寸小数点前面无用的0是否显示。

后续：用于控制尺寸小数点后面无用的0是否显示。

0英尺：当距离小于1英尺时，不输出英尺-英寸型标注中的英尺部分。

0英寸：当距离是整数英尺时，不输出英尺-英寸型标注中的英寸部分。

● **角度标注**：设置线性标注主单位的格式和精度等，其中常用选项的含义如下。

单位格式：用于设置角度单位格式。在列表中共有4个选项：十进制度数、度/分/秒、百分度和弧度。

精度：设置角度标注的小数位数。

6. 设置换算单位参数

选择"换算单位"选项卡，在该选项卡中可以设置将原单位换算成的另一种单位的格式和精度等，如图9-36所示。

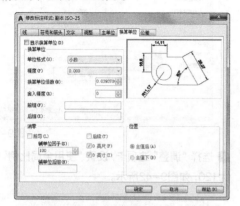

图9-36

"换算单位"选项卡主要选项介绍

● **换算单位**：用于设置所有标注类型的换算单位的格式和精度等，其中各选项的含义如下。

单位格式：用于设置换算单位的格式。

精度：用于设置换算单位中的小数位数。

换算单位倍数：选择两种单位的换算比例。

舍入精度：用于设置换算单位的舍入规则。

前缀：用于指定标注文字前缀。

后缀：用于指定标注文字后缀。

● **消零**：用于控制换算单位中0的可见性。

● **位置**：用于控制换算单位的位置。

主值后：将换算单位放在标注文字中的主单位之后。

主值下：将换算单位放在标注文字中的主单位下面。

7. 设置公差参数

选择"公差"选项卡，在该选项卡中可以设置公差格式和换算单位公差的特性，如图9-37所示。

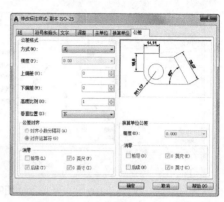

图9-37

"公差"选项卡主要选项介绍

● **公差格式**：用于设置公差标注样式。

方式：用于设置尺寸公差标注类型，包括无公差、对称、极限偏差、极限尺寸和基本尺寸5种。

精度：用于设置尺寸公差的小数位数。

上偏差：用于设置标注样式的上偏差值。

下偏差：用于设置标注样式的下偏差值。

高度比例：用于设置公差文字的当前高度。

垂直位置：用于控制尺寸公差的摆放位置。

消零：用于设置公差中0的可见性。

● **换算单位公差**：用于设置换算单位中尺寸公差的精度和消零规则。

👆操作练习　创建建筑尺寸标注样式

» 实例位置：实例文件>CH09>操作练习：创建建筑尺寸标注样式.dwg
» 素材位置：无
» 视频名称：创建建筑尺寸标注样式.mp4
» 技术掌握：新建标注样式，设置标注样式

在创建建筑尺寸标注样式时，应设置标注的箭头和引线为建筑标记，并适当设置标注文字的对齐方法、全局比例因子和主单位等参数。

01 输入"DIMSTYLE"（D）命令并确认，打开"标注样式管理器"对话框，单击"新建"按钮，如图9-38所示。

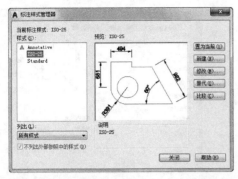

图9-38

02 在打开的"创建新标注样式"对话框中输入要创建的标注样式名称,选择基础样式为"ISO-25",单击"继续"按钮,如图9-39所示。

图9-39

03 在打开的"新建标注样式"对话框中选择"符号和箭头"选项卡,设置箭头和引线为"建筑标记",如图9-40所示。

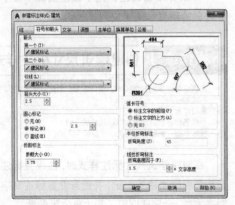

图9-40

04 选择"文字"选项卡,在"文字对齐"区域中选中"ISO标准"单选项,如图9-41所示。

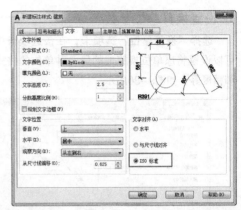

图9-41

05 选择"调整"选项卡,设置"使用全局比例"值为120,如图9-42所示。

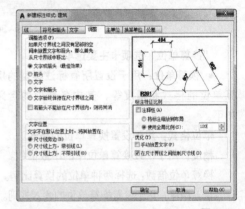

图9-42

06 选择"主单位"选项卡,设置线性标注的"单位格式"为"小数","精度"为0,如图9-43所示。

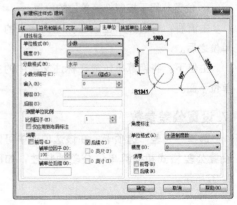

图9-43

07 设置完成后单击"确定"按钮,返回"标注样式管理器"对话框,在样式列表中将显示新建的标注样式,如图9-44所示。单击"关闭"按钮,完成标注样式的创建。

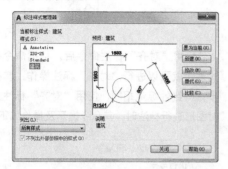

图9-44

9.2 标注图形

标注的尺寸用于准确地反映图形中各对象的大小和位置,给出了图形的真实尺寸并为生产加工提供了依据。AutoCAD中提供了多种尺寸标注类型,其中包括线性标注、对齐标注、角度标注、径向标注、弧长标注和坐标标注等。

9.2.1 线性标注

命令:线性

作用:标注长度类型的尺寸

快捷命令:DLI

线性标注用于标注长度类型的尺寸,包括竖直、水平和旋转的线性尺寸。执行"线性"标注命令的常用方法有如下3种。

第1种:选择"标注>线性"菜单命令。

第2种:输入"DIMLINEAR"(DLI)命令并确认。

第3种:选择"注释"标签,单击"标注"面板中的"线性"按钮├┤,如图9-45所示。

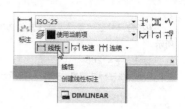

图9-45

执行"线性"标注命令后,系统将提示"指定第一个尺寸界线原点或<选择对象>:",当选择对象后系统将提示"指定尺寸线位置或[多行文字(M)/文字(T)/角度(A)/水平(H)/垂直(V)/旋转(R)]:"。

命令主要选项介绍

● **多行文字(M)**:用于改变多行标注文字或者给多行标注文字添加前缀和后缀。

● **文字(T)**:用于改变当前标注文字或者给标注文字添加前缀和后缀。

● **角度(A)**:用于修改标注文字的角度。

● **水平(H)**:用于创建水平线性标注。

● **垂直(V)**:用于创建竖直线性标注。

● **旋转(R)**:用于创建旋转线性标注。

在"指定第一个尺寸界线原点或<选择对象>:"提示出现后可以选择两种操作方式,如果选取一个点,则提示"指定第二条尺寸界线原点:",选取第二个点,这两个点即为尺寸界线第一、第二定位点;如果直接按空格键,系统提示"选择标注对象:",在采用此种方式标注时,系统会自动确定尺寸界线的定位点。

使用"线性"标注命令标注图形尺寸时,其命令提示及具体操作如下。

```
命令:DIMLINEAR↙
//执行命令
指定第一个尺寸界线原点或<选择对象>:
//指定第一条尺寸界线定位点,如图9-46所示
指定第二条尺寸界线原点:
//指定第二条尺寸界线定位点,如图9-47所示
指定尺寸线位置或
[多行文字(M)/文字(T)/角度(A)/水平(H)/垂直(V)/旋转(R)]:
```

//指定尺寸线位置，或选择其他选项，如图9-48所示

标注文字=1288

//显示线性标注结果，如图9-49所示

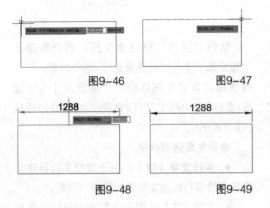

| 图9-46 | 图9-47 |

1288 | 1288

图9-48 | 图9-49

9.2.2 对齐标注

命令：对齐

作用：标注尺寸线与对象保持平行的尺寸

快捷命令：DAL

对齐标注是指尺寸线始终与标注对象保持平行，如图9-50所示，若是圆弧则标注的尺寸的尺寸线与连接圆弧的两个端点的线段保持平行。

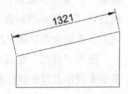

1321

图9-50

执行"对齐"标注命令的方法有如下3种。

第1种：选择"标注>对齐"菜单命令。

第2种：输入"DIMALIGNED"（DAL）命令并确认。

第3种：选择"注释"标签，单击"标注"面板中的"已对齐"按钮，如图9-51所示。

图9-51

启用"对齐"标注命令后，根据命令行中的提示就可以进行"对齐"标注操作，其操作步骤与线性标注相同，使用"对齐"标注命令对图形进行标注时，其命令提示及操作如下。

命令:DIMALIGNED↙

//执行命令

指定第一条尺寸界线原点或<选择对象>:

//指定第一条尺寸界线定位点

指定第二条尺寸界线原点:

//指定第二条尺寸界线定位点

指定尺寸线位置或

[多行文字(M)/文字(T)/角度(A)]:

指定尺寸线位置，或选择其他选项

标注文字=…

//显示对齐标注结果

9.2.3 半径标注

命令：半径

作用：标注圆或圆弧的半径

快捷命令：DRA

半径标注是指尺寸线指向圆或圆弧的中心，用于标注圆或圆弧的半径。使用半径标注工具可以根据圆和圆弧的大小、标注样式的选项设置以及光标的位置来标注不同类型的半径尺寸，如图9-52所示。

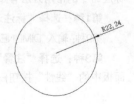

R22.24

图9-52

执行"半径"标注命令的方法有如下3种。

第1种：选择"标注>半径"菜单命令。

第2种：输入"DIMRADIUS"（DRA）命令并确认。

第3种：选择"注释"标签，单击"标注"面板中的"半径"按钮◐ ¥¥，如图9-53所示。

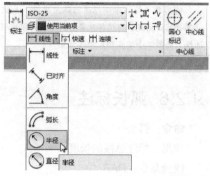

图9-53

使用"半径"标注命令对图形进行半径标注时，其命令提示及操作如下。

命令:DIMRADIUS↙
//执行命令
选择圆弧或圆:
//选择标注对象，如图9-54所示
标注文字=649
//显示半径标注值
指定尺寸线位置或[多行文字(M)/文字(T)/角度(A)]:
//指定尺寸线位置，如图9-55所示，标注效果如图9-56所示

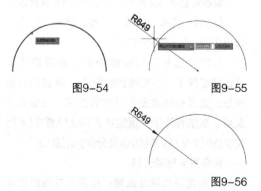

图9-54 图9-55

图9-56

■ **提示**

半径标注样式控制圆心标记和中心线。当尺寸线画在圆弧或圆内部时，AutoCAD不绘制圆心标记和中心线，而将圆心标记和中心线的设置存储在系统变量*DIMCEN*中。

9.2.4 直径标注

命令：直径

作用：标注圆或圆弧图形的直径

快捷命令：DDI

"直径"标注用于标注圆或圆弧图形的直径，如图9-57所示。其操作方法与半径标注的方法相同，执行"直径"标注命令的方法有如下3种。

第1种：选择"标注>直径"菜单命令。

第2种：输入"DIMDIAMETER"（DDI）命令并确认。

第3种：选择"注释"标签，单击"标注"面板中的"直径"按钮◐ ¥¥。

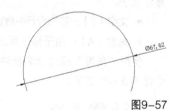

图9-57

9.2.5 角度标注

命令：角度

作用：标注对象之间的夹角或圆弧的圆心角

快捷命令：DAN

角度标注工具可以准确地标注对象之间的夹角或圆弧的圆心角，如图9-58和图9-59所示。执行"角度"标注命令的方法有如下3种。

第1种：选择"标注>角度"菜单命令。

第2种：输入"DIMANGULAR"（DAN）命令并确认。

第3种：选择"注释"标签，单击"标注"面板中的"角度"按钮。

图9-58 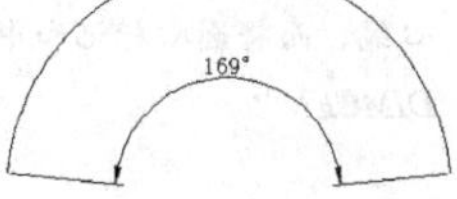　　　　图9-59

执行"角度"标注命令后，系统将提示"选择圆弧、圆、直线或<指定顶点>:"，在该提示出现后，可以选择圆弧、圆、直线或者按空格键，通过指定3个点标注角度。在选择圆弧或圆并指定角的第二个端点，或选择两条直线，或指定角的顶点和两个端点后，系统将提示"指定标注弧线位置或[多行文字(M)/文字(T)/角度(A)/象限点(Q)]:"。

命令主要选项介绍

● **指定标注弧线位置**：指定尺寸线的位置并确定绘制尺寸界线的方向。

● **多行文字（M）**：选择该命令，将显示"文字编辑器"功能区，可在该功能区中编辑标注文字。

● **文字（T）**：在命令行中自定义标注文字。

● **角度（A）**：用于修改标注文字的角度。

使用"角度"标注命令标注图形时，其命令提示及操作如下。

```
命令:DIMANGULAR↙
//执行命令
选择圆弧、圆、直线或<指定顶点>:
//选择要标注的角的第一条边，如图9-60所示
选择第二条直线:
//选择要标注的角的第二条边，如图9-61所示
指定标注弧线位置或[多行文字(M)/文字(T)/角度(A)/象限点(Q)]:
//指定标注弧线位置，结束角度标注，效果如图9-62所示
```

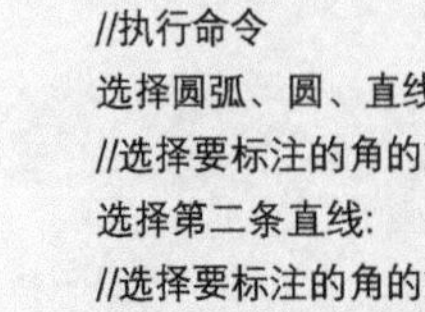

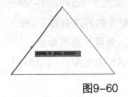
图9-60

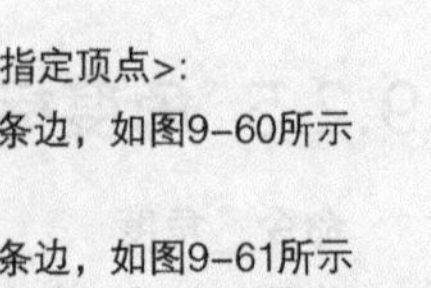

图9-61

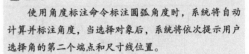
图9-62

■ **提示**

使用角度标注命令标注圆弧角度时，系统将自动计算并标注角度，当选择对象后，系统将依次提示用户选择角的第二个端点和尺寸线位置。

9.2.6　弧长标注

命令：弧长
作用：标注弧线的长度
快捷命令：DAR

使用弧长标注工具可以准确地标注弧线的长度，可标注的对象包括弧线和多段线中的弧线，如图9-63所示。

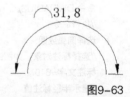
31,8
图9-63

执行"弧长"标注命令的方法有如下3种。

第1种：选择"标注>弧长"菜单命令。

第2种：输入"DIMARC"（DAR）命令并确认。

第3种：选择"注释"标签，单击"标注"面板中的"弧长"按钮。

启用"弧长"标注命令后，系统将提示"选择弧线段或多段线圆弧段:"，在该提示出现后，选择弧线或多段线中的弧线。在选择对象后，系统将提示"指定弧长标注位置或[多行文字(M)/文字(T)/角度(A)/部分(P)/引线(L)]:"。

命令主要选项介绍

● **指定弧长标注位置**：指定尺寸线的位置并确定绘制尺寸界线的方向。

● **多行文字（M）**：选择该命令，将显示"文字编辑器"功能区，可在该功能区中编辑标注文字。

● **文字（T）**：在命令行中自定义标注文字。

● **角度（A）**：用于修改标注文字的角度。

使用"弧长"标注命令标注图形时，其命令提示及操作如下。

命令:DIMARC↙

//执行命令

选择弧线段或多段线圆弧段:

//选择标注对象，如图9-64所示

指定弧长标注位置或[多行文字(M)/文字(T)/角度(A)/部分(P)/引线(L)]:

//指定弧长标注位置，结束弧长标注，效果如图9-65所示

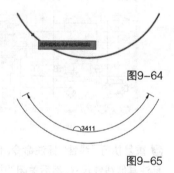

图9-64

图9-65

9.2.7 坐标标注

命令：坐标

作用：标注所指点的坐标值

快捷命令：DOR

坐标标注主要用于标注所指点的坐标值，其坐标值位于引出线上，是沿一条简单的引线显示点的x轴或y轴坐标，如图9-66所示。

图9-66

执行"坐标"标注命令的方法有如下3种。

第1种：选择"标注>坐标"菜单命令。

第2种：输入"DIMORDINATE"（DOR）命令并确认。

第3种：选择"注释"标签，单击"标注"面板中的"坐标"按钮 。

启用"坐标"标注命令后，系统将提示"指定点坐标:"，在该提示出现后指定需要标注坐标的点对象。选择对象后，系统将提示"指定引线端点或[X基准(X)/Y基准(Y)/多行文字(M)/文字(T)/角度(A)]:"。

命令主要选项介绍

● **指定引线端点**：使用点位置和引线另一端点的坐标差可确定它是x轴坐标标注还是y轴坐标标注。

● **X基准（X）**：用于测量x轴坐标并确定引线和标注文字的方向。

● **Y基准（Y）**：用于测量y轴坐标并确定引线和标注文字的方向。

● **多行文字（M）**：用于改变多行标注文字或者给多行标注文字添加前缀和后缀。

● **文字（T）**：用于改变当前标注文字或者给标注文字添加前缀和后缀。

● **角度（A）**：用于修改标注文字的角度。

👆 **操作练习** | **标注室内设计图**

» 实例位置：实例文件>CH09>操作练习:标注室内设计图.dwg
» 素材位置：素材文件>CH09>素材01.dwg
» 视频名称：标注室内设计图.mp4
» 技术掌握：线性标注

标注本例的室内设计图时，需要先设置对象捕捉方式，以便在进行线性标注时能快速准确捕捉到标注图形的起点和终点。

01 打开学习资源中的"素材文件>CH09>素材01.dwg"文件，然后在"图层"面板的图层列表中打开"中轴线"图层，效果如图9-67所示。

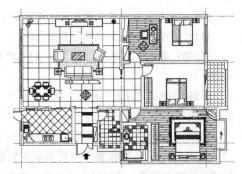

图9-67

02 选择"工具>绘图设置"菜单命令,打开"草图设置"对话框,选中"交点"复选项并确认,如图9-68所示。

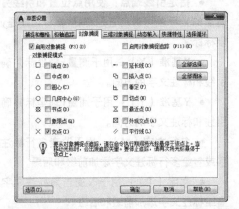

图9-68

03 输入"DIMLINEAR"(DLI)命令并确认,根据系统提示指定尺寸标注的第一个定位点,如图9-69所示。

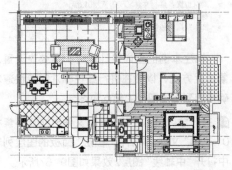

图9-69

04 当系统提示"指定第二条尺寸界线原点:"时,指定尺寸标注的第二个定位点,如图9-70所示。

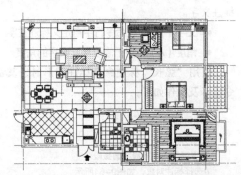

图9-70

05 根据提示在图形上方指定尺寸线的位置,完成后的标注效果如图9-71所示。

图9-71

06 重复执行"线性"标注命令,使用同样的方法标注其他线性尺寸,然后关闭"中轴线"图层,效果如图9-72所示。

图9-72

9.3 应用标注技巧

在标注图形的操作中，应用AutoCAD提供的技巧可以更快地标注特殊图形，提高标注的速度。下面介绍AutoCAD中常用的标注技巧。

9.3.1 连续标注

命令：连续
作用：连续标注线性或角度尺寸
快捷命令：DCO

连续标注用于标注在同一方向上连续的线性或角度尺寸，其标注操作与线性标注相同，只是该命令从上一个或选定的尺寸的第二尺寸界线处标注线性、角度或坐标的连续尺寸，如图9-73所示。对图形进行第一次标注后，即可对图形进行连续标注。

图9-73

执行"连续"标注命令的方法有如下3种。

第1种：选择"标注>连续"菜单命令。

第2种：输入"DIMCONTINUE"（DCO）命令并确认。

第3种：选择"注释"标签，单击"标注"面板中的"连续"按钮▦，如图9-74所示。

图9-74

9.3.2 基线标注

命令：基线
作用：标注有共同基准的线性或角度尺寸
快捷命令：DBA

"基线标注"命令用于标注图形中有一个共同基准的线性或角度尺寸，如图9-75所示。基线标注是以某一个点、线或者面作为基准，其他尺寸按照该基准定位。因此，在使用"基线"标注之前，需要对图形进行一次标注操作，以确定基线标注的基准点，否则无法进行基线标注。

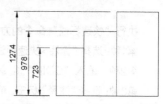

图9-75

执行"基线"标注命令的方法有如下3种。

第1种：选择"标注>基线"命令。

第2种：单击"标注"面板中的"连续"按钮右侧的下拉按钮，在下拉列表中选择"基线"选项，如图9-76所示。

第3种：输入"DIMBASELINE"（DBA）命令并确认。

图9-76

9.3.3 快速标注

命令：快速标注
作用：快速创建标注
快捷命令：QDIM

快速标注用于快速标注尺寸。执行"快速标注"命令，然后选择多个要标注的对象，如图9-77所示，即可标注选择的所有对象，如图9-78所示。

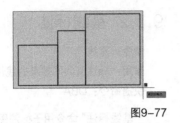

图9-77

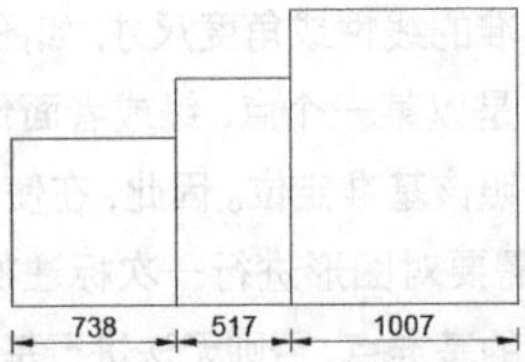

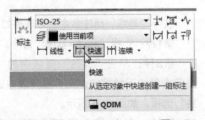

738 517 1007

图9-78

执行"快速标注"命令的方法有如下3种。

第1种：选择"标注>快速标注"菜单命令。

第2种：输入"QDIM"命令并确认。

第3种：选择"注释"标签，单击"标注"面板中的"快速标注"按钮🔲，如图9-79所示。

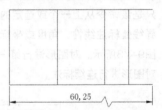

图9-79

启用"快速标注"命令后，系统将提示"选择要标注的几何图形:"在此提示出现后选择标注对象，系统将提示"指定尺寸线位置或[连续(C)/并列(S)/基线(B)/坐标(O)/半径(R)/直径(D)/基准点(P)/编辑(E)/设置(T)]<连续>:"，该提示中常用选项含义如下。

- **连续（C）**：用于连续标注。
- **并列（S）**：用于交错标注。
- **基线（B）**：用于基线标注。
- **坐标（O）**：以一基点为基准，标注其他点相对于基点的相对坐标。
- **半径（R）**：用于半径标注。
- **直径（D）**：用于直径标注。

- **基准点（P）**：确定用"基线"和"坐标"方式标注时的基点。
- **编辑（E）**：启动标注的尺寸的编辑命令，用于增加或减少标注的尺寸中尺寸界线的数目。

9.3.4 折弯线性标注

命令：折弯线性

作用：在线性标注的尺寸上添加或删除折弯效果

快捷命令：DJL

折弯线性标注用于在线性或对齐标注的尺寸上添加或删除折弯效果，如图9-80所示。

60, 25

图9-80

执行"折弯线性"标注命令的方法有如下3种。

第1种：选择"标注>折弯线性"菜单命令。

第2种：输入"DIMJOGLINE"（DJL）命令并确认。

第3种：选择"注释"标签，单击"标注"面板中的"折弯标注"按钮ᐯ，如图9-81所示。

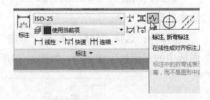

图9-81

启用"折弯线性"标注命令后，命令行中的提示如下。

```
命令: DIMJOGLINE↵
选择要添加折弯的标注或 [删除(R)]:
指定折弯位置(或按ENTER键):
```

命令各选项含义如下。

● **选择要添加折弯的标注**：指定要添加折弯效果的线性标注或对齐标注。系统将提示用户指定折弯的位置。

● **指定折弯位置（或按ENTER 键）**：指定一个点作为折弯位置或者按ENTER 键以将折弯效果放在标注文字和第一条尺寸界线之间的尺寸线的中点处。

● **删除（R）**：指定要删除折弯效果的线性标注或对齐标注。

■ 提示

在折弯线性标注中，折弯线只表示所标注对象中的折断效果，标注值表示实际距离，而不是图形中测量的距离。

操作练习 **标注装饰柜**

» 实例位置：实例文件>CH09>操作练习：标注装饰柜.dwg
» 素材位置：素材文件>CH09>素材02.dwg
» 视频名称：标注装饰柜.mp4
» 技术掌握：线性标注、连续标注

标注本例的装饰柜图形时，需要先进行线性标注，然后在线性标注的基础上进行连续标注。

01 打开学习资源中的"素材文件>CH09>素材02.dwg"文件，如图9-82所示。

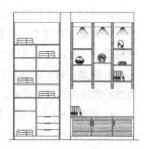

图9-82

02 执行DIMLINEAR（DLI）命令，在装饰柜下方分别对各个对象进行线性标注，如图9-83所示。

03 重复执行DIMLINEAR（DLI）命令，在装饰柜下方进行第二道和第三道线性标注，如图9-84所示。

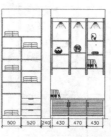
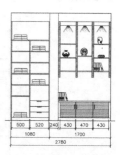

图9-83   图9-84

04 执行DIMLINEAR（DLI）命令，在装饰柜左下方进行线性标注，如图9-85所示。

05 执行DIMCONTINUE（DCO）命令，当系统提示"指定第二个尺寸界线原点或［选择（S）/放弃（U）］<选择>:"时，指定连续标注的第二个尺寸界线定位点，如图9-86所示。

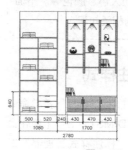

图9-85   图9-86

06 根据提示依次在图形的其他位置指定连续标注的第二个尺寸界线定位点，效果如图9-87所示。

07 使用同样的方法，在图形右方进行线性标注和连续标注，效果如图9-88所示。

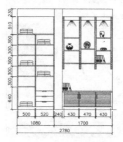

图9-87   图9-88

08 执行DIMLINEAR（DLI）命令，在图形左右两方进行线性标注，完成本例的操作，效果如图9-89所示。

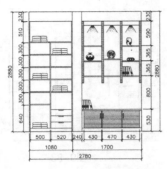

图9-89

9.4 编辑标注样式和标注的尺寸

由于设置标注样式时不能兼顾所有的标注效果，标注尺寸后，有时需要对其进行修改，如修改标注文字的大小、颜色等。下面介绍编辑标注的尺寸的相关知识。

9.4.1 修改标注样式

用户可以选择"标注>标注样式"菜单命令或者在命令行中输入"DIMSTYLE"（简化命令为D）并确认，打开"标注样式管理器"对话框，在该对话框中选中需要修改的样式，单击"修改"按钮，如图9-90所示，打开"修改标注样式"对话框，即可在该对话框中对标注的各部分的样式进行修改，如图9-91所示。

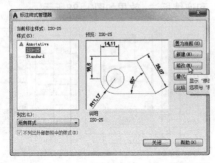

图9-90

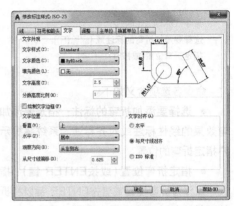

图9-91

9.4.2 更新标注样式

在命令提示行中输入"-DIMSTYLE"（更新标注）并确认，可以对修改后的标注样式进行更新。执行-DIMSTYLE命令后，命令行中出现的提示及操作如下。

```
命令:-DIMSTYLE↙
//执行命令
当前标注样式:ISO-25 注释性:否
//显示当前样式
输入标注样式选项
[注释性(AN)/保存(S)/恢复(R)/状态(ST)/变量(V)/
应用(A)/?]<恢复>:↙
//选择标注样式选项
输入标注样式名、[?]或<选择标注>:
//输入要更新的标注样式名，并选择标注的尺寸
```

命令主要选项介绍

• 保存（S）：将标注系统变量的当前设置保存到标注样式中。选择该选项后，命令行中将提示"输入新标注样式名或[?]:"。

• 恢复（R）：将标注系统变量设置恢复为选定的标注样式的设置。

• 状态（ST）：显示所有标注系统变量的当前值，列出后，-DIMSTYLE命令结束。

• 变量（V）：列出某个标注样式或选定的标注的尺寸的标注系统变量设置，但不修改当前设置。

● 应用（A）：将当前尺寸标注系统变量设置应用到选定的标注的尺寸上，永久替代应用于这些尺寸的任何现有标注样式。

● ?：列出当前图形中已命名的标注样式。

9.4.3 编辑标注尺寸

输入"DIMEDIT"（编辑标注）并确认，可以修改一个或多个标注对象上的标注文字和尺寸界线。在执行DIMEDIT命令后，命令行中将提示"输入标注编辑类型[默认(H)/新建(N)/旋转(R)/倾斜(O)]() <默认>:"。

命令主要选项介绍

● 默认（H）：将旋转标注文字移回默认位置。

● 新建（N）：使用"文字编辑器"修改、编辑标注文字。

● 旋转（R）：旋转标注文字。

● 倾斜（O）：调整线性标注尺寸界线的倾斜角度。

9.4.4 编辑标注文字

执行"DIMTEDIT"（编辑标注文字）命令，可以移动和旋转标注文字。执行DIMTEDIT命令，选择标注的尺寸后，命令行中将提示"为标注文字指定新位置或[左对齐(L)/右对齐(R)/居中(C)/默认(H)/角度(A)]:"。

命令主要选项介绍

● 为标注文字指定新位置：拖曳时动态更新标注文字的位置。

● 左对齐（L）：沿着尺寸线左对正标注文字，本选项只适用于线性、直径和半径标注。

● 右对齐（R）：沿着尺寸线右对正标注文字，本选项只适用于线性、直径和半径标注。

● 居中（C）：将标注文字放在尺寸线的中间。

● 默认（H）：将标注文字移回默认位置。

● 角度（A）：修改标注文字的角度。

👆 **操作练习** 编辑标注的尺寸

» 实例位置：实例文件>CH09>操作练习：编辑标注的尺寸.dwg
» 素材位置：无
» 视频名称：编辑标注的尺寸.mp4
» 技术掌握：修改标注样式、编辑标注文字

在本例中，首先标注一个线性尺寸，然后练习修改标注样式和标注文字的操作。

01 绘制一个长度为200、宽度为100的矩形，然后在矩形上方标注一个线性尺寸，如图9-92所示。

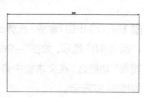

图9-92

02 选择"格式>标注样式"菜单命令，打开"标注样式管理器"对话框，单击"修改"按钮，如图9-93所示。

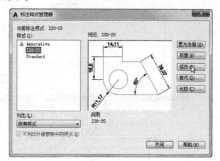

图9-93

03 打开"修改标注样式"对话框，选择"调整"选项卡，设置"使用全局比例"为5，如图9-94所示。

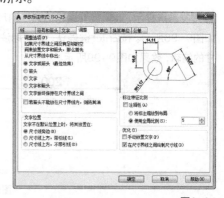

图9-94

04 修改标注样式的全局比例后，标注效果如图9-95所示。

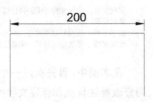

图9-95

05 执行DIMEDIT命令，在弹出的选项列表中选择"新建(N)"选项，如图9-96所示。打开"文字编辑器"功能区，在文本框中修改标注文字为180，如图9-97所示。

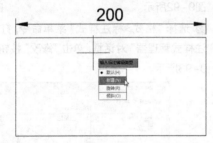

图9-96

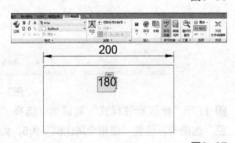

图9-97

06 根据系统提示，选择需要编辑的标注的尺寸，如图9-98所示。按Enter键确认，完成标注的尺寸的编辑，效果如图9-99所示。

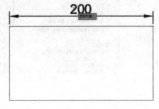

图9-98

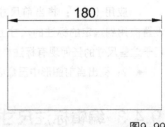

图9-99

9.5 应用引线

引线是由样条曲线或者线段连着箭头组成的对象，通常由一条水平线将文字和特征控制框连接到引线上。在AutoCAD中，经常使用引线标注对图形进行注释说明。

9.5.1 使用多重引线

用户可以使多重引线命令对图形进行标注。在应用多重引线的过程中，可以先设置多重引线的样式，然后创建多重引线内容。选择"注释"标签，在"引线"面板中选择相应的工具创建多重引线对象或者进行多重引线样式的设置，如图9-100所示。

图9-100

1. 设置多重引线样式

使用多重引线样式可以指定基线、引线、箭头和内容的格式。使用"MLEADERSTYLE"（多重引线样式）命令可以设置当前多重引线样式，以及创建、修改和删除多重引线样式。

执行"多重引线样式"命令的方法有如下3种。

第1种：选择"格式>多重引线样式"菜单命令。

第2种：输入"MLEADERSTYLE"并确认。

第3种：单击"引线"面板中的"多重引线样式管理器"按钮□，如图9-101所示。

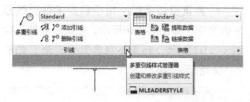

图9-101

执行"多重引线样式"命令，打开"多重引线样式管理器"对话框，如图9-102所示。

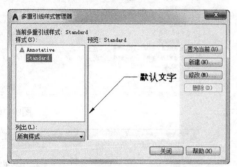

图9-102

"多重引线样式管理器"对话框主要选项介绍

• 当前多重引线样式：显示应用于所创建的多重引线的样式的名称，默认的多重引线样式为Standard。

• 样式：显示多重引线样式列表，当前样式被高亮显示。

• 列出：控制"样式"列表中的内容，选择"所有样式"，可显示图形中可用的所有多重引线样式。选择"正在使用的样式"，仅显示被当前图形中的多重引线参照的多重引线样式。

• 预览：显示"样式"列表中选定的样式的预览图像。

• 置为当前：将"样式"列表中选定的多重引线样式设置为当前样式，所有新的多重引线都将使用此多重引线样式。

• 新建：单击该按钮，将显示"创建新多重引线样式"对话框，从中可以定义新多重引线样式。

• 修改：单击该按钮，将显示"修改多重引线样式"对话框，从中可以修改多重引线样式。

• 删除：用于删除"样式"列表中选定的多重引线样式，但不能删除图形中正在使用的样式。

单击"多重引线样式管理器"对话框中的"新建"按钮，在"创建新多重引线样式"对话框中可以创建新的多重引线样式，如图9-103所示。在"新样式名"文本框中输入样式名，单击"继续"按钮，打开"修改多重引线样式"对话框，其中包括"引线格式""引线结构"和"内容"3个选项卡，如图9-104所示。

图9-103

图9-104

"引线格式"选项卡各选项介绍

• 常规：用于控制多重引线的基本外观，其中各选项含义如下。

类型：确定引线类型，可以选择直线、样条曲线或无引线。

颜色：确定引线的颜色。

线型：确定引线的线型。

线宽：确定引线的线宽。

• 箭头：用于控制多重引线箭头的外观，其中各选项的含义如下。

符号：设置多重引线的箭头符号。

大小：显示和设置箭头的大小。

● **引线打断**：用于控制将折断标注添加到多重引线上时使用的设置，其中"打断大小"选项用于显示和设置选择多重引线后用于DIMBREAK命令的折断大小。

"引线结构"选项卡可以设置引线的结构，如图9-105所示。

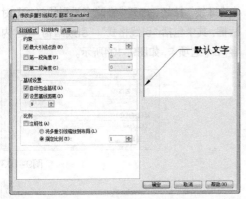

图9-105

"引线结构"选项卡各选项介绍

● **约束**：用于多重引线的约束控制，其中各选项的含义如下。

最大引线点数：指定引线的最大点数。

第一段角度：指定引线第一个点处的角度。

第二段角度：指定多重引线基线第二个点处的角度。

● **基线设置**：用于控制多重引线的基线设置。

自动包含基线：将水平基线附着到多重引线内容上。

设置基线距离：为多重引线基线确定固定距离。

● **比例**：用于控制多重引线的缩放。

注释性：用于指定多重引线为注释性的，单击信息图标可以了解有关注释性对象的详细信息。

将多重引线缩放到布局：根据模型空间视口和图纸空间视口中的缩放比例确定多重引线的比例因子。

指定比例：指定多重引线的缩放比例。

"内容"选项卡选项介绍

● **多重引线类型**：用于确定多重引线是包含文字，如图9-106所示，还是包含块，如图9-107所示，还是不包含其他对象，如图9-108所示。

图9-106

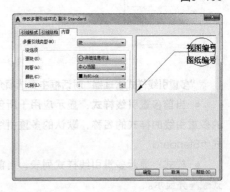

图9-107

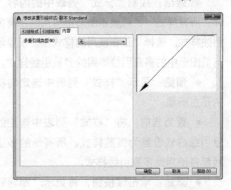

图9-108

- **预览**：显示已修改样式的预览图像。

如果在"多重引线类型"下拉列表中选择"多行文字"选项，那么可用的选项及其含义如下。

- **文字选项**：用于控制多重引线文字的外观。

默认文字：为多重引线内容设置默认文字，单击后面的[...]按钮将启动文字编辑器。

文字样式：指定属性文字的预定义样式，显示当前加载的文字样式。

文字角度：指定多重引线文字的旋转角度。

文字颜色：指定多重引线文字的颜色。

文字高度：指定多重引线文字的高度。

始终左对齐：指定多重引线文字始终左对齐。

文字加框：使用文本框为多重引线文字内容加框。

- **引线连接**：用于控制多重引线的引线连接设置。

连接位置–左：控制文字位于引线左侧时基线连接多重引线文字的方式。

连接位置–右：控制文字位于引线右侧时基线连接多重引线文字的方式。

基线间隙：指定基线和多重引线文字之间的距离。

在"多重引线类型"下拉列表中选择"块"选项，能够控制多重引线对象中块内容的特性，其中各选项的含义如下。

源块：指定用于多重引线内容的块。

附着：指定块附着到多重引线对象上的方式。可以通过指定块的插入点或块的中心点来附着块。

颜色：指定多重引线块内容的颜色。

2.创建多重引线

使用"引线"面板中的"多重引线"工具[图]可以创建连接注释与几何特征的引线，系统将提示"指定引线箭头的位置或[引线基线优先(L)/内容优先(C)/选项(O)]<选项>:"。

命令主要选项介绍

- **引线基线优先（L）**：指定多重引线对象的基线的位置，如果先前绘制的多重引线对象是基线优先，则后续的多重引线也将先创建基线。

- **内容优先（C）**：指定与多重引线对象相关联的文字或块的位置，如果先前绘制的多重引线对象是内容优先，则后续的多重引线对象也将先创建内容。

- **选项（O）**：指定用于放置多重引线对象的选项。

9.5.2 使用快速引线

使用"QLEADER"（快速引线）命令可以快速创建引线和引线注释。执行QLEADER（QL）命令后，系统将提示"指定第一个引线点或[设置(S)]<设置>:"，用户可以指定第一个引线点或者设置引线样式。

执行QLEADER命令后，输入"S"，按空格键确认，打开"引线设置"对话框，在该对话框中可以设置引线的样式，如图9-109所示。

图9-109

在"注释"选项卡中可以设置注释的类型和使用方式。

"注释"选项卡各选项介绍

- **注释类型**：在该区域中可以设置注释的类型。

- **多行文字选项**：在该区域中可以设置多行文字的样式。

- **重复使用注释**：在该区域中可以设置重复使用引线注释的方法。

选择"引线和箭头"选项卡，可以在该选项卡中设置引线和箭头样式，如图9-110所示。

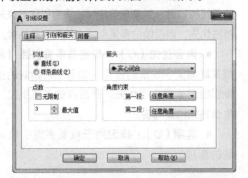

图9-110

"引线和箭头"选项卡各选项介绍

● **引线**：在该区域中可以设置引线的类型，包括"直线"和"样条曲线"。

● **箭头**：在该下拉列表中可以选择引线起始点处的箭头样式。

● **点数**：设置引线点的最多数目。

● **角度约束**：在该区域中可以设置第一条引线与第二条引线的角度限度。

选择"附着"选项卡，可以在该选项卡中设置多行文字附着在引线上的形式，如图9-111所示。

图9-111

"附着"选项卡各选项介绍

● **第一行顶部**：将引线附着到多行文字的第一行顶部。

● **第一行中间**：将引线附着到多行文字的第一行中间。

● **多行文字中间**：将引线附着到多行文字的中间。

● **最后一行中间**：将引线附着到多行文字的最后一行中间。

● **最后一行底部**：将引线附着到多行文字的最后一行底部。

● **最后一行加下划线**：给多行文字的最后一行加下划线。

■ **提示**

只有在"注释"选项卡中选定"多行文字"选项时，"附着"选项卡才能使用。

⊕ 操作练习 ┃ **标注螺栓倒角尺寸**

» 实例位置：实例文件>CH09>操作练习：标注螺栓倒角尺寸.dwg
» 素材位置：素材文件>CH09>素材03.dwg
» 视频名称：标注螺栓倒角尺寸.mp4
» 技术掌握：应用引线标注图形

在标注零件图形时，图形的倒角距离一般都需要使用引线进行标注，本例将练习对零件图中的倒角进行标注。

01 打开学习资源中的"素材文件>CH09>素材03.dwg"文件，如图9-112所示。

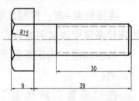

图9-112

02 执行QLEADER（QL）命令，根据提示输入"S"并确认，在打开的"引线设置"对话框中选择"注释"选项卡，在"注释类型"区域中选中"多行文字"单选项，如图9-113所示。

图9-113

03 选择"引线和箭头"选项卡，在"角度约束"区域中设置"第一段"选项为"任意角度"，"第二段"选项为"水平"，确认，如图9-114所示。

图9-114

04 根据系统提示，在零件图右方的倒角线段中点处指定第一个引线点，如图9-115所示。

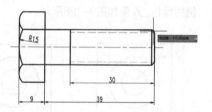

图9-115

05 参照图9-116所示的效果绘制引线，当系统提示"指定文字宽度<0>:"时，直接按Enter键确认。

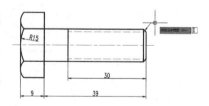

图9-116

06 根据系统提示，输入引线标注的文字内容，如图9-117所示。按Enter键确认，并对文字进行适当调整，完成本例的操作，标注的倒角如图9-118所示。

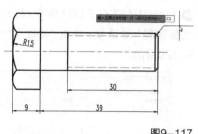

图9-117

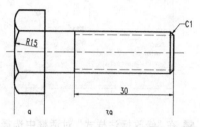

图9-118

9.6 综合练习

对图形进行标注是AutoCAD制图中非常重要的内容，读者应重点掌握标注样式的设置和常用标注命令的应用。下面将通过两个综合练习进一步讲解尺寸标注的相关知识和操作。

综合练习 标注底座尺寸

- » 实例位置：实例文件>CH09>综合练习：标注底座尺寸.dwg
- » 素材位置：素材文件>CH09>素材04.dwg
- » 视频名称：标注底座尺寸.mp4
- » 技术掌握：应用引线标注图形

本实例将标注底座图形尺寸。在本例中，首先需要设置标注样式，然后分别使用"线性"标注命令、"直径"标注命令和引线标注命令对图形进行标注。

01 打开学习资源中的"素材文件>CH09>素材04.dwg"文件，如图9-119所示。

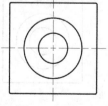

图9-119

02 执行DIMSTYLE(D)命令,打开"标注样式管理器"对话框,单击"修改"按钮,如图9-120所示。

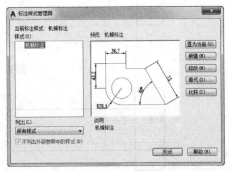

图9-120

03 在"修改标注样式"对话框中选择"文字"选项卡,设置"文字高度"值为6并确认,如图9-121所示。

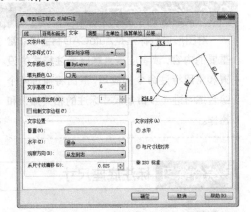

图9-121

04 执行"标注>线性"菜单命令,在图形左方进行1次线性标注,如图9-122所示。

05 再次执行"线性"标注命令,在图形下方进行1次线性标注,如图9-123所示。

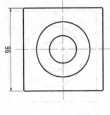

图9-122 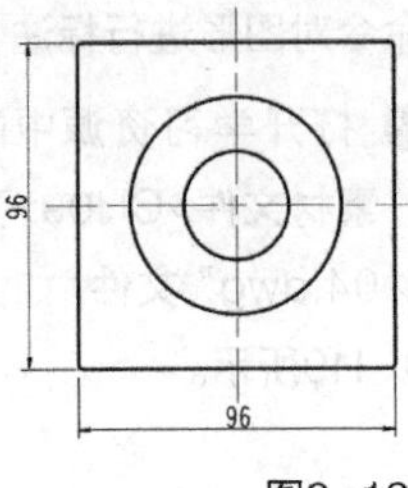   图9-123

06 执行"标注>直径"菜单命令,选择图形中的大圆作为标注对象,如图9-124所示,指定尺寸线位置,效果如图9-125所示。

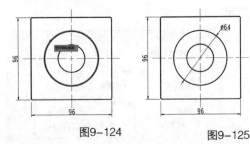

图9-124   图9-125

07 再次执行"直径"标注命令,对图形中的小圆进行直径标注,如图9-126所示。

08 执行QLEADER(QL)命令,根据提示在右上角圆弧处绘制图9-127所示的引线,然后输入引线文字并确认,并对文字进行适当调整,完成本例的操作,效果如图9-128所示。

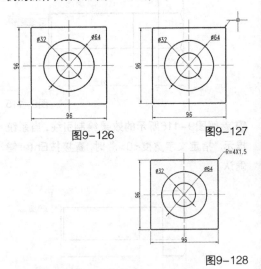

图9-126   图9-127

图9-128

📌 综合练习 **标注法兰套剖视图**

» 实例位置:实例文件>CH09>综合练习:标注法兰套剖视图.dwg
» 素材位置:素材文件>CH09>素材05.dwg
» 视频名称:标注法兰套剖视图.mp4
» 技术掌握:设置标注样式、线性标注、半径标注和编辑标注文字本实例将标注法兰套剖视图尺寸。在本例中，首先设置标注样式，然后使用"线性"标注命令和"半径"标注命令对图形进行标注，再根据需要对标注文字进行编辑。

01 打开学习资源中的"素材文件>CH09>素材05.dwg"文件，如图9-129所示。

02 执行DIMSTYLE（D）命令，打开"标注样式管理器"对话框，单击"修改"按钮，如图9-130所示。

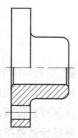

图9-129

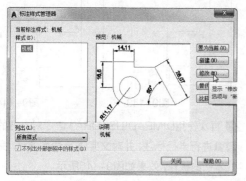

图9-130

03 在"修改标注样式"对话框中选择"线"选项卡，设置"基线间距"值为7.5并确认，如图9-131所示。

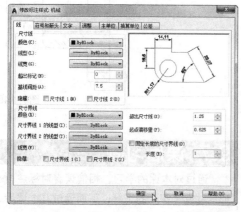

图9-131

04 执行"线性"标注命令，在图形上方进行1次线性标注，如图9-132所示。

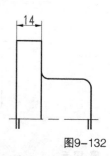

图9-132

05 执行DIMBASELINE（DBA）命令，根据系统提示指定基准标注第2条尺寸界线的定位点，如图9-133所示，按空格键确认，完成基线标注操作，效果如图9-134所示。

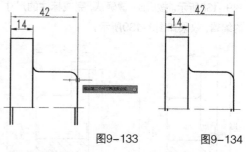

图9-133　　图9-134

06 参照图9-135所示的效果，使用"线性"标注命令对图形进行线性标注。

07 执行DIMEDIT命令，在弹出的选项列表中选择"新建(N)"选项，如图9-136所示，打开"文字编辑器"功能区，在文本框中修改标注文字为"Ø85"，如图9-137所示。

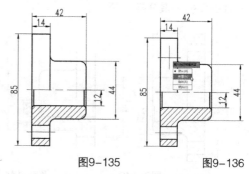

图9-135　　图9-136

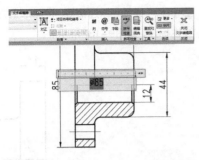

图9-137

■ 提示

直径符号∅属于特殊字符，输入直径符号时，应依次输入"%%C"，即可得到直径符号∅。

08 根据系统提示，选择要编辑的标注的尺寸，如图9-138所示。按Enter键确认，完成标注的尺寸的编辑，效果如图9-139所示。

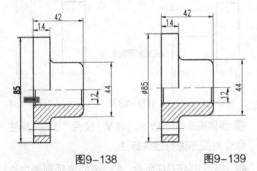

图9-138   图9-139

09 参照图9-140所示的效果，重复使用DIMEDIT命令修改其他标注的线性尺寸。

10 执行"X"（分解）命令，选择图9-141所示的标注的尺寸，将其分解。

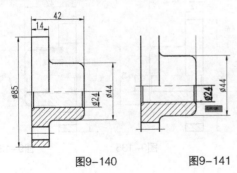

图9-140   图9-141

11 参照图9-142所示的效果，对分解后的标注的尺寸进行修改。

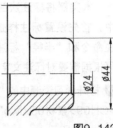

图9-142

12 执行DIMRADIUS（DRA）命令，选择图9-143所示的圆弧作为标注对象，然后指定标注尺寸线位置，并对文字进行适当调整，创建的半径标注效果如图9-144所示。

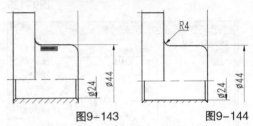

图9-143   图9-144

13 再次使用DIMRADIUS（DRA）命令对右方的圆弧进行半径标注，并对文字进行适当调整，完成本例的操作，效果如图9-145所示。

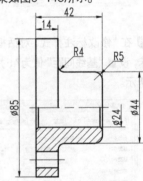

图9-145

9.7 课后习题

    通过对本课的学习，相信读者对标注图形尺寸有了深入的了解，下面通过几个课后习题来巩固前面所学到的知识。

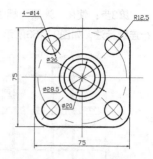

图9-150

课后习题 标注阀盖

> » 实例位置：实例文件>课后习题：标注阀盖.dwg
> » 素材位置：素材文件>CH09>素材06.dwg
> » 视频名称：标注阀盖.mp4
> » 技术掌握：线性标注、半径标注、直径标注、引线标注

　　阀盖是装有阀杆密封件的阀零件，用于连接或支撑执行机构，阀盖与阀体可以是一个整体，也可以分离。本习题将练习使用各种标注命令标注阀盖的操作。

制作提示

　　第1步： 打开学习资源中的"素材文件>CH09>素材06.dwg"文件，如图9-146所示。

　　第2步： 使用"线性"标注命令对图形进行线性标注，如图9-147所示。

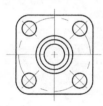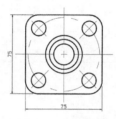

图9-146　　　　　图9-147

　　第3步： 使用"直径"标注命令对图形进行直径标注，如图9-148所示。

　　第4步： 使用"半径"标注命令对图形进行半径标注，并对文字进行适当调整，如图9-149所示。

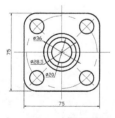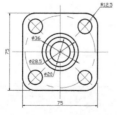

图9-148　　　　　图9-149

　　第5步： 使用"引线"标注命令对图形进行引线标注，并输入引线标注文字，如图9-150所示。

课后习题 标注建筑平面图

> » 实例位置：实例文件>课后习题：标注建筑平面图.dwg
> » 素材位置：素材文件>CH09>素材07.dwg
> » 视频名称：标注建筑平面图.mp4
> » 技术掌握：线性标注、连续标注

　　在标注本习题的建筑平面图的过程中，首先使用"线性"标注命令对平面图进行第一次标注，然后使用"连续"标注命令对平面图进行连续标注。

制作提示

　　第1步： 打开学习资源中的"素材文件>CH09>素材07.dwg"文件，如图9-151所示。

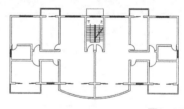

图9-151

　　第2步： 打开"轴线"图层，使用"线性"标注命令对平面图进行第一次标注，如图9-152所示。

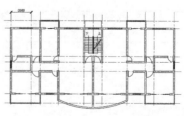

图9-152

第3步：使用"连续"标注命令对平面图进行连续标注，如图9-153所示。

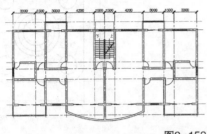

图9-153

第4步：重复使用"线性"标注命令和"连续"标注命令对平面图进行标注，然后关闭"轴线"图层，效果如图9-154所示。

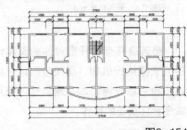

图9-154

9.8 本课笔记

第10课

10

文字注释与表格绘制

使用AutoCAD进行辅助绘图设计时，常常需要对图形进行文字说明。例如，工程图中的结构、技术通常要求用文字进行标注说明。因此，在一张完整的图纸中，除了需要有图形的内容外，还应该存在文字说明内容。

学习要点

- » 文字样式
- » 创建文字
- » 编辑文字
- » 制作表格

10.1 文字样式

AutoCAD的文字拥有相应的文字样式，文字样式是用来控制文字基本形状的一组设置。当输入文字时，AutoCAD将使用默认的文字样式。用户可以使用AutoCAD默认的设置，也可以修改已有样式或定义自己需要的文字样式。

10.1.1 新建文字样式

用户可以在"文字样式"对话框中新建和设置文字的样式，如图10-1所示。打开"文字样式"对话框的方法有如下3种。

图10-1

第1种： 选择"格式>文字样式"菜单命令。

第2种： 输入"DDSTYLE"并确认。

第3种： 单击"注释"面板中的"文字样式"按钮，如图10-2所示。

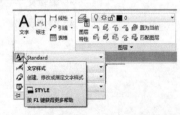

图10-2

执行"文字样式"命令，在"文字样式"对话框中单击"新建"按钮，打开"新建文字样式"对话框，在"样式名"文本框中输入要新建的文字样式的名称并确认，即可新建一个文字样式，如图10-3所示；新建的文字样式将在"文字样式"对话框中的样式列表中显示，如图10-4所示。

图10-3

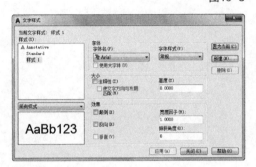

图10-4

■ 提示

对新建的文字样式进行命名时，在"样式名"编辑框中输入的新建的文字样式的名称不能与已经存在的样式名称重复。

10.1.2 设置文字字体和大小

字体是具有一定固有形状，由若干个单词组成的描述库。在AutoCAD中标注文本时，应先设置字体和大小。

"字体"和"大小"主要选项介绍

● **字体名：** 在此列出了操作系统自带的常用字体，以及AutoCAD本身自带的"源"（SHP）型和"编译"（SHX）型字体。

● **字体样式：** 在此列表中，可以选择字体样式。

● **使用大字体：** 选中此复选框，可以使用亚洲语系的大字体。

● **高度：** 在此可以设置文本的高度。当设置为0时，每次使用这个文字样式标注图形时，AutoCAD都会要求输入文本高度。

10.1.3 设置文字效果

在使用AutoCAD绘图时，标注文本前都需要定义文本的样式，先设定文本的字体和大小，之后决定标注文本时的字符倾斜角度和文本方向等文本效果。

"效果"各选项介绍

● **颠倒**：勾选此复选项，在用该文字样式标注文字时，文字将被竖直翻转，如图10-5所示。

图10-5

● **宽度因子**：在"宽度因子"文本框中，可以输入文字宽度与高度的比值。系统在标注文字时，会以该文字样式的高度值与宽度因子相乘来确定文字的宽度。当宽度因子为1时，文字的高度与宽度相等；当宽度因子小于1时，文字将变得细长；当宽度因子大于1时，文字将变得粗短。

● **反向**：选中此复选框，可以将文字水平翻转，使其呈镜像显示，如图10-6所示。

图10-6

● **倾斜角度**：在"倾斜角度"编辑框中输入的数值将作为文字倾斜的角度。设置此数值为0时，文字将处于竖直方向。文字的倾斜方向为顺时针方向，也就是说当输入一个正值时，文字将会向右方倾斜，如图10-7所示。

图10-7

● **垂直**：选中此复选项，标注文字将沿竖直方向显示，如图10-8所示。

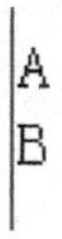

图10-8

完成文本标注样式的设置后，可以在"预览"区域中预览文字的效果。新建或修改文字样式后，单击"文字样式"对话框的"应用"按钮，该文字样式即可生效，关闭对话框即可完成设置。

10.1.4 重命名文字样式

在文字样式名称上单击鼠标右键，在弹出的快捷菜单中选择"重命名"命令，可以对样式名称进行修改，如图10-9所示。

图10-9

10.1.5 删除文字样式

选择不需要的文字样式后，单击"删除"按钮，即可删除所选的文字样式。在删除指定的文字样式之前，会打开"acad警告"对话框，询问是否需要删除该样式，如图10-10所示。

图10-10

■ 提示

在对文字样式进行修改时，不能对Standard样式进行重命名，不能将默认的Standard样式和当前文字样式删除。

10.2 创建文字

在使用AutoCAD创建文字内容的操作中，用户可以根据实际需要使用"单行文字"命令和"多行文字"命令创建相应的文字对象。

10.2.1 单行文字

命令：单行文字
作用：创建单行文字
快捷命令：DT

单行文字适用于创建不需要多种字体或多行内容的文字。用户可以对单行文字进行字体、大小、倾斜、镜像、对齐和文字间隔调整等设置。

执行"单行文字"命令的方法有如下3种。

第1种：选择"绘图>文字>单行文字"菜单命令。

第2种：输入"DTEXT"（DT）并确认。

第3种：在"注释"面板中的"文字"下拉列表中选择"单行文字"选项，如图10–11所示。

图10–11

执行单行文字命令后，命令行中将出现提示"指定文字的起点或[对正(J)/样式(S)]:"。

命令主要选项介绍

- **对正**：设置标注文本的对齐方式。
- **样式**：设置标注文本的样式。

选择"对正"选项后，命令行中将出现提示"输入选项[左(L)/居中(C)/右(R)/对齐(A)/中间(M)/布满(F)/左上(TL)/中上(TC)/右上(TR)/左中(ML)/正中(MC)/右中(MR)/左下(BL)/中下(BC)/右下(BR)]:"，其中各选项的含义如下。

- **左**：指定标注文本为左对齐。

- **居中**：指定标注文本为居中对齐。
- **右**：指定标注文本为右对齐。
- **对齐**：输入文本基线的起点和终点后，标注文本将在文本基线上均匀排列，字符的高度根据文本的多少自动调整。
- **中间**：指定一个坐标点，然后输入标注文本的高度和旋转角度，便能确定标注文本的中心和旋转角度。
- **布满**：指定一个坐标点，然后输入标注文本的高度和旋转角度，便能确定标注文本基线的中心和旋转角度。
- **左上**：指定标注文本的起点为顶部左端点。
- **中上**：指定标注文本的起点为顶部中点。
- **右上**：指定标注文本的起点为顶部右端点。
- **左中**：指定标注文本的起点为左端中心点。
- **正中**：指定标注文本的起点为中部中心点。
- **右中**：指定标注文本的起点为右端中心点。
- **左下**：指定标注文本的起点为底部左端点。
- **中下**：与"左下"类似，不同的是指定标注文本的起点最低字符线的中点。
- **右下**：同"左下"类似，不同的是指定标注文本的起点最低字符线的右端点。

当选择"样式"选项后，命令行中将出现提示"输入样式名或[?]<Standard>:"，可在提示后输入定义的样式名，然后根据命令提示输入文字内容并确认，如图10–12所示，创建的单行文字如图10–13所示。

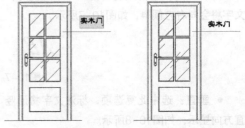

图10–12   图10–13

10.2.2 多行文字

命令：多行文字

作用：创建多行文字

快捷命令：MT

多行文字由沿竖直方向任意数目的文字行或段落构成，可以指定文字行、段落的水平宽度。用户可以对多行文字进行移动、旋转、删除、复制、镜像或缩放操作。

执行"多行文字"命令的方法有如下3种。

第1种：选择"绘图>文字>多行文字"菜单命令。

第2种：输入"MTEXT"（MT）并确认。

第3种：在"注释"面板中的"文字"下拉列表中选择"多行文字"选项 。

执行"多行文字"命令后，根据系统提示在绘图区中指定一个区域，将打开设置文字格式等的文字编辑器，其中包括"样式""格式""段落""插入""拼写检查""工具""选项"和"关闭"面板，如图10-14所示。

图10-14

1. "样式"面板

● **样式列表**：用于设置当前使用的文本样式，可以从下拉列表中选择一种已设置好的文本样式作为当前样式。

● **文字高度** ：用于设置当前使用的文字高度，可以在下拉列表中选择一种合适的高度，也可直接输入数值。

2. "格式"面板

● **匹配** ：用于将源对象的文字格式复制到目标文字上。

● **B**、**I**、**U**、**Ō**：用于设置标注文本是否加粗、倾斜、加下划线和加上划线。反复单击这些按钮，可以在打开与关闭相应功能之间切换。

● **字体** ：在该下拉列表中可以选择为当前使用的字体类型，如图10-15所示。

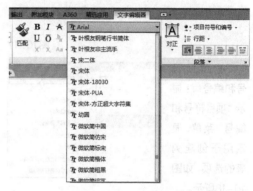

图10-15

● **颜色** ：在下拉列表中可以选择当前文字使用的颜色，如图10-16所示。

图10-16

● ：将选定的文字更改为小写。

● ：将选定的文字更改为大写。

3. "段落" 面板

● 对正 🅰：显示"对正"菜单，有9个对齐选项可用，"左上TL"为默认对正方式，如图10-17所示。

图10-17

● 项目符号和编号 🗔：显示"项目符号和编号"菜单，显示用于创建列表的选项，如图10-18所示。

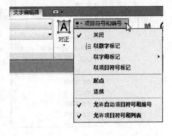

图10-18

● 行距 ▤：用于在当前段落或选定段落中设置行距。

● 左对齐 ▤、居中 ▤、右对齐 ▤、对正 ▤ 和分散对齐 ▤：设置当前段落文字的对齐方式。

● 设置段落 ▤：单击该按钮将打开用于设置段落参数的"段落"对话框，如图10-19所示。

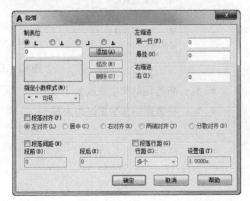

图10-19

4. "插入" 面板

● 列 👭：单击该按钮，在弹出的分栏菜单中提供了5个选项，即不分栏、动态栏、静态栏、插入分栏符和分栏设置，如图10-20所示。

图10-20

● 符号 @ ：单击该按钮，将弹出各种特殊符号供用户选择，如图10-21所示。

图10-21

● 字段 ▤：单击该按钮，将打开"字段"对话框，可以从中选择需要插入文字中的字段，如图10-22所示。

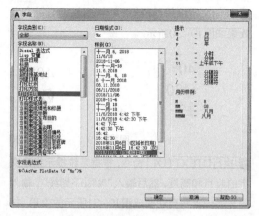

图10-22

5. "拼写检查"面板

- **拼写检查** ：用于确定键入文字时拼写检查为打开还是关闭状态。
- **编辑词典** ：单击该按钮，将打开用于进行词典编辑的"词典"对话框，如图10-23所示。

图10-23

- **设置** ：
单击该按钮，将
打开用于拼写
检查设置的"拼
写检查设置"
对话框，如图
10-24所示。

图10-24

6. "工具"面板

单击"工具"面板中"查找和替换"按钮

，将打开"查找和替换"对话框，在该对话框中可以进行查找和替换文本的操作，如图10-25所示。

图10-25

7. "选项"面板

- **更多** ：单击该按钮将显示更多的选项。

- **标尺** ：单击该按钮，将在编辑器顶部显示标尺。拖动标尺末尾的箭头可更改多行文字对象的宽度。列模式处于活动状态时，还会显示高度和列夹点，也可以从标尺中选择制表符，如图10-26所示。

多行文字编辑器

图10-26

- **放弃** ：该按钮用于撤销上一步操作。
- **重做** ：该按钮用于恢复上一步操作。

8. "关闭"面板

在文字输入框中输入文字后，单击"关闭"面板中的"关闭文字编辑器"按钮 ，将关闭文字编辑器，并结束文字的创建。

■ 提示

"MTEXT"（多行文字）命令与"TEXT"（文字）命令有所不同，使用MTXET（MT）输入的文本，无论行数是多少，都将作为一个实体，可以对它进行整体选择、编辑等操作；而使用TEXT（T）命令输入多行文字时，每一行都是一个独立的实体，只能单独对每行进行选择、编辑等操作。

10.2.3 特殊字符

在标注文本的过程中，有时需要输入一些控制码和专用字符，AutoCAD便根据用户的需要提供了一些特殊字符的输入方法，AutoCAD提供的常见特殊字符内容如下表所示。

特殊字符	代码输入	说明
±	%%p	公差符号
°	%%d	度
Ø	%%c	直径符号
‾	%%o	上划线
‾	%%u	下划线

👆操作练习　创建常用特殊字符

» 实例位置：实例文件>CH10>操作练习：创建常用特殊字符.dwg
» 素材位置：无
» 视频名称：创建常用特殊字符.mp4
» 技术掌握：文字命令、特殊字符输入方法

创建本例的常用特殊字符时，可以使用"单行文字"命令，也可以使用"多行文字"命令，关键是掌握特殊字符的输入方法。

01 执行MTEXT（MT）命令，打开文字编辑器，在文本输入框中输入"40%%d"，输入的文字内容将自动变为"40°"，如图10-27所示。

02 按Enter键换行，输入"%%c80"，输入的文字内容将自动变为"Ø80"，如图10-28所示。

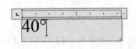

图10-27

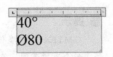

图10-28

03 按Enter键换行，然后输入"%%p2"，输入的文字内容将自动变为"±2"，如图10-29所示。

04 关闭文字编辑器，结束文字创建，创建的文字效果如图10-30所示。

图10-29　　　　　　图10-30

05 执行DTEXT（DT）命令，根据系统提示指定文字的起点和高度，然后输入"%%u下划线"，输入的文字内容将自动变成图10-31所示的效果，按两次Enter键，结束文字创建，创建的文字效果如图10-32所示。

下划线　　　下划线

图10-31 　　　　　　图10-32

10.3　编辑文字

文字创建完成后，如果发现有错，用户可以在AutoCAD中对标注的文本进行重新编辑，包括修改文本特性和文本内容，还可以对文字进行替换等操作。

10.3.1　修改文字内容

创建好文字后，用户可以通过编辑文字的命令对文字的内容进行修改。执行文字编辑的方法有如下两种。

第1种：选择"修改>对象>文字>编辑"菜单命令。

第2种：输入"DDEDIT"并确认。

在编辑文字的过程中，可以增加或替换文本中的字符。启动修改文本命令后，在命令提示行中将提示"选择注释对象或[放弃(U)/模式(M)]："。

命令主要选项介绍

- **选择注释对象：**选择要修改的文字对象。
- **放弃（U）：**放弃上一步的选择操作。

执行DDEDIT命令，选中需要编辑的文字，此时文字变为可编辑状态，如图10-33所示。在文字编辑区域输入修改后的文字内容并确认，如图10-34所示。

图10-33   图10-34

■ **提示**

编辑文字内容时，也可以直接双击文字对象，激活文字后，即可修改文字的内容。

10.3.2 修改文字特性

在"特性"面板中可以修改文字的颜色、线型和线宽等特性，也可以选择"修改>特性"菜单命令，打开"特性"选项板，在"常规"卷展栏中编辑文字的颜色、线型和线宽等特性，也可以在"文字"卷展栏中修改文字的内容、样式、对正方式、高度、旋转角度和宽度因子等特性，如图10-35所示。

图10-35

10.3.3 查找和替换文字

使用"查找和替换"命令可以对标注的文本进行查找和替换操作，执行该命令的方法有如下两种。

第1种：选择"编辑>查找"菜单命令。

第2种：输入"FIND"并确认。

执行查找命令后，将打开"查找与替换"对话框，在该对话框中可以设置要查找和替换的内容，如图10-36所示。

图10-36

"查找和替换"对话框主要选项介绍

- **查找内容：**用于输入要查找的内容，也可以在下拉列表中选择已有的内容。
- **替换为：**用于输入一个字符串，也可以在列出的字符串中选择需要的内容，用以替换找到的内容。
- **查找位置：**用于确定是在整个图形中还是在当前选择的对象中查找内容。如果已经选中了对象，则"选定的对象"为预设选项；如果没有选中对象，则默认选项为"整个图形"。
- **选择对象 ⊕：**单击此按钮会暂时关闭"查找和替换"对话框，然后进入绘图区选择实体，按空格键回到"查找和替换"对话框。
- **替换：**单击该按钮，在"替换为"框中输入的内容将替换找到的字符。
- **全部替换：**找到所有符合要求的字符串后，单击该按钮，可以用"替换为"框中的内容替换找到的所有字符串。
- **查找：**单击该按钮，开始查找在"查找内容"框中输入的字符串。

● 更多 ∨：单击该按钮，将展示更多的选项内容，如图10-37所示。

● 列出结果：选择该选项，将列出替换的内容。

图10-37

👆 操作练习 编辑注释文字

» 实例位置：实例文件>CH10>操作练习：编辑注释文字.dwg
» 素材位置：素材文件>CH10>素材01.dwg
» 视频名称：编辑注释文字.mp4
» 技术掌握：修改文字内容、修改文字特性

在编辑本例的注释文字时，可以通过双击文字，对文字内容进行修改或打开"特性"选项板，对文字的内容和大小等特性进行修改。

01 打开学习资源中的"素材文件>CH10>素材01.dwg"文件，如图10-38所示。

图10-38

02 选中所有的文字对象，选择"修改>特性"菜单命令，打开"特性"选项板，在"文字"卷展栏中修改文字的高度为240，如图10-39所示。得到的文字效果如图10-40所示。

图10-39

图10-40

03 双击图10-41所示的"主卧室"文字，将文字修改为"主卫生间"，如图10-42所示。修改后的效果如图10-43所示。

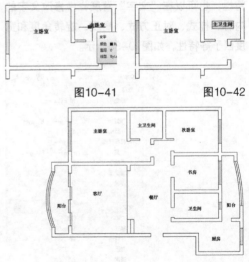

图10-41   图10-42

图10-43

202

10.4 制作表格

表格是行和列中包含数据的复合对象。可以基于空的表格或表格样式创建空的表格对象，常用于绘制图纸中的标题栏和图纸明细栏。

10.4.1 表格样式

用户可以在"表格样式"对话框中设置表格的样式，打开"表格样式"对话框的方法有如下3种。

第1种：选择"格式>表格样式"菜单命令。

第2种：输入"TABLESTYLE"并确认。

第3种：选择"注释"标签，在"表格"面板中单击"表格样式"按钮，如图10-44所示。

图10-44

执行"表格样式"命令后，打开"表格样式"对话框，在该对话框中可以设置当前表格样式，以及创建、修改和删除表格样式，如图10-45所示。

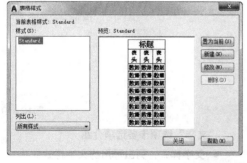

图10-45

"表格样式"对话框主要选项介绍

● **当前表格样式**：显示应用于所创建表格的表格样式的名称，默认表格样式为Standard。

● **样式**：显示表格样式列表，当前样式被高亮显示。

● **列出**：控制"样式"列表中的内容。

所有样式：显示所有表格样式。

正在使用的样式：仅显示被当前图形中的表格引用的表格样式。

● **预览**：显示"样式"列表中选定的样式的预览图像。

● **置为当前**：将"样式"列表中选定的表格样式设置为当前样式，所有新表格都将使用此表格样式。

● **新建**：单击该按钮，将打开"创建新的表格样式"对话框，从中可以定义新的表格样式，如图10-46所示。

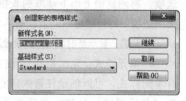

图10-46

● **修改**：单击该按钮，将打开"修改表格样式"对话框，从中可以修改表格样式。

● **删除**：单击该按钮，将删除"样式"列表格中选定的表格样式，但不能删除图形中正在使用的样式。

在"表格样式"对话框中单击"新建"按钮，打开"创建新的表格样式"对话框。在"新样式名"文本框中输入新的表格样式名称后，单击"继续"按钮，打开"新建表格样式"对话框，如图10-47所示，该对话框用于设置新表格样式的参数，设置完新样式的参数后单击"确定"按钮，即可创建新的表格样式。

图10-47

"新建表格样式"对话框主要选项介绍

● **起始表格：**使用户可以在图形中指定一个表格作为样例来设置此表格样式。选择表格后，可以指定要从该表格复制到表格样式的结构和内容。使用"删除表格"按钮🖳，可以将表格从当前指定的表格样式中删除。

● **常规：**用于更改表格方向。

表格方向：设置表格方向，选择"向下"选项，将创建由上而下读取的表格。选择"向上"选项，将创建由下而上读取的表格。

● **预览：**显示当前表格样式设置效果的样例。

● **单元样式：**定义新的单元样式或修改现有单元样式，可以创建任意数量的单元样式。在"单元样式"列表中显示表格中的单元样式，如图10-48所示。

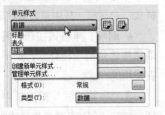

图10-48

"创建新单元样式"按钮📄：单击该按钮，将打开"创建新单元样式"对话框。

"'管理单元样式'对话框"按钮📄：单击该按钮，将打开"管理单元样式"对话框。

● **单元样式预览：**显示当前表格样式设置效果的样例。

"单元样式"栏中的选项卡用于设置数据单元、单元文字和单元边框。

"常规"选项卡各选项介绍

● **填充颜色：**用于指定单元的背景色，默认为"无"，选择列表中的"选择颜色"选项，可以打开"选择颜色"对话框。

● **对齐：**用于设置表格单元中文字的对齐方式。文字相对于单元的顶部边框和底部边框居中对齐、上对齐或下对齐。文字相对于单元的左边框和右边框居中对齐、左对齐或右对齐。

● **格式：**为表格中的"数据""表头"或"标题"单元设置数据类型和格式。单击该按钮将显示"表格单元格式"对话框，从中可以选择格式选项。

● **类型：**用于将单元样式指定为标签或数据。

● **水平：**设置单元中的文字和块与左右单元边界之间的距离。

● **垂直：**设置单元中的文字和块与上下单元边界之间的距离。

● **创建行/列时合并单元：**将使用当前单元样式创建的所有新行或新列合并为一个单元，可以使用此选项在表格的顶部创建标题行。

"文字"选项卡显示用于设置文字特性的选项，如图10-49所示。

图10-49

"文字"选项卡各选项介绍

● **文字样式：**列出可用的文字样式。

● **📄按钮：**单击该按钮，将打开"文字样式"对话框，从中可以创建或修改文字样式。

- **文字高度**：设置文字高度，数据和表头单元的默认文字高度为4.5。表标题的默认文字高度为6。
- **文字颜色**：指定文字颜色，选择列表底部的"选择颜色"选项，可以打开"选择颜色"对话框。
- **文字角度**：设置文字角度，默认的文字角度为0°，可以输入−359°到+359°之间的任意角度。

"边框"选项卡显示用于设置边框特性的选项，如图10-50所示。

图10-50

"边框"选项卡各选项介绍

- **线宽**：单击下方的边框按钮可以设置将要应用于指定边框的线宽。如果使用大线宽，可能必须增加单元边距。
- **线型**：单击下方的边框按钮可以设置将要应用于指定边框的线型。可选择标准线型ByBlock、ByLayer或Continuous，或者选择列表中的"其他"选项，从而加载自定义线型，如图10-51所示。

图10-51

- **颜色**：单击下方的边框按钮可以设置将要应用于指定边框的颜色。
- **双线**：选择该选项可以将表格边框显示为双线。
- **间距**：确定双线边框的间距，默认间距为1.125。
- **所有边框**⊞：将边框特性设置应用到指定单元的所有边框。
- **外边框**◻：将边框特性设置应用到指定单元的外部边框。
- **内边框**⊞：将边框特性设置应用到指定单元的内部边框。
- **底部边框**▦：将边框特性设置应用到指定单元的底部边框。
- **左边框**▥：将边框特性设置应用到指定的单元的左边框。
- **上边框**▥：将边框特性设置应用到指定单元的上边框。
- **右边框**▥：将边框特性设置应用到指定单元的右边框。
- **无边框**▥：隐藏指定单元的边框。

10.4.2 创建表格

表格是行和列中包含数据的对象，可以基于空表格或表格样式创建表格对象，还可以将表格链接至Microsoft Excel电子表格中的数据。表格创建完成后，用户可以单击该表格上的任意网格线以选中该表格，然后使用"特性"选项板或夹点修改该表格。

创建表格的方法有如下3种。

第1种：选择"绘图>表格"菜单命令。

第2种：输入"TABLE"并确认。

第3种：选择"注释"标签，在"表格"面板中单击"表格"按钮▦，如图10-52所示。

图10-52

执行"表格"命令后，打开"插入表格"对话框，如图10-53所示。

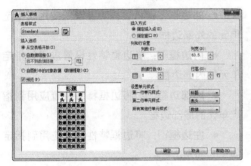

图10-53

"插入表格"对话框主要选项介绍

- **表格样式：** 在需要创建表格的当前图形中选择表格样式。单击下拉列表旁边的按钮，用户可以创建新的表格样式。
- **插入选项：** 用于指定插入表格的方式。

从空表格开始：创建可以手动填充数据的空表格。

自数据链接：基于外部电子表格中的数据创建表格。

自图形中的对象数据（数据提取）：用于启动"数据提取"向导。

- **预览：** 控制是否显示预览，如果从空表格开始，则预览将显示表格样式的样例；如果创建表格链接，则预览将显示结果表格。处理大型表格时，取消勾选此选项能提高性能。
- **插入方式：** 指定表格位置。

指定插入点：指定表格左上角的位置，可以使用定点设备，也可以在命令提示后输入坐标值。如果表格样式将表格的方向设置为由下而上读取，则插入点位于表格的左下角。

指定窗口：指定表格的大小和位置，可以使用定点设备，也可以在命令提示后输入坐标值。选定此选项时，行数、列数、列宽和行高取决于窗口的大小以及列和行设置。

- **列和行设置：** 设置列和行的数目和大小。

列数：选定"指定窗口"选项并指定列宽时，"自动"选项将被选定，且列数由表格的宽度控制。如果已指定包含起始表格的表格样式，那么可以选择需要添加到此起始表格中的其他列的数量。

列宽：指定列的宽度。选定"指定窗口"选项并指定列数时，则选定了"自动"选项，且列宽由表格的宽度控制，最小列宽为一个字符宽。

数据行数：选定"指定窗口"选项并指定行高时，即选定了"自动"选项，且行数由表格的高度控制。带有标题行和表头行的表格最少应有3行，最小行高为一个文字高。如果已指定包含起始表格的表格样式，那么可以选择要添加到此起始表格中的其他数据行的数量。

行高：按照行数指定行高，文字行高基于文字高度和单元边距，这两项均在表格样式中设置。选定"指定窗口"选项并指定行数时，即选定了"自动"选项，且行高由表格的高度控制。

- **设置单元样式：** 对于那些不包含起始表格的表格样式，可以指定新表格中行的单元样式。

第一行单元样式：指定表格中第一行的单元样式，在默认情况下，将使用标题单元样式。

第二行单元样式：指定表格中第二行的单元样式，在默认情况下，将使用表头单元样式。

所有其他行单元样式：指定表格中所有其他行的单元样式，默认情况下，将使用数据单元样式。

在"插入表格"对话框中设置表格的参数并确认，然后根据系统提示在绘图区中指定插入表格的位置，输入标题和数据等内容，如图10-54所示。在表格以外的区域中单击，完成插入表格的操作，如图10-55所示。

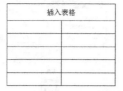

图10-54　　　　　　　图10-55

表格创建完成后，可以在表格指定的单元中输入表格的文字内容。单击表格的单元格将其选中，输入相应的文字即可，如图10-56所示，输入文字后，在表格以外的地方单击，结束表格文字的输入操作，如图10-57所示。

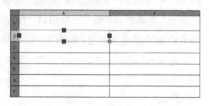

图10-56

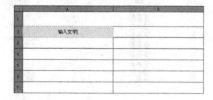

图10-57

🖐操作练习　创建灯具规格表

» 实例位置：实例文件>CH10>操作练习：创建灯具规格表.dwg
» 素材位置：无
» 视频名称：创建灯具规格表.mp4
» 技术掌握：创建表格样式、设置表格样式、插入表格、输入表格内容

在创建本例的灯具规格表时，应先创建一个表格样式，然后设置好表格样式，再执行"表格"命令插入表格，最后在表格中输入相应的内容即可。

① 选择"格式>表格样式"菜单命令，打开"表格样式"对话框，如图10-58所示。

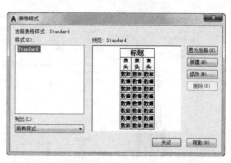

图10-58

② 单击"新建"按钮，打开"创建新的表格样式"对话框，在"新样式名"文本框中输入新的表格样式名称"灯具规格"，如图10-59所示。

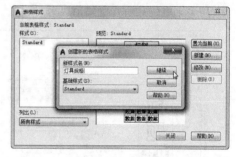

图10-59

③ 单击"继续"按钮，打开"新建表格样式：灯具规格"对话框，在"单元样式"列表中选择"标题"单元，如图10-60所示。

图10-60

④ 选择"文字"选项卡，设置文字的颜色为黑色，设置文字的高度为45，如图10-61所示。

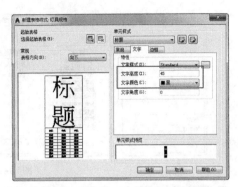

图10-61

05 在"单元样式"区域选择"边框"选项卡,设置"颜色"为黑色,单击"所有边框"按钮田,设置所有边框的颜色为黑色,如图10-62所示。

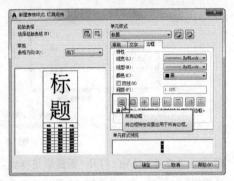

图10-62

06 在"单元样式"列表中选择"数据"单元,如图10-63所示,选择"文字"选项卡,设置文字的颜色为黑色,设置文字的高度为40,如图10-64所示。

图10-63

图10-64

07 在"单元样式"区域选择"边框"选项卡,设置"颜色"为黑色,单击"所有边框"按钮田,设置所有边框的颜色为黑色,如图10-65所示。

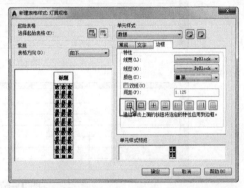

图10-65

08 单击"确定"按钮,返回"表格样式"对话框,在样式列表中将列出创建的新样式,如图10-66所示,关闭"表格样式"对话框。

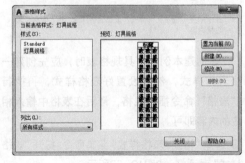

图10-66

09 选择"注释"标签,在"表格"面板中单击"表格"按钮▦,打开"插入表格"对话框,然后设置"表格样式"为"灯具规格",表格的列数为3,表格的数据行数为5,列宽为200,其他选项设置如图10-67所示。

图10-67

10 单击"确定"按钮,根据系统提示在绘图区中单击指定插入表格的位置,如图10-68所示。

11 输入标题文字内容,然后单击第一个数据单元格,完成标题文字的输入,如图10-69所示。

图10-68

图10-69

12 依次在其他单元格中输入文字内容,如图10-70所示。

13 选中各个单元格,将对齐方式改为"正中"对齐,完成本例的操作,效果如图10-71所示。

李先生家装灯具规格		
灯具	规格	数量
吊灯	未定	2
吸顶灯	90-100	5
筒灯	45-50	4
射灯	35-40	6
浴霸	200	2

图10-70

李先生家装灯具规格		
灯具	规格	数量
吊灯	未定	2
吸顶灯	90-100	5
筒灯	45-50	4
射灯	35-40	6
浴霸	200	2

图10-71

10.5 综合练习

在进行文字注释与表格绘制时,应该先设置文字样式与表格样式,然后创建文字与表格。下面将通过两个综合练习进一步讲解文字注释与表格绘制的相关知识和操作。

综合练习 创建施工说明

» 实例位置: 实例文件>CH10>综合练习: 创建施工说明.dwg
» 素材位置: 素材文件>CH10>素材02.dwg
» 视频名称: 创建施工说明.mp4
» 技术掌握: 设置文字样式、创建单行文字、创建多行文字

创建本例的施工说明时应先设置文字样式,然后使用"单行文字"和"多行文字"命令创建文字内容。创建单行文字时,需要指定文字的位置;创建多行文字时,需要指定文字的高度和位置。

01 打开学习资源中的"素材文件>CH10>素材02.dwg"文件,如图10-72所示。

图10-72

02 执行"格式>文字样式"菜单命令,打开"文字样式"对话框,如图10-73所示。

图10-73

03 单击"文字样式"对话框中的"新建"按钮，打开"新建文字样式"对话框，在"样式名"文本框中输入新建的文字样式的名称并确认，如图10-74所示。

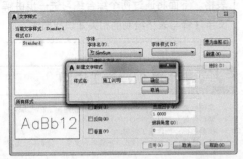

图10-74

04 在"文字样式"对话框中对新建的文字样式的"字体"和"高度"进行设置并确认，如图10-75所示。

图10-75

05 执行"LA"(图层)命令，打开"图层特性管理器"选项板，新建一个"文字"图层，将该图层设置为蓝色，并设置为当前图层，如图10-76所示。

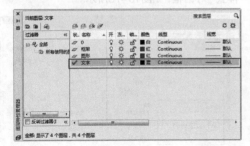

图10-76

06 执行"DT"(单行文字)命令，根据系统提示指定创建文字的起点位置，如图10-77所示。

图10-77

07 根据系统提示保持当前文字样式的高度和旋转角度不变，然后输入文字内容，连续按两次Enter键确认，效果如图10-78所示。

图10-78

08 执行"MT"(多行文字)命令，根据系统提示指定创建多行文字的区域，如图10-79所示。

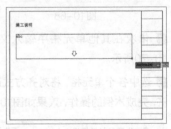

图10-79

09 在打开的文字编辑器中，修改多行文字的高度为150，设置文字为左对齐，如图10-80所示。

图10-80

⑩ 在多行文字的文本框内输入施工说明的文字内容，关闭文字编辑器，创建的多行文字效果如图10-81所示。

图10-81

⑪ 重复使用"MT"（多行文字）命令，参照本例的最终效果创建其他的多行文字，如图10-82所示。

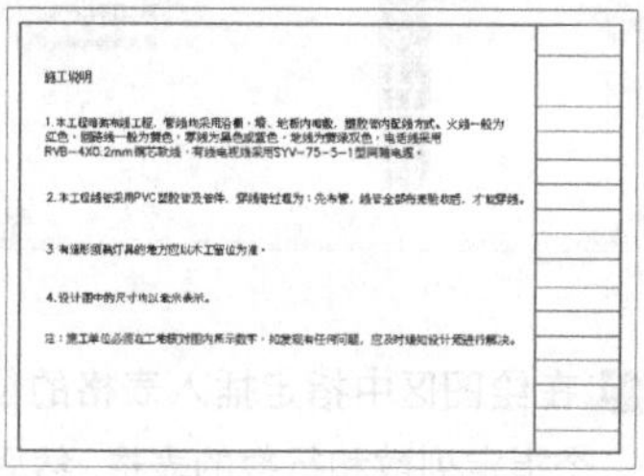

图10-82

⑫ 执行"DT"（单行文字）命令，参照本例的最终效果创建其他的单行文字内容，完成本例的操作，效果如图10-83所示。

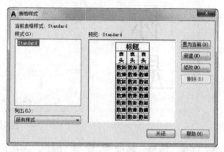

图10-83

⛏综合练习　绘制装配明细表

» 实例位置：实例文件>CH10>综合练习：绘制装配明细表.dwg
» 素材位置：无
» 视频名称：绘制装配明细表.mp4
» 技术掌握：设置表格样式、创建单行文字、创建多行文字

绘制本例的装配明细表时，首先设置表格的样式，然后执行"表格"命令，设置表格的参数，插入表格，输入需要的文字内容。

01 选择"格式>表格样式"命令，打开"表格样式"对话框，如图10-84所示。

图10-84

02 单击"新建"按钮，在"创建新的表格样式"对话框中输入新的表格样式名称"千斤顶装配明细表"，单击"继续"按钮，如图10-85所示。

图10-85

03 在"新建表格样式"对话框中单击"单元样式"下拉列表，选择"标题"选项，如图10-86所示。

图10-86

04 选择"文字"选项卡,设置"文字高度"为80, "文字颜色"为黑色,如图10-87所示。

图10-87

05 选择"边框"选项卡,设置"颜色"为黑色,单击"所有边框"按钮田,如图10-88所示。

图10-88

06 在"单元样式"下拉列表中选择"数据"单元,然后打开"文字"选项卡,设置"文字高度"为50,"文字颜色"为黑色,如图10-89所示。

图10-89

07 选择"边框"选项卡,设置数据单元所有边框为黑色并确认,关闭"表格样式"对话框。

08 选择"绘图>表格"命令,打开"插入表格"对话框。在"表格样式"下拉列表中选择前面创建的"千斤顶装配明细表"样式,设置"列数"为6,"列宽"为200,"数据行数"为7,在"第二行单元样式"下拉列表中选择"数据"选项,如图10-90所示。

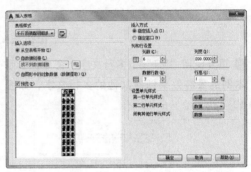

图10-90

09 在绘图区中指定插入表格的位置,即可创建一个指定列数和行数的表格,然后输入标题内容"千斤顶装配明细表",如图10-91所示。

图10-91

10 依次单击表格中的其他单元格将其选中,直接输入需要的文字,在表格以外的地方单击,完成本例的操作,效果如图10-92所示。

千斤顶装配明细表					
序号	图号	名称	数量	材料	备注
1	1-01	螺套	1	QA19-4	
2	1-02	螺栓	1	35钢	
3	1-03	绞杆	1	Q215	
4	1-04	螺杆	1	255	
5	1-05	底座	1	HT200	
6	1-06	顶垫	1	Q275	

图10-92

10.6 课后习题

通过对本课的学习，相信读者对文字注释与表格绘制有了深入的了解，下面通过几个课后习题来巩固前面所学到的知识。

📝课后习题 标注室内房间功能

- » 实例位置：实例文件>CH10>课后习题：标注室内房间功能.dwg
- » 素材位置：素材文件>CH10>素材03.dwg
- » 视频名称：标注室内房间功能.mp4
- » 技术掌握：设置文字样式、标注单行文字

在装饰设计中，对室内房间功能进行标注，可以让客户更快地理解设计图中的内容。本习题将根据前面所学的知识点，练习标注室内房间功能的操作。

制作提示

第1步：打开学习资源中的"素材文件>CH10>素材03.dwg"文件，如图10-93所示。

图10-93

第2步：选择"格式>文字样式"菜单命令，新建一个文字样式并设置文字样式，如图10-94所示。

图10-94

第3步：执行"DT"（单行文字）命令，对各个房间进行标注，效果如图10-95所示。

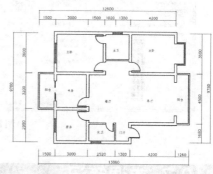

图10-95

📝课后习题 绘制装修材料表

- » 实例位置：实例文件>CH10>课后习题：绘制装修材料表.dwg
- » 素材位置：无
- » 视频名称：绘制装修材料表.mp4
- » 技术掌握：设置表格样式、插入表格、输入表格文字

在本习题中，将绘制装修材料表格，主要练习设置表格样式、插入表格和输入表格文字的操作。

制作提示

第1步：选择"格式>表格样式"命令，打开"表格样式"对话框，新建一个表格样式，并设置该样式，如图10-96所示。

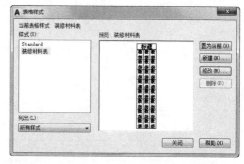

图10-96

第2步：选择"绘图>表格"命令，打开"插入表格"对话框，设置表格参数，如图10-97所示。

图10-97

第3步: 在绘图区中插入表格,然后在各单元格中依次输入表格文字,效果如图10-98所示。

装修基层材料		
材　料	数　量	备　注
大厂水泥	12包	
优质河沙	8吨	
1.8木工板	10张	
刚玉腻子	12包	
高级乳胶漆	2桶	

图10-98

10.7 本课笔记

11

三维图形的绘制与编辑

三维绘图是在平面绘图的基础上增加了第三个方向，是平面绘图的提高。使用AutoCAD可以绘制出精确度非常高的三维图形。

学习要点

» 三维绘图基础　　　　　　　　　» 编辑三维实体

» 创建三维模型　　　　　　　　　» 渲染三维模型

» 二维图形生成三维实体

11.1 三维绘图基础知识

在进行三维绘图与编辑之前，首先应该了解三维坐标、三维视图、动态观察对象、视觉样式等相关内容，本节将对三维视图的基础知识进行详细介绍。

11.1.1 三维坐标

三维模型是建立在三维坐标上的。第1课已经讲述过平面坐标，而三维坐标相对应地有三维笛卡尔坐标、圆柱坐标和球面坐标。

1. 三维笛卡尔坐标

三维笛卡尔坐标系是在平面笛卡尔坐标系的基础上根据右手定则增加第三维坐标（即z轴）而形成的，所以三维笛卡尔坐标（x, y, z）与平面笛卡尔坐标（x, y）相似，只是在x值和y值基础上增加z值，同样可以使用基于当前坐标系原点的绝对坐标值或基于上个输入点的相对坐标值。同平面坐标系一样，AutoCAD中的三维坐标系有世界坐标系和用户坐标系两种形式。

2. 柱面坐标

柱面坐标与平面极坐标类似，但增加了从所要确定的点到xy平面的距离值，即三维点的柱面坐标可通过该点与UCS原点连线在xy平面上的投影长度、该投影与x轴的夹角以及该点与xy平面的垂直距离z值来确定。例如，坐标"20<80, 30"表示某点与原点的连线在xy平面上的投影长度为20个单位，其投影与x轴的夹角为80度，在z轴上的投影点的z值为30。柱面坐标也有相对的坐标形式，例如，相对柱面坐标"@20<45, 40"表示某点与上个输入点连线在xy平面上的投影长为20个单位，该投影与x轴正方向的夹角为45度且在z轴上的投影与原点的距离为40个单位。

3. 球面坐标

球面坐标也类似于平面极坐标。在确定某点时，应分别指定该点与当前坐标系原点的距离、二者连线在xy平面上的投影与x轴的夹角以及二者连线与xy平面的夹角。例如，坐标"15<30<45"表示一个点，它与当前UCS原点的距离为15个单位，该点与原点的连线在xy平面上的投影与x轴的夹角为30度，该点与原点的连线与xy平面的夹角为45度。

11.1.2 三维模型的观察方式

AutoCAD中的坐标系包括世界坐标系（WCS）和用户坐标系（UCS）。世界坐标系是固定的且不能被修改，并不适合三维绘图。而用户坐标系允许修改坐标原点的位置及x轴、y轴和z轴的方向，便于绘制和观察三维对象。

UCS命令用于定义新用户坐标系的坐标原点及x轴、y轴的正方向。x轴与y轴的正方向一旦确定后，根据右手定则，z轴的正方向也就自动确定了。即使只使用了x轴与y轴，也是在三维空间中绘图。在AutoCAD中，可以定义任意多个坐标系，还可以给定义的坐标系赋予名称，将它们保存起来随时使用。但是在同一时间内，只能有一个坐标系是当前的坐标系，所有输入的或者显示的坐标值都相对于当前的坐标系而言。如果有多个活动视口，AutoCAD允许为每一个视口指定不同的用户坐标系，每个坐标系可根据需要设置坐标原点的位置与坐标轴的方向。

选择"视图"标签，单击"坐标"面板中的各个按钮可以执行相应的坐标命令，如图11-1所示。

图11-1

坐标系图标表示当前坐标系中坐标轴的方向以及坐标原点的位置，也表示相对于当前用户坐标系的 xy 平面的视图方向，如图11-2所示。

图11-2

11.1.3 选择视图

在观察具有立体感的三维模型时，使用系统提供的西南、西北、东南和东北4个等轴测视图观察三维模型，可以使观察效果更加形象和直观。

在默认状态下，用三维绘图命令绘制的三维图形都是俯视的平面图，但是用户可以使用系统提供的俯视、仰视、前视、后视、左视和右视6个正交视图分别从对象的上、下、前、后、左、右6个方位进行观察。选择"视图>三维视图"菜单命令，然后在子菜单中根据需要选择相应的视图命令，即可进入相应的视图，如图11-3所示。

图11-3

11.1.4 设置三维视图

在AutoCAD中，所有的平面图形实际上也都是真正的三维图形，只不过在默认状态下，AutoCAD按当前的高度值设置对象的 z 坐标值，同时将它的厚度设为0，因此看到的平面图形实际上是图形在三维空间中沿某一方向的投影。

1.设置查看方向

当执行视点预设命令时，AutoCAD将弹出"视点预设"对话框。"视点预设"对话框通过指定 xy 平面中视点与原点的连线与 x 轴的夹角和视点与原点的连线与 xy 平面的夹角设置三维观察方向。视点预设命令的调用方法有如下两种。

第1种：选择"视图>三维视图>视点预设"菜单命令。

第2种：输入"DDVPOINT"（VP）命令并确认。

执行"视点预设"命令后，系统将弹出"视点预设"对话框，可以用定点设备控制图像或直接在文本框中输入角度值，如图11-4所示。

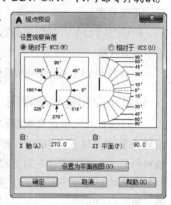

图11-4

相对于当前的用户坐标系或相对于世界坐标系指定角度值后，图像中的视角将自动更新。单击"设置为平面视图"按钮，将观察角度设置为相对于选中的坐标系显示平面视图。在该对话框中，用户可在"X轴"编辑框中设置视点与原点的连线在 xy 平面上与 x 轴的夹角，在"XY平面"编辑框中设置视点与原点的连线与 xy 平面的夹角，通过这两个夹角就可以得到一个相对于当前坐标系（WCS或UCS）的特定三维视图。

2.设置平面视图

由于平面视图是制图中最为常用的一种视图，因此AutoCAD提供了快速设置平面视图的"平面视图"命令，它提供了一种从平面视图查看图形的快捷方式，即从 z 轴正方向竖直向下观察 xy 平面，并使 x 轴指向右，y 轴指向上。选择的平面视图可以基于当前用户坐标系、以前保存的用户坐标系或世界坐标系。平面视图命令的调用方法有如下两种。

第1种：选择"视图>三维视图>平面视图>当前UCS/世界UCS/命名UCS"菜单命令。

第2种：输入"PLAN"命令并确认。

执行PLAN命令并确认后，系统将提示"输入选项[当前UCS(C)/UCS(U)/世界(W)]<当前UCS>:"。

命令主要选项介绍

● **当前UCS（C）**：按当前用户坐标系显示平面视图。

● **UCS（U）**：按以前保存的用户坐标系显示平面视图。

● **世界（W）**：按世界坐标系显示平面视图。

3. 设置正交和等轴测视图

三维模型视图中正交视图和等轴测视图使用较为普遍。输入"VIEW"命令并确认，系统将打开"视图管理器"对话框，在"预设视图"列表中显示了所有的正交视图和等轴测视图，如图11-5所示。

图11-5

11.1.5 三维动态观察器

动态观察命令用于在当前视口中激活一个交互的三维动态观察器。当执行3DORBIT命令时，可使用定点设备操作模型的视图，既可以查看整个图形，又可以从不同视点查看图形中的任一个对象。调用动态观察命令的方法有如下3种。

第1种：选择"视图>动态观察"菜单命令，选择相应的子命令，如图11-6所示。

第2种：输入"3DORBIT"命令并确认。

第3种：选择"视图"标签，单击"导航"面板中的"动态观察"按钮右侧的下拉按钮，然后选择其中的观察方式选项，如图11-7所示。

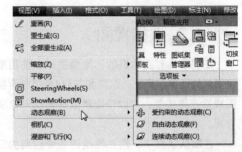

图11-6

图11-7

三维动态观察器用一个圆被几个小圆划分成4个象限表示。当运行动态观察命令时，目标点固定不动，相机绕目标点移动，在默认状态下，大圆的中心是目标点，如图11-8所示。

图11-8

用户可以按住鼠标左键拖曳光标来旋转视图。当将光标移进大圆的内部时，光标图标显示为两条线环绕着的小球体。按住鼠标左键拖曳光标可以轻松地操作视图，可在水平、竖直和对角线方向上拖曳。当将光标移出大圆时，光标图标显示为围绕小球体的环形箭头。在大圆外按住鼠标左键并绕着大圆拖曳光标，视图将围绕着一条穿过大圆中心且与屏幕正交的轴转动。当将光标置于大圆左侧或右侧的小圆中时，光标图标显示为围绕小球体的水平椭圆。按住鼠标左键拖曳光标将使视图围绕着通过大圆中心的竖直轴旋转，竖直轴用光标处的竖直线段表示。当将光标置于大圆顶部或底部的小圆中时，光标图标显示为围绕小球体的竖直椭圆。按住鼠标左键拖曳光标将使视图绕着通过大圆中心的水平轴旋转，水平轴用光标处的水平线段表示。

11.1.6　选择视觉样式

在AutoCAD中，图形的显示效果由观察角度和视觉样式决定。要显示从点光源、平行光源、聚光灯或太阳发出的光线，应该将视觉样式设置为真实、概念或带有着色对象的自定义视觉样式。使用相应的视觉样式，可以对三维实体进行染色并为其赋予明暗光线。

选择"视图>视觉样式"菜单命令，其中包括"二维线框""线框""消隐""真实"和"概念"等多种视觉样式，如图11-9所示。

图11-9

视觉主要样式介绍

● **二维线框：**
显示用直线和曲线表示边界的对象，光栅和 OLE 对象、线型和线宽都是可见的，如图11-10所示。

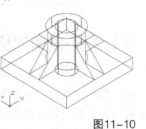

图11-10

● **线框：**显示用直线和曲线表示边界的对象的三维线框。线框效果与二维线框相似，只是在线框效果中将显示一个已着色的三维坐标，如果二维背景和三维背景颜色不同，线框与二维线框的背景颜色也不同，如图11-11所示。

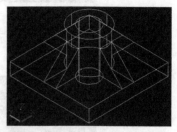

图11-11

● **消隐：**显示用三维线框表示的对象并隐藏表示后向面的直线和曲线，如图11-12所示。

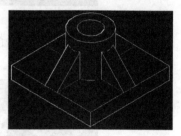

图11-12

● **真实：**为对象着色，并使对象的边平滑化，显示对象的材质，如图11-13所示。

图11-13

● **概念：**为对象着色，并使对象的边平滑化。着色时使用冷色和暖色之间的过渡色，效果缺乏真实感，但是可以更方便地查看模型的细节，如图11-14所示。

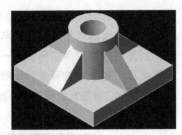

图11-14

● **着色**：使用平滑着色显示对象，如图11-15所示。

图11-15

● **带边缘着色**：使用平滑着色和可见边显示对象，如图11-16所示。

图11-16

● **灰度**：使用平滑着色和单色灰度显示对象，如图11-17所示。

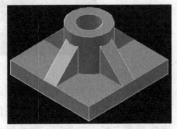

图11-17

● **勾画**：使用线延伸和抖动边修改器显示手绘效果的对象，如图11-18所示。

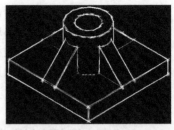

图11-18

● **X射线**：以局部透明显示对象，如图11-19所示。

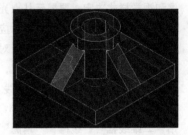

图11-19

11.2 创建三维模型

在AutoCAD中，系统会自动地为每个对象赋予一个厚度值。对象厚度是对象向上或向下被拉伸的距离。正的厚度表示向上（z正轴）拉伸，负的厚度则表示向下（z负轴）拉伸，厚度为0表示不被拉伸。在平面绘图中，绘制的对象的缺省厚度均为0。如果将其厚度改为一个非0的数值，则该平面对象将沿z轴方向被拉伸成三维对象。

11.2.1 创建网格对象

三维网格是用平面镶嵌面表示对象的曲面。每一个网格由一系列横线和竖线组成，可以定义行间距与列间距。通过定义曲面的边界可以创建平直的或弯曲的曲面，用这种方式创建的曲面叫作几何曲面。曲面的尺寸和形状由定义它们的边界及确定边界点所采用的公式决定。

1.网格系统变量

AutoCAD提供了RULESURF、REVSURF、TABSURF和EDGESURF4个命令用于创建多边形网格，还提供了3DFACE命令用于创建三维面。这几种类型的网格的区别在于连接成曲面的对象类型不同。

使用各网格命令可以创建的网格由$M \times N$（即M行、N列）个点组成。M和N的最小值为2，最大值为256，这个值可由系统变量$SURFTAB1$和$SURFTAB2$来控制。默认状态下$SURFTAB1$和$SURFTAB2$的值为6。

2.创建三维面网格

命令：三维面
作用：创建三维多边形网格
快捷命令：3DFACE

"三维面"命令用于创建任意形状的三维多边形网格，"三维面"命令的调用方法有如下两种。

第1种：选择"绘图>建模>网格>三维面"菜单命令，如图11-20所示。
第2种：输入"3DFACE"命令并确认。

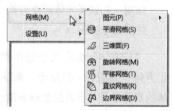

图11-20

3.创建直纹网格

命令：直纹网格
作用：创建直纹网格
快捷命令：RULESURF

"直纹网格"命令用于在两个对象之间创建曲面网格，组成直纹曲面边的两个对象可以是线段、点、圆弧、圆、平面多段线、三维多段线或样条曲线，如图11-21所示。如果其中的一个对象是闭合的，如圆，那么另一个对象也必须是闭合的。如果其中的一个对象不是闭合的，直纹曲面总是从曲线上离选取点最近的端点开始绘制。

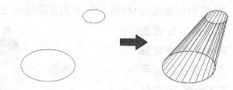

图11-21

使用RULESURF命令可以创建一个M行、N列的网格，M值是一个定值，等于2；N值会根据所需的面的数量改变。执行"直纹网格"命令的方法有如下两种。

第1种：执行"绘图>建模>网格>直纹网格"菜单命令。
第2种：输入"RULESURF"命令并确认。

4.创建平移网格

命令：平移网格
作用：创建平移网格
快捷命令：TABSURF

"平移网格"命令用于将一个对象沿特定的矢量方向平行移动而形成曲面网格，如图11-22所示。与RULESURF命令相似，系统变量$SURFTAB1$控制路径曲线的点数，$SURFTAB1$的默认值为6。

图11-22

执行"平移网格"命令的方法有如下两种。
第1种：执行"绘图>建模>网格>平移网格"菜单命令。

第2种：输入"TABSURF"命令并确认。

5. 创建旋转网格

命令：旋转网格

作用：创建旋转网格

快捷命令：REVSURF

该命令通过绕指定的轴旋转对象创建旋转曲面，如图11-23所示。旋转的对象叫作路径曲线，它可以是线段、圆弧、圆、平面多段线或三维多段线。生成旋转曲面的旋转轴可以是直线或平面多段线，且是任意长度和沿任意方向的。

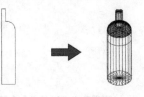

图11-23

执行"旋转网格"命令的方法有如下两种。

第1种：执行"绘图>建模>网格>旋转网格"菜单命令。

第2种：输入"REVSURF"命令并确认。

6. 创建边界网格

命令：边界网格

作用：创建边界网格

快捷命令：EDGESURF

"边界网格"命令用于构造一个三维多边形网格，它由4条邻接边作为边界创建，如图11-24所示。在选择4条边界时，必须确保选择每一条多段线的起点，如果选择了一条边界的起点，而选择了另一条边界的终点，那么生成的曲面网格会出现交叉。

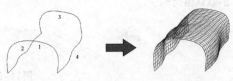

图11-24

执行"边界网格"命令的方法有如下两种。

第1种：执行"绘图>建模>网格>边界网格"菜单命令。

第2种：输入"EDGESURF"命令并确认。

11.2.2 创建三维基本体

在各类三维模型中，实体模型的信息最完整，歧义最少且编辑起来比较容易。可以创建基本实体，包括长方体、圆锥体、圆柱体、球体、圆环体和楔体，还可以通过拉伸、旋转平面对象或者面域创建自定义的实体。

1. 控制实体线框密度

三维实体表面以线框的形式来表示，线框密度由系统变量ISOLINES控制。系统变量ISOLINES的数值范围为4~2 047，数值越大，线框越密，图11-25和图11-26所示分别是ISOLINES值为4和20的效果。

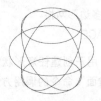 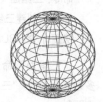

图11-25　　　　图11-26

2. 创建长方体

命令：长方体

作用：创建长方体或立方体

快捷命令：BOX

"长方体"命令用于创建实心的长方体或正方体，如图11-27所示。默认状态下，长方体的底面总是与当前的坐标系的xy平面平行。

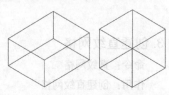

图11-27

执行"长方体"命令的方法有如下3种。

第1种：执行"绘图>建模>长方体"菜单命令。

第2种：输入"BOX"并确认。

第3种：切换到"三维建模"工作空间，单击"建模"面板中的"长方体"按钮，如图11-28所示。

图11-28

3.创建球体

命令：球体

作用：创建球体

快捷命令：SPHERE

"球体"命令用于创建一个三维球体，三维球体表面上的所有点到中心的距离都相等，如图11-29所示。

执行"球体"命令的方法有如下3种。

第1种：选择"绘图>建模>球体"菜单命令。

第2种:输入"SPHERE"并确认。

图11-29

第3种：单击"建模"面板中的"球体"按钮。

4.创建圆柱体

命令：圆柱体

作用：创建圆柱体

快捷命令：CYLINDER

"圆柱体"命令用于创建以圆或椭圆作底面的圆柱体，如图11-30所示。

执行"圆柱体"命令的方法有如下3种。

第1种：选择"绘图>建模>圆柱体"菜单命令。

第2种：输入"CYLINDER"并确认。

第3种：单击"建模"面板中的"圆柱体"按钮。

图11-30

5.创建圆锥体

命令：圆锥体

作用：创建圆锥体

快捷命令：CONE

"圆锥体"命令用于创建圆锥体或椭圆锥体。默认状态下，圆锥体的底面平行于当前坐标系的xy平面，且对称地变细直至交于z轴上的一个点，如图11-31所示。

图11-31

执行"圆锥体"命令的方法有如下3种。

第1种：选择"绘图>建模>圆锥体"菜单命令。

第2种：输入"CONE"并确认。

第3种：单击"建模"面板中的"圆锥体"按钮。

6.创建楔体

命令：楔体

作用：创建楔体

快捷命令：WEDGE

"楔体"命令用于创建楔体，其形状类似于将长方体沿某一面的对角线方向切去一半。

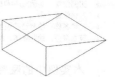

图11-32

楔体的底面平行于当前坐标系的xy平面，其他非倾斜面沿z轴正向，如图11-32所示。

执行"楔体"命令的方法有如下3种。

第1种：选择"绘图>建模>楔体"菜单命令。

第2种：输入"WEDGE"并确认。

第3种：单击"建模"面板中的"楔体"按钮◻。

7. 创建圆环体

命令：圆环体

作用：创建圆环体

快捷命令：TORUS

调用"圆环体"命令后，按照系统提示指定圆环的中心，然后输入圆环的半径或直径值以及圆管的半径或直径值，即可创建圆环体，如图11-33所示。

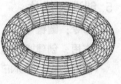

图11-33

执行"圆环体"命令的方法有如下3种。

第1种：选择"绘图>建模>圆环体"菜单命令。

第2种：输入"TORUS"并确认。

第3种：单击"建模"面板中的"圆环体"按钮◎。

■ **提示**

一般情况下，圆管的半径小于圆环的半径，得出来的是通常的圆环体；如果圆管的半径大于圆环的半径，将创建无中心孔的圆环体；如果圆环半径为负值（圆管的半径一定大于圆环半径的绝对值），将创建一个类似于橄榄球的实体。

操作练习　绘制哑铃模型

» 实例位置：实例文件>CH11>操作练习：绘制哑铃模型.dwg
» 素材位置：无
» 视频名称：绘制哑铃模型.mp4
» 技术掌握：绘制球体、绘制圆柱体

本实例中的哑铃模型由球体和圆柱体组成。在绘制该模型的过程中，使用了"球体"和"圆柱体"命令，在绘制球体时，注意指定球体的球心位置。

01 执行"视图>三维视图>西南等轴测"命令，将视图转换为西南等轴测视图。

02 输入"ISOLINES"命令并确认，设置线框密度为24。

03 执行"绘图>建模>圆柱体"命令，指定底面的中心点，然后设置圆柱体底面的半径为8，如图11-34所示，指定圆柱体的高度为60，创建圆柱体的效果如图11-35所示。

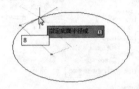

图11-34　　　　图11-35

04 选择"绘图>建模>球体"命令，在圆柱体下方圆心处指定球体的中心点，如图11-36所示，指定球体的半径为12，创建的球体如图11-37所示。

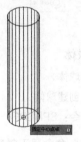

图11-36　　　　图11-37

05 再次执行"球体"命令，在圆柱体上方圆心处指定球体的中心点，如图11-38所示，设置球体半径为12，创建的球体如图11-39所示。

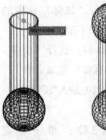

图11-38　　　　图11-39

06 执行"视图>动态观察>自由动态观察"命令，将鼠标指针移到大圆边缘上并按住鼠标左键拖曳鼠标，更改观察的角度，如图11-40所示。

07 选择"视图>视觉样式>真实"命令，更改视图的视觉样式，完成哑铃模型的创建，效果如图11-41所示。

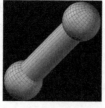

图11-40　　　　　图11-41

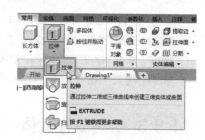

图11-43

11.3 二维图形生成三维实体

在AutoCAD中，除了可以使用系统提供的实体命令直接绘制三维模型外，还可以通过对二维图形进行拉伸、旋转和放样等操作绘制三维模型。

11.3.1 绘制拉伸实体

命令：拉伸

作用：将二维图形拉伸为三维实体

快捷命令：EXT

使用"拉伸"命令可以沿指定路径拉伸对象或按指定高度值和倾斜角度拉伸对象，从而将二维图形拉伸为三维实体，如图11-42所示。

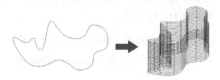

图11-42

执行"拉伸"命令有如下3种方法。

第1种：选择"绘图>建模>拉伸"菜单命令。

第2种：单击"建模"面板中的"拉伸"按钮，如图11-43所示。

第3种：输入"EXTRUDE"（EXT）并确认。

在使用"拉伸"命令创建三维实体的过程中，系统将提示"指定拉伸的高度或［方向（D）/路径（P）/倾斜角（T）/表达式（E）］："。

命令主要选项介绍

● **指定拉伸的高度**：默认情况下，将沿对象的法线方向拉伸平面对象。如果输入正值，将沿对象所在坐标系的 z 轴正方向拉伸对象；如果输入负值，将沿z轴负方向拉伸对象。

● **方向(D)**：通过指定的两点指定拉伸的长度和方向。

● **路径(P)**：选择基于指定曲线对象的拉伸路径，路径将移动到轮廓的质心处，然后沿选定路径拉伸选定对象的轮廓以创建实体或曲面。

11.3.2 绘制旋转实体

命令：旋转

作用：将二维图形旋转为三维实体

快捷命令：REV

使用"旋转"命令可以通过绕轴旋转开放或闭合的平面曲线来创建新的实体或曲面，并且可以同时旋转多个对象。执行"旋转"命令，选择需要旋转的图形，通过指定轴起点和轴终点，确定旋转图形旋转轴，然后指定旋转角度，即可旋转选择的图形，如图11-44所示。

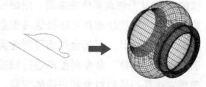

图11-44

执行"旋转"命令有如下3种方法。

第1种: 选择"绘图>建模>旋转"菜单命令。

第2种: 单击"建模"面板中的"旋转"按钮。

第3种: 输入"REVOLVE"(REV)并确认。

11.3.3 绘制放样实体

命令: 放样

作用: 将二维图形放样为三维实体

快捷命令: LOFT

"放样"命令是对包含两条或两条以上横截面曲线的一组曲线进行放样,从而创建三维实体或曲面。其中,横截面决定了放样生成的实体或曲面的形状,可以是开放的线,也可以是闭合的图形,如圆、椭圆、多边形和矩形等。使用"放样"命令对图形进行放样时,需要依次选择放样横截面和放样的路径,如图11-45所示。

图11-45

执行"放样"命令有如下3种方法。

第1种: 选择"绘图>建模>放样"菜单命令。

第2种: 单击"建模"面板中的"放样"按钮。

第3种: 输入"LOFT"命令并确认。

11.3.4 绘制扫掠实体

命令: 扫掠

作用: 将二维图形扫掠为三维实体

快捷命令: SWEEP

"扫掠"命令是沿指定路径延伸轮廓(被扫掠的对象)从而创建实体或曲面。沿路径扫掠轮廓时,轮廓将被移动并与路径保持垂直。开放轮廓可创建曲面,而闭合轮廓可创建实体或曲面。使用"扫掠"命令对图形进行扫掠时,需要依次选择扫掠的对象和扫掠的路径,还可以

根据需要设置扫掠的扭曲角度,如图11-46所示。

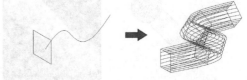

图11-46

执行"扫掠"命令有如下3种方法。

第1种: 选择"绘图>建模>扫掠"菜单命令。

第2种: 单击"建模"面板中的"拉伸"按钮下方的下拉按钮,在下拉列表中选择"扫掠"选项。

第3种: 输入"SWEEP"命令并确认。

操作练习 绘制锁模型

» 实例位置: 实例文件>CH11>操作练习: 绘制锁模型.dwg
» 素材位置: 无
» 视频名称: 绘制锁模型.mp4
» 技术掌握: 拉伸实体、扫掠实体

绘制本实例中的锁模型时,首先使用"拉伸"命令将二维图形拉伸为锁身模型,然后使用"扫掠"命令将二维图形扫掠为锁柄模型。

01 使用"绘图>矩形"菜单命令,绘制一个长度为36、宽度为10、圆角半径为5的圆角矩形,效果如图11-47所示。

02 执行"绘图>圆>圆心、半径"菜单命令,绘制一个半径为1的圆,效果如图11-48所示。

图11-47   图11-48

03 输入"ISOLINES"命令并确认,设置线框密度为24。

04 执行"视图>三维视图>西南等轴测"命令,将视图转换为西南等轴测视图。

05 执行"绘图>建模>拉伸"菜单命令,选择圆角矩形作为拉伸对象,设置拉伸高度为30,创建的拉伸实体如图11-49所示。

06 执行"视图>三维视图>前视"命令,将视图转换为前视图。

07 执行"绘图>多段线"菜单命令,参照图11-50所示的效果,绘制一条多段线。

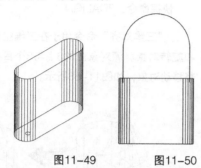

图11-49　　　　　图11-50

08 使用"视图>三维视图>俯视"菜单命令,将视图转换为俯视图。

09 参照图11-51所示的效果,使用"移动"命令调整多段线的位置。

图11-51

10 执行"视图>三维视图>西南等轴测"菜单命令,将视图转换为西南等轴测视图。

11 执行"绘图>建模>扫掠"菜单命令,选择圆形作为扫掠对象,选择多段线作为扫掠路径,效果如图11-52所示。

12 选择"视图>视觉样式>概念"菜单命令,更改视图的视觉样式,完成锁模型的创建,效果如图11-53所示。

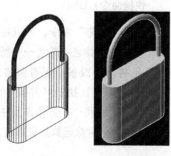

图11-52　　　　　图11-53

11.4　编辑三维实体

　　用户可以通过编辑三维对象创建出更复杂的三维模型,在AutoCAD中,对三维对象进行编辑的常用操作包括阵列三维对象、镜像三维对象、旋转三维对象、对齐三维对象、对三维对象进行并集运算、对三维对象进行差集运算和对三维对象进行交集运算。

11.4.1　阵列三维对象

命令: 三维阵列

作用: 阵列三维实体

快捷命令: 3DARRAY

　　"三维阵列"命令用于在三维空间中按矩形阵列或环形阵列的方式创建对象的多个副本,图11-54和图11-55所示分别为矩形阵列和环形阵列的效果。在进行矩形阵列时,需要指定行数、列数、层数、行间距、列间距和层间距。在进行环形阵列时,需要指定阵列的数目、阵列填充的角度、旋转轴的起点和终点以及对象在阵列后是否绕着阵列中心旋转。

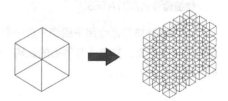

图11-54

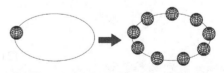

图11-55

　　执行"三维阵列"命令有如下两种常用方法。

　　第1种: 执行"修改>三维操作>三维阵列"菜单命令。

　　第2种: 输入"3DARRAY"命令并确认。

11.4.2　镜像三维对象

命令：三维镜像
作用：镜像三维实体
快捷命令：MIRROR3D

　　"三维镜像"命令用于沿指定的镜像平面创建三维对象的镜像，如图11-56所示。

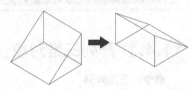

图11-56

　　执行"三维镜像"命令有如下两种常用方法。
　　第1种：执行"修改>三维操作>三维镜像"菜单命令。
　　第2种：输入"MIRROR3D"命令并确认。

11.4.3　旋转三维对象

命令：三维旋转
作用：旋转三维实体
快捷命令：ROTATE3D

　　"三维旋转"命令用于围绕任意一个三维轴旋转三维对象，其用法与平面的旋转十分相似，如图11-57所示。

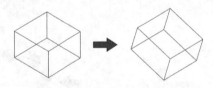

图11-57

　　执行"三维旋转"命令有如下两种常用方法。
　　第1种：执行"修改>三维操作>三维旋转"菜单命令。
　　第2种：输入"ROTATE3D"命令并确认。

11.4.4　对齐三维对象

命令：三维对齐
作用：对齐三维实体
快捷命令：3DALIGN

　　"三维对齐"命令用于在三维空间中移动和旋转对象。源对象上的3点与3个目标点对齐将移动对象，如图11-58所示。

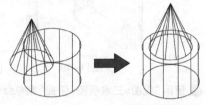

图11-58

　　执行"三维对齐"命令有如下两种常用方法。
　　第1种：执行"修改>三维操作>三维对齐"菜单命令。
　　第2种：输入"3DALIGN"命令并确认。

11.4.5　对实体进行布尔运算

　　对实体对象进行布尔运算，可以将多个实体合并在一起（即并集运算）或从某个实体中减去另一个实体（即差集运算），还可以只保留相交的实体（即交集运算）。

1. 并集运算

命令：并集
作用：对实体进行并集运算
快捷命令：UNI

　　执行"并集"命令，可以将选定的两个或两个以上的实体合并成为一个新的整体。并集运算是将两个或多个现有实体的全部体积合并起来。例如，执行"并集"命令，选择图11-59所示的两个长方体作为并集运算对象并确认，得到的并集运算效果如图11-60所示。

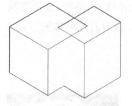
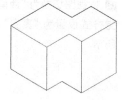

图11-59   图11-60

执行"并集"命令有如下3种常用方法。

第1种：选择"修改>实体编辑>并集"命令。

第2种：单击"实体编辑"面板中的"并集"按钮⑩。

第3种：输入"UNION"（UNI）命令并确认。

2. 差集运算

命令：差集

作用：对实体进行差集运算

快捷命令：SU

执行"差集"命令，可以将选定的实体或面域相减得到一个整体。绘制机械模型时，常用"差集"命令对实体或面域进行开槽和钻孔等处理。例如，执行"差集"命令，在图11-61所示的两个长方体中，选择大长方体作为源对象，选择小长方体作为减去的对象，得到的差集运算效果如图11-62所示。

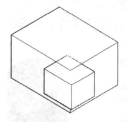
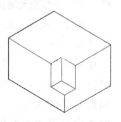

图11-61   图11-62

执行"差集"命令有如下3种常用方法。

第1种：选择"修改>实体编辑>差集"命令。

第2种：单击"实体编辑"面板中的"差集"按钮⑩。

第3种：输入"SUBTRACT"（SU）命令并确认。

3. 交集运算

命令：交集

作用：对实体进行交集运算

快捷命令：IN

执行"交集"命令，可以从两个或多个实体或面域的交集中创建实体或面域，并删除交集外面的区域。例如，执行"交集"命令，选择图11-63所示的长方体和球体并确认，即可完成两个模型的交集运算，效果如图11-64所示。

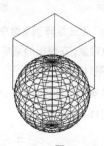

图11-63   图11-64

执行"交集"命令有如下3种常用方法。

第1种：选择"修改>实体编辑>交集"命令。

第2种：单击"实体编辑"面板中的"交集"按钮⑩。

第3种：输入"INTERSECT"（IN）命令并确认。

🖑 操作练习 绘制珠环模型

> » 实例位置：实例文件>CH11>操作练习:绘制珠环模型.dwg
> » 素材位置：无
> » 视频名称：绘制珠环模型.mp4
> » 技术掌握：绘制球体、绘制圆环体、环形阵列球体

绘制本实例中的珠环模型时，首先绘制一个球体和圆环体，然后使用"三维阵列"命令对球体进行环形阵列，设置阵列旋转轴为经过圆环中心点的垂线。

01 执行"TORUS"（圆环体）命令，创建一个半径为60，圆管半径为5的圆环体，如图11-65所示。

02 执行"SPHERE"（球体）命令，以圆环体的圆管中心线与水平线的交点为球体中心点，创建一个半径为10的球体，如图11-66所示。

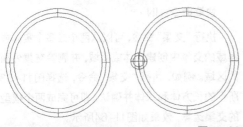

图11-65　　　　　　　图11-66

03 执行"3DARRAY"（三维阵列）命令，选择球体作为需要阵列的对象，在弹出的菜单中选择"环形(P)"选项，如图11-67所示。

04 系统提示"输入阵列中的项目数目:"时，设置阵列的数目为6，如图11-68所示。

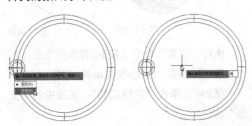

图11-67　　　　　　　图11-68

05 系统提示"指定要填充的角度(+=逆时针,-=顺时针)<360>:"时，设置阵列填充的角度为360，如图11-69所示。

06 根据系统提示，捕捉圆环体的圆心作为阵列的中心点，如图11-70所示。

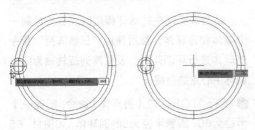

图11-69　　　　　　　图11-70

07 系统提示"指定旋转轴上的第二点:"时，输入第二个点的相对坐标"@0,0,5"并确认，以确保第二个点与第一个点在垂线上，如图11-71所示。

08 将视图切换为"西南等轴测"视图，然后将视觉样式设置为"真实"，得到的效果如图11-72所示。

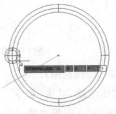

图11-71　　　　　　　图11-72

11.5 渲染三维模型

在AutoCAD中，可以为模型添加灯光和材质，对其进行渲染，得到更形象的三维实体模型，渲染后的图像效果会变得更加逼真。

11.5.1 添加模型灯光

由于AutoCAD中存在默认的光源，因此在添加光源之前仍然可以看到物体。用户可以根据需要添加光源，同时关闭默认光源。在AutoCAD中，能添加的光源包括点光源、聚光灯、平行光和阳光等类型。

执行"视图>渲染>光源"命令，在弹出的子菜单中选择命令，根据系统提示即可创建相应的光源。在为模型添加光源的操作中，可以指定光源的类型和位置，以及光源强度，如图11-73所示。

图11-73

11.5.2 编辑模型材质

在AutoCAD中，用户不但可以为模型添加光源，而且可以为模型添加材质，以使模型显得更加逼真。为模型添加材质是指为其指定三维模型的材料,如瓷砖、织物、玻璃和布纹等。在添加模型材质后,还可以对材质进行编辑。

执行"视图>渲染>材质浏览器"命令,在"材质浏览器"面板中选择需要的材质,如图11-74所示。为模型添加材质时,需要指定材质的类型,然后右键单击材质球,在弹出的菜单中选择"指定给当前选择"命令,从而将材质指定给选中的对象。

图11-74

11.5.3 进行模型渲染

执行"RENDER"(渲染)命令,打开渲染窗口,即可对绘图区中的模型进行渲染,在此处可以创建三维实体、曲面模型的真实照片图像或真实着色图像,效果如图11-75所示。

图11-75

在渲染窗口中单击"将渲染的图像保存到文件"按钮 ,在"渲染输出文件"对话框中可以设置渲染图像的保存路径、名称和类型,单击"保存"按钮即可对渲染图像进行保存,如图11-76所示。

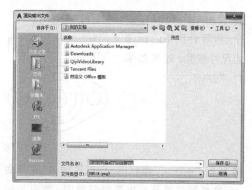

图11-76

11.6 综合练习

本课学习了三维实体的绘制和编辑,需要重点掌握三维视图的控制、三维实体的绘制和编辑方法。下面将通过两个综合练习进一步讲解三维实体的相关知识和操作。

综合练习 绘制支座模型

» 实例位置:实例文件>CH11>综合练习:绘制支座模型.dwg
» 素材位置:素材文件>CH11>素材01.dwg
» 视频名称:绘制支座模型.mp4
» 技术掌握:视图切换、拉伸实体、并集运算、差集运算

本实例将绘制支座模型,首先打开支座零件图,并对图形进行编辑,然后根据零件图尺寸和效果创建模型图。

01 打开学习资源中的"素材文件>CH11>素材01.dwg"文件,这是支座零件图,如图11-77所示。

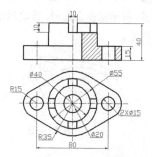

图11-77

02 使用"E"（删除）命令，将零件图中的标注的尺寸删除，效果如图11-78所示。

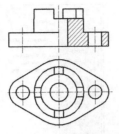

图11-78

03 执行"视图>三维视图>西南等轴测"菜单命令，将视图切换为西南等轴测视图，效果如图11-79所示。

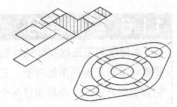

图11-79

04 执行"E"（删除）命令，将辅助线和剖视图删除，如图11-80所示。

05 执行"CO"（复制）命令，对编辑后的图形进行一次复制，如图11-81所示。

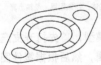 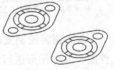

图11-80　　　　　　图11-81

06 使用"E"（删除）命令，参照如图11-82所示的效果，将上方多余图形删除。

07 执行"TR"（修剪）命令，对下方图形进行修剪，并删除多余图形，修改后的效果如图11-83所示。

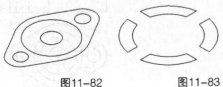

图11-82　　　　　　图11-83

08 执行"绘图>面域"菜单命令，将上方外轮廓图形和下方图形转换为面域对象。

09 执行"绘图>建模>拉伸"菜单命令，选择上方外轮廓和两边的小圆并按空格键确认，设置拉伸的高度为15，拉伸后的效果如图11-84所示。

10 再次执行"拉伸"命令，对上方图形中的另外两个圆进行拉伸，设置拉伸高度为30，效果如图11-85所示。

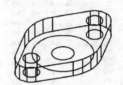

图11-84　　　　　　图11-85

11 再次执行"拉伸"命令，对下方图形中的面域对象进行拉伸，设置拉伸高度为40，效果如图11-86所示。

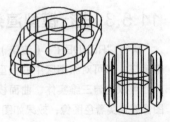

图11-86

12 执行"M"（移动）命令，选择拉伸后的面域实体，然后捕捉实体下方的圆心，指定移动基点，如图11-87所示。

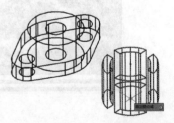

图11-87

13 将光标向左上方移动，捕捉左上方拉伸实体的底面圆心，指定移动的目标点，如图11-88所示。

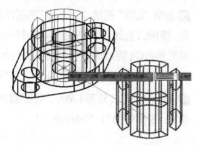

图11-88

⑭ 执行"修改>实体编辑>并集"菜单命令，对拉伸高度为15的外轮廓实体、拉伸高度为30的大圆实体和拉伸高度为40的面域实体进行并集运算，效果如图11-89所示。

⑮ 执行"修改>实体编辑>差集"菜单命令，将拉伸高度为15的两个小圆实体和拉伸高度为30的小圆实体从并集运算得到的组合体中减去。

⑯ 执行"视图>视觉样式>真实"菜单命令，完成本例模型的绘制，得到如图11-90所示的效果。

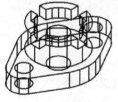

图11-89   图11-90

综合练习 绘制底座模型

- » 实例位置：实例文件>CH11>综合练习：绘制底座模型.dwg
- » 素材位置：无
- » 视频名称：绘制底座模型.mp4
- » 技术掌握：平移网格、边界网格、直纹网格、圆锥体、并集运算

　　本实例将绘制底座模型，首先使用"平移网格"和"边界网格"命令绘制模型底部的座体，然后使用"直纹网格"命令绘制模型顶面，使用"圆锥体"绘制圆管侧面，再对模型进行布尔运算。

01 执行"LA"（图层）命令，在打开的"图层特性管理器"选项板中创建圆面、侧面、底面和顶面4个图层，将0图层设置为当前图层，如图11-91所示。

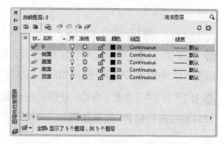

图11-91

02 执行SURFTAB1命令，将网格密度值1设置为24。然后执行SURFTAB2命令，将网格密度值2设置为24。

03 将当前视图切换为西南等轴测视图，执行"REC"（矩形）命令，绘制一个长度为100的正方形，效果如图11-92所示。

图11-92

04 执行"L"（直线）命令，以矩形的下方顶点作为起点，指定下一个点坐标为(@0,0,15)，如图11-93所示，绘制一条长度为15的线段，效果如图11-94所示。

图11-93   图11-94

05 将"侧面"图层设置为当前图层，执行"TABSURF"（平移网格）命令，选择矩形作为轮廓曲线对象，选择线段作为方向矢量对象，效果如图11-95所示。

06 隐藏"侧面"图层，然后设置"底面"图层为当前图层。使用"L"（直线）命令在矩形中绘制一条对角线，如图11-96所示。

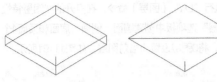

图11-95　　　　　　　图11-96

07 执行"C"（圆）命令，以对角线的中点为圆心，绘制一个半径为30的圆，效果如图11-97所示。

08 执行"TR"（修剪）命令，分别对所绘制的圆和对角线进行修剪，效果如图11-98所示。

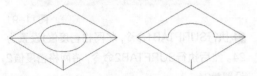

图11-97　　　　　　　图11-98

09 执行"PL"（多段线）命令，绘制一条通过矩形上方3个顶点的多段线，使其与修剪后的对角线和圆成为封闭的图形，效果如图11-99所示。

10 执行"EDGESURF"（边界网格）命令，以多段线、修剪后的圆和对角线作为边界，创建底座的底面模型，效果如图11-100所示。

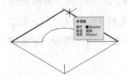

图11-99　　　　　　　图11-100

11 执行"MI"（镜像）命令，指定矩形对角线作为镜像轴，对上一步创建的边界网格进行镜像复制，效果如图11-101所示。

12 执行"M"（移动）命令，选择两个边界网格。指定基点后，设置目标点的坐标为(0,0,-15)，将模型向下移动15，效果如图11-102所示。

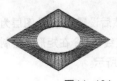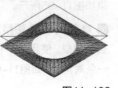

图11-101　　　　　　　图11-102

13 隐藏"底面"图层，将"顶面"图层设置为当前图层。使用L（直线）命令在矩形中绘制一条对角线，然后执行C（圆）命令，以对角线的中点为圆心，绘制一个半径为45的圆，效果如图11-103所示。

14 执行"TR"（修剪）命令，对圆和对角线进行修剪，效果如图11-104所示。

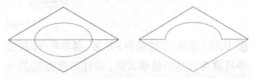

图11-103　　　　　　　图11-104

15 使用相同的方法，创建并镜像复制边界网格，效果如图11-105所示。

16 执行"C"（圆）命令，以绘图区中圆弧的圆心作为圆心，绘制半径分别为30和45的同心圆，效果如图11-106所示。

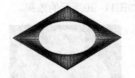

图11-105　　　　　　　图11-106

17 执行"RULESURF"（直纹网格）命令，选择绘制的同心圆并确认，将其创建为圆管顶面模型，然后使用M（移动）命令将绘制的直纹网格向上移动80，效果如图11-107所示。

图11-107

18 执行"CONE"（圆锥体）命令，以圆弧的圆心为圆锥底面中心点，如图11-108所示，设置圆锥顶面半径和底面半径均为30，高度为80，创建圆柱面模型，如图11-109所示。

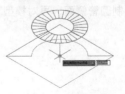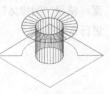

图11-108　　　　　　　图11-109

19 使用同样的方法创建一个半径为45的圆柱面模型,效果如图11-110所示。

20 显示所有被隐藏的图层,将相应图层中的对象显示出来,然后执行"修改>实体编辑>并集"命令,对所有模型进行并集运算,效果如图11-111所示。

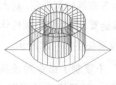
图11-110

图11-111

21 执行"视图>视觉样式>真实"菜单命令,完成本例模型的绘制,得到图11-112所示的效果。

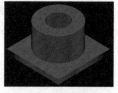
图11-112

11.7 课后习题

通过对本课的学习,相信读者对三维实体的绘制和编辑有了深入的了解,下面通过几个课后习题来巩固前面所学到的知识。

课后习题 **绘制阀盖模型**

» 实例位置:实例文件>CH11>课后习题:绘制阀盖模型.dwg
» 素材位置:无
» 视频名称:绘制阀盖模型.mp4
» 技术掌握:绘制旋转实体、绘制圆柱体、拉伸实体、差集运算

绘制本实例的阀盖模型时,首先绘制出模型主体的剖面图形,然后使用"旋转"命令对剖面图进行旋转,再绘制圆柱体辅助模型,并进行差集运算,最后绘制周围剩余的部分,并进行并集运算。

制作提示

第1步: 在左视图中使用二维绘制和编辑功能,创建图11-113所示的多段线图形。

第2步: 在西北等轴测视图中使用"REVOLVE"(旋转)命令对多段线进行旋转,创建图11-114所示的旋转实体。

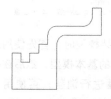
图11-113

图11-114

第3步: 执行"CYLINDER"(圆柱体)命令,绘制一个半径为10,高为50的圆柱体,然后将圆柱体从旋转实体中减去,效果如图11-115所示。

第4步: 将视图切换为后视图。执行"C"(圆)命令,绘制一个半径为47.5的辅助圆,然后绘制4组半径分别为5和10的同心圆,删除半径为47.5的圆,效果如图11-116所示。

图11-115

图11-116

第5步: 将视图切换为西北等轴测视图,执行"EXTRUDE"(拉伸)命令,设置拉伸的高度为5,对绘制的4组同心圆分别进行拉伸,效果如图11-117所示。

第6步: 执行"UNI"(并集)命令,对旋转实体和拉伸实体进行并集运算,选择"视图>视觉样式>真实"菜单命令,完成本实例的操作,效果如图11-118所示。

图11-117

图11-118

📘 课后习题 绘制支架模型

- » 实例位置：实例文件>CH11>课后习题：绘制支架模型.dwg
- » 素材位置：无
- » 视频名称：绘制支架模型.mp4
- » 技术掌握：绘制三维基本体、差集运算、并集运算

　　绘制本实例的支架模型时，首先使用三维绘图命令绘制出需要的基本模型，然后在各个视图中对模型的位置进行调整，再使用"差集"和"并集"命令对模型进行布尔运算。

制作提示

　　第1步：在东南等轴测视图中绘制一个长为240、宽为120、高为18的长方体和两个半径为18、高度为18的圆柱体，然后将圆柱体从长方体中减去，效果如图11-119所示。

　　第2步：在前视图中绘制一个长为80、宽为18、高为180的长方体，然后绘制一个半径为40、高度为18的圆柱体和一个半径为30、高度为18的圆柱体，效果如图11-120所示。

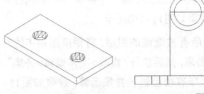

图11-119　　　　　　　　图11-120

　　第3步：将视图转换为东南等轴测视图，对大圆柱体和长方体进行并集运算，然后将小圆柱体从合并后的实体中减去，效果如图11-121所示。

　　第4步：使用"CO"（复制）命令对差集运算得到的实体进行复制，然后执行"视图>视觉样式>真实"菜单命令，完成本实例的操作，效果如图11-122所示。

图11-121　　　　　　　　图11-122

11.8　本课笔记

第12课

12

页面设置与打印

无论是绘制建筑图形，还是绘制机械图形，其最终目的是交付相关人员查看。那么，绘制好图形后，最后的工作就是将图形输出到图纸上供人参考。本课将讲解打印图形的相关知识，其中包括设置打印尺寸、设置打印比例、设置打印范围等内容。

学习要点

» 页面设置
» 打印图形文件

» 创建电子图形文件

12.1 页面设置

页面设置对打印结果有着非常重要的作用，用户可以在页面设置管理器中新建页面设置、修改页面设置和导入页面设置。

12.1.1 新建页面设置

执行"文件>页面设置管理器"命令，打开"页面设置管理器"对话框，如图12-1所示。单击对话框中的"新建"按钮，在"新建页面设置"对话框中输入新页面设置名，单击"确定"按钮，即可新建一个页面设置，如图12-2所示。

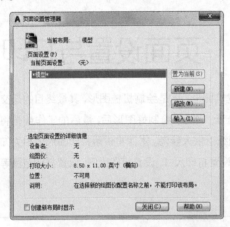

图12-1

图12-2

12.1.2 修改页面设置

执行"文件>页面设置管理器"命令，打开"页面设置管理器"对话框。选择需要修改的页面设置，单击对话框中的"修改"按钮，打开"页面设置"对话框。在其中可以对选择的页面设置进行修改，如图12-3所示。

图12-3

12.1.3 导入页面设置

执行"文件>页面设置管理器"命令，打开"页面设置管理器"对话框。单击对话框中的"输入"按钮，打开"从文件选择页面设置"对话框。在此选择并打开需要的页面设置文件，如图12-4所示。在"输入页面设置"对话框中单击"确定"按钮，即可将选择的页面设置导入当前图形文件，如图12-5所示。

图12-4

图12-5

🖐操作练习 创建机械页面设置

- » 实例位置：实例文件>CH12>操作练习：创建机械页面设置.dwg
- » 素材位置：无
- » 视频名称：创建机械页面设置.mp4
- » 技术掌握：新建页面设置、修改页面设置参数

本操作主要练习新页面设置的创建和修改页面设置的参数，具体的操作如下。

01 选择"文件>页面设置管理器"命令，打开"页面设置管理器"对话框，如图12-6所示。

图12-6

02 单击"页面设置管理器"对话框中的"新建"按钮，在"新建页面设置"对话框中输入新建的页面设置名称并确认，如图12-7所示。

图12-7

03 打开"页面设置-模型"对话框，在"打印机/绘图仪"区域选择一种打印设备，如图12-8所示。

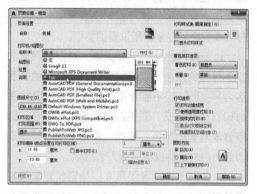

图12-8

04 在"图纸尺寸"区域选择图纸大小并确认，完成本例的操作，如图12-9所示。

图12-9

12.2 打印图形文件

在打印图形时，可以先设置页面的打印样式，然后直接对图形进行打印；也可以在"打印"对话框中设置打印参数。设置打印参数后，可以进行打印预览，查看打印效果，如果对预览效果满意，即可将图形打印出来。

12.2.1 设置打印样式

打印样式有两种类型：颜色相关打印样式表和命名打印样式表。一个图形不能同时使用两种类型的打印样式表。用户可以在两种打印样式表之间转换，也可以在设置了图形的打印样式类型之后，修改所设置的类型。

对于颜色相关打印样式表，对象的颜色决定了打印的颜色。这些打印样式表文件的扩展名为".ctb"。不能直接为对象指定颜色相关打印样式。相反，要控制对象的打印颜色，必须修改对象的颜色。例如，图形中所有被指定为红色的对象均以相同的方式打印。

命名打印样式表使用直接指定给对象和图层的打印样式。这些打印样式表文件的扩展名为".stb"。使用这些打印样式表可以将图形中的每个对象以不同颜色打印，与对象本身的颜色无关。与线型和颜色一样，打印样式也是对象特性。可以将打印样式指定给对象或图层。打印样式控制对象的打印特性，包括颜色、抖动、灰度、淡显、线型、线宽、线条端点样式、线条连接样式和填充样式等。

打印样式给用户提供了很大的灵活性，因为用户可以设置打印样式来替代其他对象特性，也可以根据需要关闭这些替代设置。

执行"文件>打印样式管理器"命令，AutoCAD系统自动打开"Plot Styles"文件

夹，如图12-10所示。双击"添加打印样式表向导"快捷方式，打开"添加打印样式表"对话框，如图12-11所示，用户可以根据提示添加新的打印样式。

图12-10

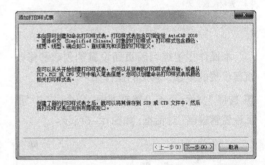

图12-11

12.2.2 选择打印设备

执行"文件>打印"命令或者输入"PLOT"命令并确认，打开"打印"对话框。在"打印机/绘图仪"选项栏的"名称"下拉列表中，AutoCAD系统列出了已安装的打印机或者AutoCAD内部打印机的名称。用户可以在该下拉列表中选择需要的打印输出设备，如图12-12所示。

图12-12

12.2.3 设置打印尺寸

在"图纸尺寸"下拉列表中可以选择不同的打印图纸，用户可以根据需要设置图纸的打印尺寸，如图12-13所示。

图12-13

12.2.4 设置打印比例

通常情况下，工程图不可能按照1：1的比例绘出。图形输出到图纸上必须遵循一定比例，正确地设置图层打印比例能使图形更加美观和完整。因此，在打印图形文件时，需要在"打印"对话框的"打印比例"区域中设置打印出图的比例，如图12-14所示。

图12-14

12.2.5 设置打印范围

设置打印参数后，在"打印范围"下拉列表中选择打印图形的范围，如图12-15所示。如果选择"窗口"选项，可在绘图区中指定打印的窗口范围。确定打印范围后将返回"打印"对话框，单击"确定"按钮即可开始打印图形。

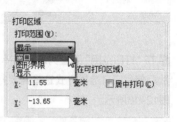

图12-15

操作练习 打印装修平面图

» 实例位置：无
» 素材位置：素材文件>CH12>素材01.dwg
» 视频名称：打印装修平面图.mp4
» 技术掌握：选择打印设备、设置图纸大小、选择打印范围

本操作主要练习打印图形时的打印设备的选择、图纸大小的设置和打印范围的选择等，具体的操作如下。

01 打开学习资源中的"素材01.dwg"素材图形，如图12-16所示。

图12-16

02 执行"文件>打印"命令，打开"打印-模型"对话框，选择打印设备，并对图纸的尺寸、打印比例和方向等进行设置，如图12-17所示。

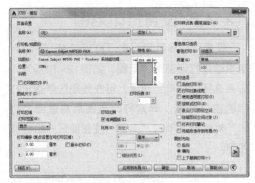

图12-17

03 在"打印范围"下拉列表中选择"窗口"选项，然后使用窗口选择方式选择需要打印的图形，如图12-18所示。

图12-18

04 返回"打印-模型"对话框，单击"预览"按钮，预览打印效果，如图12-19所示。在预览窗口中单击"打印"按钮 🖶，即可开始对图形进行打印。

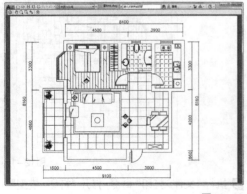

图12-19

12.3 创建电子文件

在AutoCAD中可以将图形文件创建为压缩的电子文件。在默认情况下，创建的电子文件格式为压缩格式DWF，且不会丢失数据，打开和传输电子文件速度将会比较快。

👆 操作练习 创建电子文件

» 实例位置：实例文件>CH12>操作练习：创建电子文件.dwf
» 素材位置：素材文件>CH12>素材02.dwg
» 视频名称：创建电子文件.mp4
» 技术掌握：创建电子文件

01 打开学习资源中的"素材02.dwg"素材图形，如图12-20所示。

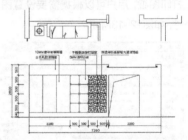

图12-20

02 选择"文件>打印"命令，打开"打印-模型"对话框。在"打印机/绘图仪"选项的"名称"下拉列表中选择"DWF6 ePlot.pc3"选项，如图12-21所示。

图12-21

03 单击"打印–模型"对话框的"确定"按钮，在打开的"浏览打印文件"对话框中输入文件名称，然后单击保存，如图12-22所示。

图12-22

04 在计算机中打开相应文件夹，可以找到刚才保存的DWF文件，如图12-23所示。

图12-23

12.4 课后习题

通过对本课的学习，相信读者对页面设置和图形打印有了深入的了解，下面通过几个课后习题来巩固前面所学到的知识。

📝课后习题 创建建筑页面设置

- » 实例位置：实例文件>CH12>课后习题：创建建筑页面设置.dwg
- » 素材位置：无
- » 视频名称：创建建筑页面设置.mp4
- » 技术掌握：新建页面设置、修改页面设置参数

本课后习题主要练习页面设置的操作，需要掌握新建页面设置、修改页面设置参数的方法。

制作提示

第1步：选择"文件>页面设置管理器"命令，打开"页面设置管理器"对话框，新建一个名称为"建筑"的页面设置。

第2步：在"页面设置–建筑"对话框中对页面设置进行修改，如图12-24所示。

图12-24

📝课后习题 打印室内天花图

- » 实例位置：无
- » 素材位置：素材文件>CH12>素材03.dwg
- » 视频名称：打印室内天花图.mp4
- » 技术掌握：选择打印设备、设置图纸大小、选择打印范围

本课后习题主要练习对图形进行打印设置的操作，主要需要掌握打印设备的选择、图纸尺寸的设置和打印范围的选择等。

制作提示

第 1 步：打开学习资源中的"素材文件>CH12>素材03.dwg"文件，这是室内天花图，如图12-25所示。

图12-25

第2步：选择"文件>打印"命令，打开"打印-模型"对话框，选择打印设备，并对图纸尺寸、打印比例和方向等进行设置，如图12-26所示。

第3步：选择打印范围，进行打印预览，然后进行打印，如图12-27所示。

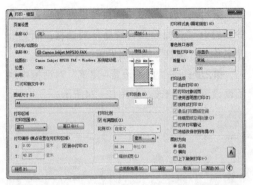

图12-26

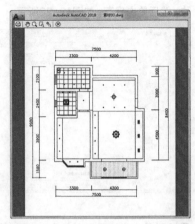

图12-27

12.5 本课笔记

第 13 课

13

综合实例

前面已经学习了AutoCAD的基础操作、图形绘制和编辑，以及图形标注和图形打印等知识，本课将通过两个综合实例来讲解所学知识的具体应用，帮助初学者掌握AutoCAD在实际工作中的应用。

学习要点

» 建筑制图　　　　　　　　» 机械制图

13.1 建筑制图

» 实例位置: 实例文件>CH13>综合实例: 建筑制图.dwg
» 素材位置: 无
» 视频名称: 综合实例: 建筑制图.mp4
» 技术掌握: 建筑制图的流程和技巧

本实例将学习绘制住宅楼建筑平面图的方法。建筑平面图用来表示建筑物房屋各部分在水平方向的组合关系,通常由墙体、柱、门、窗、楼梯、阳台、标注的尺寸和说明文字等元素组成,本例的最终效果如图 13-1 所示。

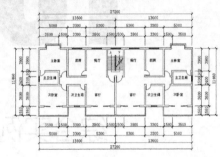

图13-1

13.1.1 绘制建筑轴线

01 执行"图层"(LA)命令,在"图层特性管理器"中依次创建"轴线""墙线""门窗"和"标注"等图层,并设置各个图层的参数,然后将"轴线"图层设置为当前图层,如图13-2所示。

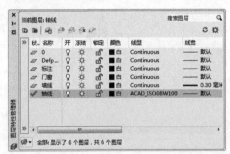

图13-2

02 执行"格式>单位"命令,打开"图形单位"对话框,设置"插入时的缩放单位"为"毫米",其他选项保持默认状态,如图13-3所示。

图13-3

03 选择"格式>线型"命令,打开"线型管理器"对话框,在该对话框中将"全局比例因子"设置为50,如图13-4所示。

图13-4

04 选择"工具>绘图设置"命令,打开"草图设置"对话框,选择"对象捕捉"选项卡,根据图13-5所示的效果设置对象捕捉选项,完成后单击"确定"按钮。

图13-5

05 打开正交模式,执行"直线"(L)命令,绘制一条长为37 000的水平线段和一条长为23 000的竖直线段,如图13-6所示。

06 单击"修改"面板中的"偏移"按钮▣,设置偏移值为3 500,将竖直线段向右方偏移,如图13-7所示。

图13-6　　　　　　　图13-7

07 使用同样的方法,使用"偏移"(O)命令继续将偏移得到的线段向右依次偏移1 500、3 300、3 800和1 500,如图13-8所示。

08 使用同样的方法,使用"偏移"(O)命令将水平的线段向上依次偏移1 560、3 600、1 500、900和3 900,完成轴线的绘制,如图13-9所示。

图13-8　　　　　　　图13-9

13.1.2　绘制建筑墙线

01 单击"图层"面板中的"图层"下拉按钮,在弹出的下拉列表中单击"轴线"图层的"锁定"按钮,锁定"轴线"图层,如图13-10所示。

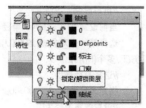

图13-10

02 单击"图层"面板中的"图层"下拉按钮,在弹出的下拉列表中选择"墙线"图层,将"墙线"图层设置为当前图层,如图13-11所示。

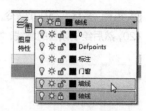

图13-11

03 执行"格式>多线样式"命令,打开"多线样式"对话框,单击"修改"按钮,如图13-12所示。

图13-12

04 在"修改多线样式:STANDARD"对话框中选中"直线"选项中的"起点"和"端点"复选项,如图13-13所示。

图13-13

05 执行"多线"（ML）命令，设置多线比例为240，然后通过捕捉轴线的交点绘制建筑的墙线，如图13-14所示。

06 执行"多线"（ML）命令，设置多线的比例为120，然后绘制阳台的墙线，如图13-15所示。

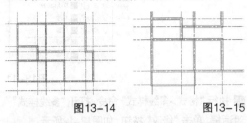

图13-14   图13-15

07 使用同样的方法，绘制另一段阳台多线，隐藏轴线后的效果如图13-16所示。

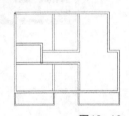

图13-16

13.1.3 修改建筑墙线

01 执行"修改>对象>多线"命令，在"多线编辑工具"对话框中单击"T形打开"选项，如图13-17所示。

图13-17

02 选择图13-18所示的多线作为要编辑的第一条多线。

03 选择图13-19所示的多线作为要编辑的第2条多线，"T形打开"后的多线效果如图13-20所示。

图13-18   图13-19

图13-20

04 使用同样的方法打开其他的多线接头，效果如图13-21所示。

05 执行"分解"（X）命令，将所有的多线分解，然后使用"删除"（E）命令将多线左上角的多余线段删除，效果如图13-22所示。

图13-21   图13-22

06 执行"圆角"（FILLET）命令，设置圆角半径为0，对左上角的墙线进行圆角化，连接分开的线段，其命令行提示及操作如下。

```
命令:FILLET↙
//执行命令
当前设置:模式=修剪，半径=0.0000
选择第一个对象或[放弃(U)/多段线(P)/半径(R)/修
剪(T)/多个(M)]:r↙
//选择半径选项
指定圆角半径<0.0000>:0↙
//设置圆角半径为0
选择第一个对象或[放弃(U)/多段线(P)/半径(R)/修
剪(T)/多个(M)]:
```

//选择要圆角化的第一条线段，如图13-23所示

选择第二个对象，或按住Shift键选择对象以应用角点或［半径(R)］：

//选择要圆角化的第二条线段，如图13-24所示，圆角化后的效果如图13-25所示

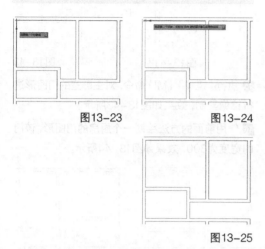

图13-23　　　　　　　　图13-24

图13-25

07 继续对墙线另一个角进行圆角化，然后将"标注"图层设置为当前图层，执行"文字"(T)命令，对室内区域进行标注，效果如图13-26所示。

图13-26

13.1.4　绘制建筑门窗

01 为了方便查看图形效果，将"标注"图层隐藏，然后将"门窗"图层设置为当前图层。

02 执行"偏移"(O)命令，设置偏移的距离为340，选中客厅右方的线段，如图13-27所示，将其向左方偏移，效果如图13-28所示。

图13-27 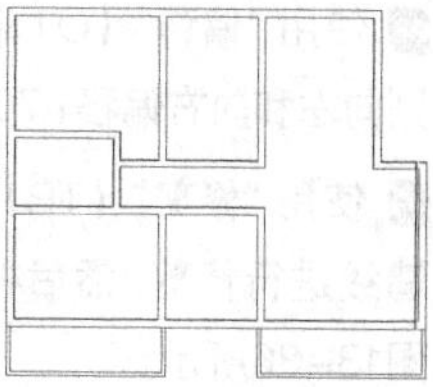　　　　　　　　图13-28

03 再次使用"偏移"(O)命令，将刚才偏移得到的线段向左偏移1 000，效果如图13-29所示。

04 执行"修剪"(TR)命令，对线段进行修剪，修剪后的效果如图13-30所示。

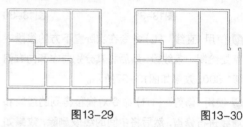

图13-29　　　　　　　　图13-30

05 使用同样的方法，在主卧室和次卧室中创建相应的门洞，门洞的宽度为900，效果如图13-31所示。

06 继续在厨房、主卫生间和次卫生间中创建相应的门洞，门洞的宽度为800，效果如图13-32所示。

图13-31　　　　　　　　图13-32

07 执行"直线"(L)命令，在客厅下方的线段中点处指定线段的第一个点，如图13-33所示，然后向下绘制一条线段，效果如图13-34所示。

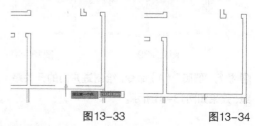

图13-33　　　　　　　　图13-34

08 使用"偏移"（O）命令将上一步绘制的线段分别向左和向右偏移1 700，效果如图13-35所示。

09 使用"修剪"（TR）命令对偏移得到的线段和墙线进行修剪，然后将中间的线段删除，效果如图13-36所示。

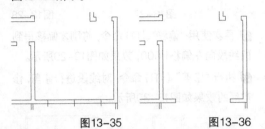

图13-35　　　　　　　　图13-36

10 使用"直线"（L）命令在次卧室下方的线段中点处绘制一条线段，然后将其分别向左和向右偏移1 600，效果如图13-37所示。

11 使用"修剪"（TR）命令对偏移得到的线段和墙线进行修剪，然后将中间的线段删除，效果如图13-38所示。

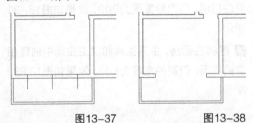

图13-37　　　　　　　　图13-38

12 执行"直线"（L）命令，在客厅的进户门洞线段中点处指定线段的第一个点，如图13-39所示，然后向下绘制一条长为1 000的线段，效果如图13-40所示。

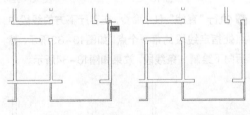

图13-39　　　　　　　　图13-40

13 执行"圆弧"（A）命令，绘制进户门的开关路线，效果如图13-41所示。

14 使用同样的方法绘制主卧室的门图形，该门的宽度为900，如图13-42所示。

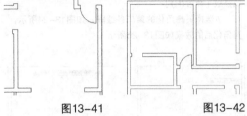

图13-41　　　　　　　　图13-42

15 执行"镜像"（MI）命令，对主卧室的门图形进行镜像复制，效果如图13-43所示。

16 使用前面的方法绘制一个厨房的门图形，该门的宽度为800，效果如图13-44所示。

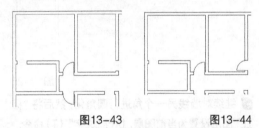

图13-43　　　　　　　　图13-44

17 执行"块"（B）命令，打开"块定义"对话框，在"名称"栏中输入块的名称，然后单击"选择对象"按钮，如图13-45所示。

图13-45

18 选择创建的厨房门图形并确认，返回对话框中单击"拾取点"按钮，然后在图13-46所示的端点处指定图块的基点并确认，完成厨房门图块的创建。

19 使用"复制"（CO）命令将创建的门图块复制到次卫生间中，如图13-47所示。

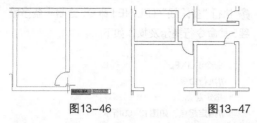

图13-46　　　　　　　　图13-47

⑳ 执行"旋转"（ROTATE）命令，选择复制得到的门图块，对其进行旋转，效果如图13-48所示。

㉑ 使用"复制"（CO）命令将次卫生间的门复制到主卫生间中，然后执行"镜像"（MI）命令，对复制得到的门图块进行镜像，效果如图13-49所示。

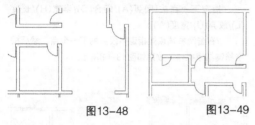

图13-48　　　　　　　　图13-49

㉒ 使用"移动"（M）命令将镜像后的门向左移动，效果如图13-50所示。

㉓ 执行"矩形"（REC）命令，在客厅的推拉门洞线段中点处指定第一个角点，然后绘制一个长为800、宽为40的矩形，如图13-51所示。

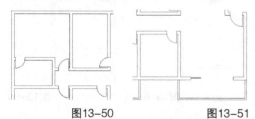

图13-50　　　　　　　　图13-51

㉔ 使用"复制"（CO）命令将创建的矩形复制一次，如图13-52所示。

㉕ 执行"镜像"（MI）命令对创建的两个矩形进行镜像复制，完成客厅的推拉门的绘制，效果如图13-53所示。

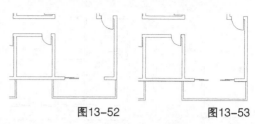

图13-52　　　　　　　　图13-53

㉖ 使用同样的方法绘制次卧室的推拉门，单门长度为700，效果如图13-54所示。

㉗ 执行"矩形"（REC）命令，在绘图区中绘制一个长为1 000、宽为240的矩形，效果如图13-55所示。

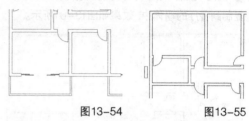

图13-54　　　　　　　　图13-55

㉘ 执行"分解"（X）命令，对绘制的矩形进行分解，使用"偏移"（O）命令，将左右两条线段向中间偏移80，效果如图13-56所示。

㉙ 使用"移动"（M）命令将创建好的窗户图形移到主卫生间的墙体中，如图13-57所示。

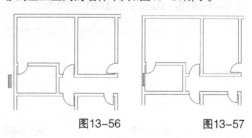

图13-56　　　　　　　　图13-57

㉚ 使用"复制"（CO）命令将窗户图形复制到厨房上方的墙体处，然后执行"旋转"（RO）命令，对复制的窗户图形进行旋转，效果如图13-58所示。

㉛ 使用"复制"（CO）命令将旋转后的窗户图形复制到次卫生间的墙体中，效果如图13-59所示。

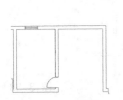

图13-58 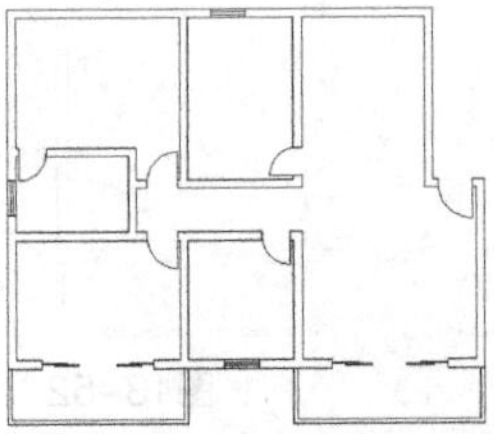　　　　　　　图13-59

32 执行"拉伸"（S）命令，使用窗交选择的方式选择厨房窗户右方图形，将选中部分向右拉伸800，效果如图13-60所示。

33 使用"复制"（CO）命令将厨房中的窗户图形复制到餐厅的墙体中，效果如图13-61所示。

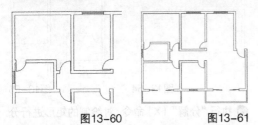

图13-60　　　　　　　图13-61

34 执行"直线"（L）命令，在主卧室上方的线段中点处绘制一条线段，效果如图13-62所示。

35 使用"偏移"（O）命令将绘制的线段分别向左和向右偏移1 200，效果如图13-63所示。

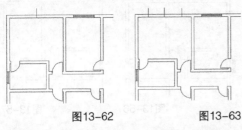

图13-62　　　　　　　图13-63

36 使用"修剪"（TR）命令对偏移得到的线段和墙线进行修剪，然后将中间的线段删除，效果如图13-64所示。

图13-64

37 执行"多段线"（PLINE）命令，绘制一条多段线，其命令行提示及操作如下。

> 命令:PLINE↙
> //执行命令
> 指定起点:
> //指定起点，如图13-65所示
> 当前线宽为0.0000
> 指定下一个点或[圆弧(A)/半宽(H)/长度(L)/放弃(U)/宽度(W)]:450↙
> //向上移动光标，指定一个点，与上一个点的距离为450，如图13-66所示
> 指定下一点或[圆弧(A)/闭合(C)/半宽(H)/长度(L)/放弃(U)/宽度(W)]:2400↙
> //向右移动光标，指定一个点，与上一个点的距离为2 400，如图13-67所示
> 指定下一点或[圆弧(A)/闭合(C)/半宽(H)/长度(L)/放弃(U)/宽度(W)]:
> //在窗洞右端点处指定多段线的下一个点，然后按空格键结束操作，效果如图13-68所示

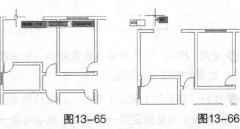

图13-65　　　　　　　图13-66

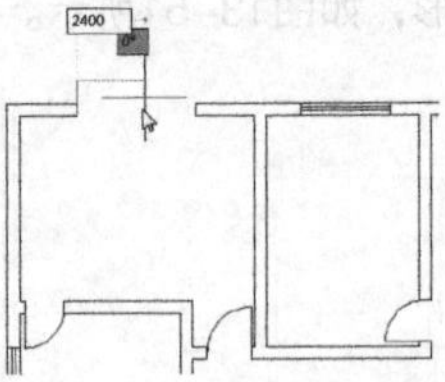

图13-67 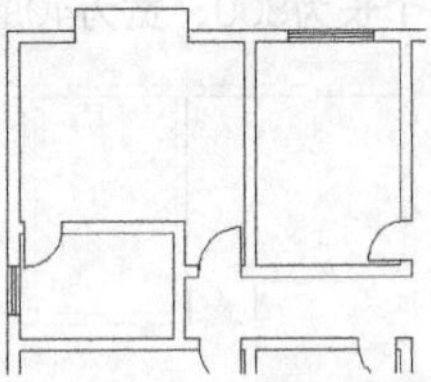　　　　　　　图13-68

38 使用"偏移"（O）命令将多段线分别向外偏移40和160，创建出飘窗图形，效果如图13-69所示。

图13-69

13.1.5 绘制建筑楼梯

01 打开"轴线"和"标注"图层，并将"轴线"图层解锁。

02 执行"镜像"（MI）命令，对创建的图形进行镜像复制，效果如图13-70所示。

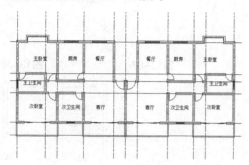

图13-70

03 关闭"轴线"和"标注"图层，可以看到图形的中间处有多余的线条，如图13-71所示。

04 使用"修剪"（TR）命令修剪图形，并将多余的线段删除，效果如图13-72所示。

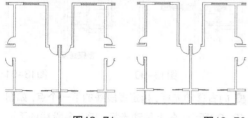

图13-71　　　　　图13-72

05 执行"合并"（JOIN）命令，将图形上方两条墙线合并为一条线段，其命令行提示及操作如下。

```
命令:JOIN↙
//执行命令
选择源对象或要一次合并的多个对象:↙
//选择源对象，如图13-73所示
选择要合并到源的直线:找到1个↙
//选择要合并到源线段的线段，如图13-74所示
已将1条直线合并到源
//合并后的效果如图13-75所示
```

06 使用相同的方法，将另外两条墙线合并为一条线段，如图13-76所示。

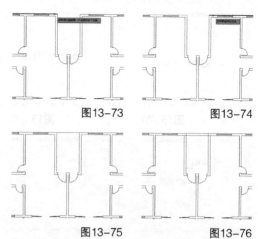

图13-73　　　　　图13-74

图13-75　　　　　图13-76

07 执行"修剪"（TR）命令，对与合并后的墙线相交的墙线进行修剪，如图13-77所示。使用"复制"（CO）命令将餐厅中的窗户图形复制到楼梯间中，效果如图13-78所示。

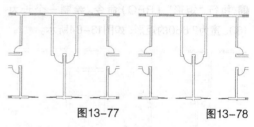

图13-77 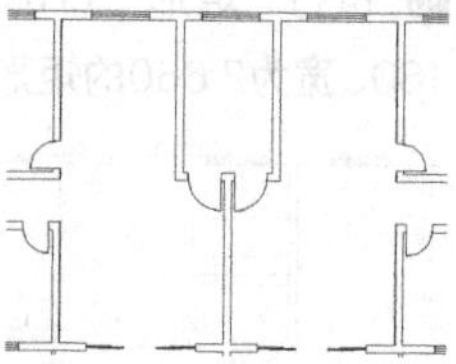　　　　　图13-78

08 执行"直线"（L）命令，绘制楼梯的踏步图形，其命令行提示及操作如下。

```
命令:LINE↙
//执行命令
指定第一个点:FROM↙
//输入"FROM"，使用"捕捉自"功能
基点:
//捕捉墙线的端点，如图13-79所示
<偏移>:@0,1000↙
//输入"@0,1000"，指定线段起点的偏移坐标，
如图13-80所示
指定下一点或[放弃(U)]:
//捕捉到墙线的垂足，如图13-81所示
指定下一点或[放弃(U)]:↙
//结束命令，效果如图13-82所示
```

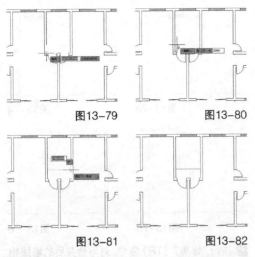

图13-79　　　　　　　　　　　　图13-80

图13-81　　　　　　　　　　　　图13-82

09 执行"阵列"（AR）命令，对绘制的线段进行矩形阵列，设置阵列的列数为1，行数为10，行间距为260，阵列效果如图13-83所示。

10 执行"矩形"（REC）命令，绘制一个长为180、宽为2 660的矩形，如图13-84所示。

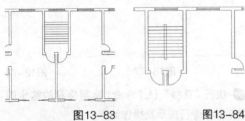

图13-83　　　　　　　　　　　　图13-84

11 执行"偏移"（O）命令，将绘制的矩形向内偏移，偏移距离为60，效果如图13-85所示。

12 执行"分解"（X）命令，将阵列图形分解，然后执行"修剪"（TR）命令，对楼梯踏步线条进行修剪，效果如图13-86所示。

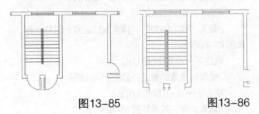

图13-85　　　　　　　　　　　　图13-86

13 执行"直线"（L）命令，绘制一条倾斜线，如图13-87所示。

14 执行"偏移"（O）命令，将斜线向左上方偏移，偏移距离为80，如图13-88所示。然后执行"直线"（L）命令，绘制一条折线，如图13-89所示。

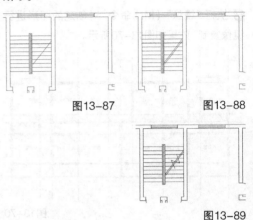

图13-87　　　　　　　　　　　　图13-88

图13-89

15 执行"多段线"（PL）命令，根据提示在图13-90所示的位置指定多段线的起点，然后向下移动光标，指定多段线的下一个点，如图13-91所示。

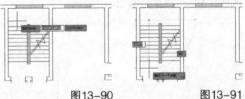

图13-90　　　　　　　　　　　　图13-91

16 向右移动光标，指定多段线的下一个点，如图13-92所示，向上移动光标，指定多段线的下一个点，如图13-93所示。

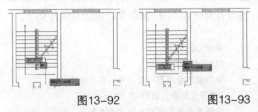

图13-92　　　　　　　　　　　　图13-93

17 根据提示输入"W"并确认，选择"宽度"（W）选项，如图13-94所示，根据提示设置下一段多段线的起点宽度为50，如图13-95所示。

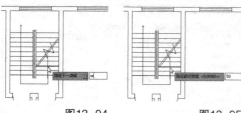

图13-94   图13-95

⑱ 根据提示设置下一段多段线的终点宽度为0,
如图13-96所示,指定下一段多段线的终点并确
认,完成带箭头多段线的绘制,效果如图13-97
所示。

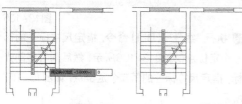

图13-96   图13-97

⑲ 再次执行"多段线"(PL)命令,在楼梯右方绘
制一条带箭头的多段线,效果如图13-98所示。

⑳ 执行"单行文字"(DT)命令,设置文字高度
为350,对楼梯走向进行文字标注,效果如图
13-99所示。

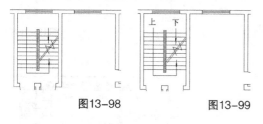

图13-98   图13-99

13.1.6 标注建筑图形

① 打开"标注"和"轴线"图层,并设置"标注"
图层为当前图层。

② 执行"标注样式"(D)命令,打开"标注样式
管理器"对话框,单击"新建"按钮,如图13-
100所示。

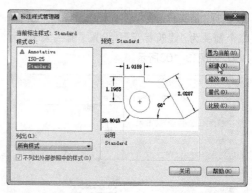

图13-100

③ 在"创建新标注样式"对话框中输入新样式名
"建筑",单击"继续"按钮,如图13-101所示。

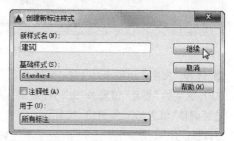

图13-101

④ 打开"新建标注样式:建筑"对话框,在"线"
选项卡中设置"超出尺寸线"值为300,"起点偏
移量"值为500,如图13-102所示。

图13-102

05 选择"箭头和符号"选项卡,设置第一个和第二个箭头为"建筑标记",设置"箭头大小"为300,如图13-103所示。

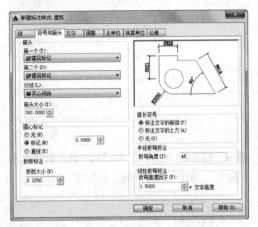

图13-103

06 选择"文字"选项卡,设置"文字高度"为500,文字的"垂直"位置为"上"方,设置"从尺寸线偏移"值为150,如图13-104所示。

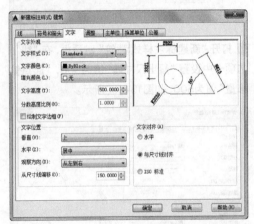

图13-104

07 选择"主单位"选项卡,设置"精度"值为0,如图13-105所示。单击"确定"按钮,并关闭"标注样式管理器"对话框。

图13-105

08 执行"线性"(DLI)命令,指定尺寸标注的第一个定位点,如图13-106所示,然后向右移动光标,指定尺寸标注的第二个定位点,如图13-107所示。

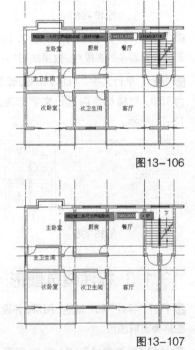

图13-106

图13-107

09 向上移动光标,指定尺寸线的位置,如图13-108所示,标注的线性尺寸如图13-109所示。

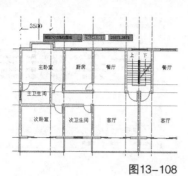

图13-108

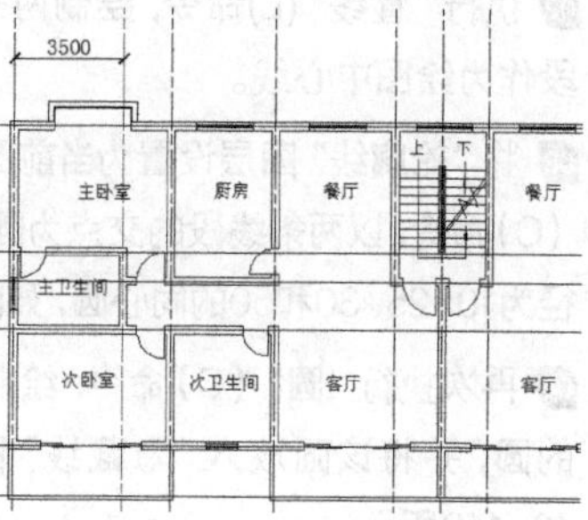

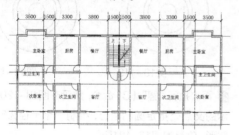

图13-109

⓾ 执行"连续"（DCO）命令，对其他尺寸进行连续标注，如图13-110所示。

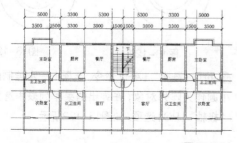

图13-110

⓫ 使用"线性"（DLI）和"连续"（DCO）命令，对建筑平面图进行第2道尺寸标注，如图13-111所示。

图13-111

⓬ 使用"线性"（DLI）命令对建筑平面图进行第3道尺寸标注，如图13-112所示。

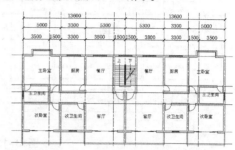

图13-112

⓭ 使用"线性"（DLI）命令在建筑平面图上方对总长度进行标注，如图13-113所示。

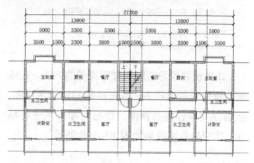

图13-113

⓮ 使用同样的方法，在建筑平面图左方对宽度尺寸进行标注，效果如图13-114所示。

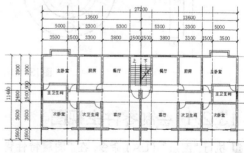

图13-114

⓯ 使用"镜像"（MI）命令对上方和左方的标注的尺寸进行镜像复制，然后关闭"轴线"图层，效果如图13-115所示。

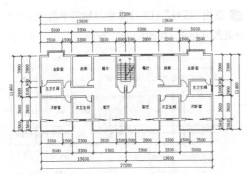

图13-115

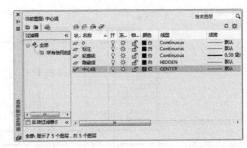

图13-117

13.2 机械制图

» 实例位置： 实例文件>CH13>综合实例: 机械制图.dwg
» 素材位置： 无
» 视频名称： 综合实例: 机械制图.mp4
» 技术掌握： 机械制图的流程和技巧

　　本实例将学习绘制机械零件图的方法。在绘制本例图形的过程中，首先绘制零件的主视图，然后绘制零件的右视图，最后对零件图进行标注，本例的最终效果如图 13-116 所示。

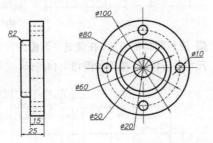

图13-116

13.2.1 绘制零件主视图

01 执行"图层"（LA）命令，在"图层特性管理器"中依次创建"中心线""轮廓线""隐藏线"和"标注"图层，并设置各个图层的参数，然后将"中心线"图层设置为当前图层，如图 13-117所示。

02 执行"直线"（L)命令，绘制两条相互垂直的线段作为绘图中心线。

03 将"轮廓线"图层设置为当前图层，执行"圆"（C）命令，以两条线段的交点为圆心，分别绘制半径为10、25、30和50的同心圆，如图13-118所示。

04 再次执行"圆"（C）命令，绘制一个半径为40的圆，并将该圆放入"隐藏线"图层，效果如图13-119所示。

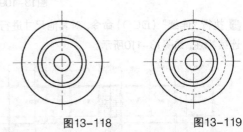

图13-118　　　　　　图13-119

05 再次执行"圆"（C）命令，然后在图13-120所示的交点处指定圆的圆心，绘制一个半径为5的圆形，效果如图13-121所示。

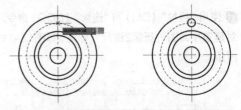

图13-120　　　　　　图13-121

06 执行"阵列"（AR）命令，选择上一步绘制的小圆作为阵列对象，在弹出的菜单列表中选择"极轴"（PO）选项，如图13-122所示。

07 在同心圆的圆心处指定阵列的中心点,输入"I"并确定,选择"项目"(I)选项,设置项目数为4,阵列效果如图13-123所示,完成端盖主视图的绘制。

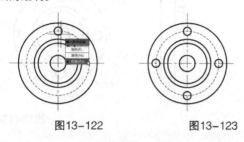

图13-122　　　　　图13-123

13.2.2　绘制零件右视图

01 执行"直线"(L)命令,在主视图的左方绘制一条竖直线段,如图13-124所示。

02 执行"偏移"(O)命令,将竖直线段向左偏移15,然后将偏移得到的线段向左偏移10,效果如图13-125所示。

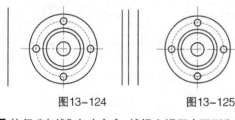

图13-124　　　　　图13-125

03 执行"直线"(L)命令,捕捉主视图中圆形和竖直中心线的交点,绘制4条水平线段,效果如图13-126所示。

04 执行"直线"(L)命令,通过捕捉水平中心线的左端点,绘制一条水平辅助线,效果如图13-127所示。

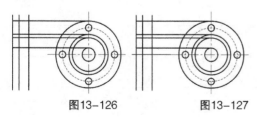

图13-126　　　　　图13-127

05 执行"修剪"(TR)命令,对左方的线段进行修剪,效果如图13-128所示。

06 执行"偏移"(O)命令,设置偏移距离为5,将上方的水平线段向下偏移3次,并将偏移得到的线段放入"隐藏线"图层中,效果如图13-129所示。

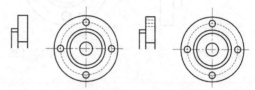

图13-128　　　　　图13-129

07 执行"圆角"(F)命令,设置圆角半径为2,对左方图形的角进行圆角化,效果如图13-130所示。

08 执行"镜像"(MI)命令,选择左方的图形,以水平中心线为镜像轴,对左方图形进行镜像复制,将需要隐藏的线段放入"隐藏线"图层中,完成端盖右视图的创建,效果如图13-131所示。

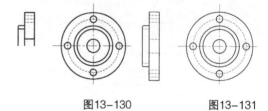

图13-130　　　　　图13-131

13.2.3　标注零件图

01 将"标注"图层设置为当前图层。选择"标注>直径"命令,分别对主视图中的圆形进行直径标注,效果如图13-132所示。

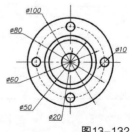

图13-132

02 选择"标注>半径"命令,对右视图的圆角进行半径标注,效果如图13-133所示。

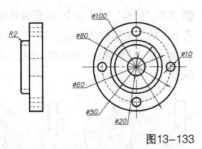

图13-133

03 执行"标注>线性"命令,分别对右视图的各个尺寸进行标注,效果如图13-134所示。

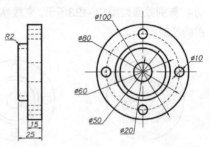

图13-134

13.3　本课笔记